正效益模式

從內啟動ESG轉型的全方位行動路徑
擁抱更多元的夥伴關係，培養永續成長的韌性

net positive

How Courageous Companies Thrive
by Giving More Than They Take

著 ｜ 聯合利華前CEO、
聯合國全球盟約組織副董事長　　保羅·波曼
Paul Polman

永續策略的　安德魯·溫斯頓
思想家　　Andrew Winston

譯 ｜ 吳慕書

各界推薦

「《正效益模式》是企業領袖的必讀作品。波曼的智慧源於多年來真實交付的淨正效益以及超級成功的業務。本書充滿實際可行和富有遠見的故事,將引爆一場有勇氣的行動,進而找出一條對人類和地球更友善的經商之道。本書對全世界商界領袖發起積極的行動號召,挺身迎接我們這個時代最重大的商機和責任。」

——維珍集團(Virgin Group)創辦人
理查·布蘭森爵士(Sir Richard Branson)

「波曼和溫斯頓為領導者合著一本經過深思熟慮、深植於現實管理世界的好書。兩位作者和在下的企業一樣執迷於改變每一門業務、每一個社群,進而幫助世界變得更美好。企業的財務成功不僅取決於員工、社群、商業夥伴和公共部門的連結,更有助於推進彼此的連結。」

——微軟(Microsoft)董事長兼執行長
薩帝亞·納德拉(Satya Nadella)

「《正效益模式》是一套無懈可擊的主張,讓我們張臂擁抱利害關係人資本主義。每一位企業領袖都應該閱讀這本書。」

—— Salesforce 董事長兼執行長
馬克·貝尼奧夫(Marc Benioff)

「對任何試圖在成長型市場打造成功企業的人來說，《正效益模式》都是必讀之作。本書探討的原則必得內建在民營企業的根基上，特別是在這個瞬息萬變的時代。說真的，這就是商業的未來。」

——印度投資控股集團塔塔之子（Tata Sons）董事長
陳哲（N. Chandrasekaran）

「將自家的聰明才智和資源導入一套幫助每個人成功的系統，這樣才符合企業自身的利益。《正效益模式》提供一套全新的思維架構，不僅看得到長期效益，也能看到我們為彼此效力的目的和因此獲利立竿見影的成效。」

——萬事達卡（Mastercard）執行董事長
彭安杰（Ajay Banga）

「《正效益模式》將勇氣和根據原則所採取的行動轉化成帶動商業成功的策略。它強而有力、說服力十足，而且和你讀過的任何書完全不同。」

——美國製藥公司默克（Merck）執行董事長
福維澤（Ken Frazier）

「《正效益模式》不僅戳破賺錢的企業和繁榮的社會有時就是必須對立的迷思，甚至是完全消滅這種說法。更棒的是，它還提出讓人信服、充滿希望的願景，以及一套探討企業如何應對更公平、更永續未來的實用指南。波曼對影響力的偏愛，以及他站上聯合利華變革前線之際所汲取的教訓正在發出巨響。」

——聯合利華執行長
喬安路（Alan Jope）

「這是一本重要著作，探討企業過渡到淨正效益未來時所面臨的挑戰和必要採取的行動。它的寫法讓人耳目一新，直接指明領導者實際行動時必須具備的勇氣和尊重。」

——宜家家居（IKEA）執行長

傑斯珀・布洛丁（Jesper Brodin）

「對每一位知道要在全球發揮正面影響力才是唯一可行的長期策略，但本身不懂如何實踐的企業領袖來說，本書就是你的指南。沒有人會說實踐淨正效益很容易，但它值得你放手一搏。因為這就是我們的未來。」

——法國能源集團 ENGIE Group 前執行長

伊莎貝拉・高珊（Isabelle Kocher）

「淨正效益企業在推動穩定、具有包容性又能保護氣候的市場方面至關重要。這本書不僅講述財務轉型的故事，也可視為商業指南。」

——英格蘭銀行前總裁、聯合國氣候行動和融資特使

馬克・卡尼（Mark Carney）

「對所有至今仍信奉失靈的股東至上教條的人來說，《正效益模式》全然是異端邪說，但這一點正是我們需要它的理由。波曼和溫斯頓結合當代最深刻的企業經驗，在我們共創的未來中，為商業定位提供一幅更野心勃勃、更充滿希望的願景。」

——健康管理新創企業 Thrive Global 創辦人兼執行長

雅莉安娜・赫芬頓（Arianna Huffington）

「《正效益模式》提出一個有說服力又能激勵人心的充分理由，說明企業可以而且應該為社區做出貢獻並保護環境，進而提升財務表現。」

——美國前副總統、諾貝爾和平獎得主
艾爾‧高爾（Al Gore）

「本書引爆淨零（net zero）才能帶領我們走得長久的想法。對慢半拍的企業和支持它們的既得利益者來說，這本書讀起來會一整個不舒服。」

——愛爾蘭前總統、前聯合國人權事務高級專員、
國際人權組織長者領袖主席
瑪麗‧羅賓遜（Mary Robinson）

「波曼知道，一旦重量級執行長們挺身支持一個更公平的世界，政府才更有可能會跟進。企業勇氣解開政治野心，《正效益模式》為我們做出良好示範。」

——世界貿易組織祕書長、奈及利亞前財政部長
恩戈齊‧奧孔喬－伊韋拉（Ngozi Okonjo-Iweala）

「投資人正開始意識到一件事，企業可以而且也應該藉由服務社會來賺錢，但許多投資人還是不知道怎麼和企業攜手朝這個方向前進。《正效益模式》為這些投資人端出他們必須帶進董事會進一步討論的深刻見解，並讓高階主管扛起責任。」

——聯合國創新金融和可持續投資特使、
日本政府養老投資基金前投資長
水野弘道（Hiro Mizuno）

「《正效益模式》不只是一本執行長手冊，更在企業的高階主管和他們的員工之間規劃出一條路徑，制定韌性更強的新社會契約。波曼和溫斯頓端出至今最讓人信服的解釋：珍視員工並尊重地球便足以打造一家欣欣向榮的企業。」

——國際工會聯盟（ITUC）祕書長
雪倫·布洛（Sharan Burrow）

「波曼和溫斯頓沒有被地球挑戰的規模嚇到縮手，他們反而是帶給你更多希望而非恐懼。淨正效益列車即將離站，最勇敢、最聰明的領導人都已經上車了。」

——全球樂觀主義（Global Optimism）共同創辦人、
《聯合國氣候變化綱要公約》前執行祕書、
《我們可以選擇的未來》（The Future We Choose）共同作者
克莉絲緹亞娜·菲格雷斯（Christiana Figueres）

「波曼一向就是全世界最強而有力的商界代表，倡議企業可以藉由關注打造繁榮社會而成長茁壯。我很自豪能和他在聯合國小組共事，編寫永續發展目標（Sustainable Development Goals）初稿。如今，他站出來發表《正效益模式》，針對企業、民間社會和政府之間的關係提出截然不同的願景，並採用開明的長期合作夥伴關係取代短期的自身利益，進而實現我們的共同目標。企業領袖應該要洗耳恭聽他的大膽、創新想法，一起宣揚我們社會迫切需要的淨正效益。」

——華府智庫美國進步中心（Center for American Progress）創辦人、
美國前總統柯林頓時期白宮幕僚長和前總統歐巴馬顧問
約翰·波德斯塔（John Podesta）

「我們不只是需要淨正效益企業，我們也需要一場淨正效益運動。本書就是起頭。」

——諾貝爾和平獎得主、孟加拉鄉村銀行（Grameen Bank）創辦人
穆罕默德·尤努斯（Muhammad Yunus）

「這則講述沙拉醬如何打敗番茄醬的有趣故事演變成一堂大師課程，聚焦執行長和其他領導團隊如何擺脫退化的商業模式，轉變成再生的商業模式。非讀不可。」

——英國社會創新顧問公司飛魚座（Volans）創辦人
兼授粉長（Chief Pollinator）、《綠天鵝》（Green Swans）作者
約翰·艾金頓（John Elkington）

「淨正效益之美在於它的規模宏大。改革公司、轉型產業、改造市場，並讓資本主義更完善地服務全世界。」

——非營利創投機構聰明人（Acumen）基金創辦人兼執行長
賈桂琳·諾佛葛拉茲（Jacqueline Novogratz）

「世界正面臨一系列深刻、糾結的全球性挑戰，涵蓋健康、成長、不平等、氣候變遷和生物多樣性。它們亟需公共當局和民營企業緊急展開新合作。波曼和溫斯頓共同揭露這些挑戰的規模和急迫性，也準確地讓企業明瞭，自己必須如何轉型才能迎接這個夥伴關係的新時代，並且成為經濟和社會復興的強大力量。這是無比重要的貢獻。」

——英國倫敦政經學院經濟學和政府學教授、格蘭瑟姆氣候變遷和環境研究所（Grantham Research Institute on Climate Change and the Environment）所長 尼克·史登（Nick Stern）

「《正效益模式》應該嵌入每一所商學院的學程中。它的課程連結商業、環境和社會學科，而且採用真實、新近的研究激勵下一個世代的領導者。它給出明確訊息：淨正效益轉型確實可行，而且很快就會輪到我們了。」

———密西根大學厄伯學院（Erb Institute）企業管理／理學碩士候選人 西莉雅·布瑞爾（Celia Bravard）

「不要稱它為『商業書』，《正效益模式》打從根本上重新思考，包括執行長、政客和活動家在內的人士可以合力重新設定地球的發展軌跡。兩位作者明白，我們手握必需的技術和科學，當今最重要的元素就是心態革命。」

———《反轉地球暖化 100 招》（Drawdown）、《再生》（Regeneration）保羅·霍肯（Paul Hawken）

為全球數十億依舊落在後頭的人群服務，
他們值得有勇氣的領導者並肩同行，
一起打造更美好的世界

CONTENTS

作者序

創造淨正效益的繁榮未來

波曼（Paul Polman）

老實說，我猶豫很久才決定寫書，因為我一直都覺得，該說的話已經說得差不多；不然，就這回情況來說，可能會像多數執行長一樣被視為變不出新招，重寫當年勇的老哏。我對那種事一點興趣都沒有。不過，《哈佛商業評論》（Harvard Business Review）總編輯長殷阿笛（Adi Ignatius）說服我，有兩件事很重要：和廣大讀者分享聯合利華（Unilever）和我自己的轉型故事，以及我們必須往哪裡走的想法。我展望和安德魯・溫斯頓合力寫書的前景，最終決定要踏出這一步。我一向讚賞他寫的《大轉變》（The Big Pivot）和《綠色商機》（Green to Gold），讓我在領導聯合利華期間獲益良多。這兩本書遠遠跑在時代前方。當年要是我們有聽進去就好了。

我也要感謝西布萊特（Jeff Seabright），他不僅是一位知心好友，在我們轉型優化商業模式及撰寫本書期間，這位時任聯合利華永續長更稱得上是陪練的好夥伴。他的記性超好、建議明智又很幽默，在在遠勝於我。

復活節期間我正在撰寫這篇序言，定居荷蘭的美麗家母就在這時離我們而去，享耆壽 92 歲。我很欣慰自己可以和她共度人生最後幾週的時光。她總是能激勵我向前，我感佩在心。1950 年代，她被迫放棄鍾愛的教職，就只是因為必須扮演養兒育女的母親，但她總是提醒我們教育很重要。

她經歷過第二次世界大戰，深知奉獻自己服務他人、重建被破壞的社區以及為所有人打造更和平、更包容的環境力量強大。家母和家父在教養六名兒女時，自尊、自重、平等和同情等價值觀自然流露。

對許多基督徒來說，傳統上復活節一向代表全新開始的起點，這就是此刻我們慶祝家母離世的方式，不過復活節也是絕佳的比喻，因為我們有必要打造更美好的世界，讓所有人都能和彼此、和大自然和諧共處，同時也為後代著想。Covid-19 疫情或許是一記刺耳的警鐘，擺明了是要告訴我們，一旦地球生病了，我們也不可能身體健康。對許多人來說，生物多樣性銳減、氣候變遷、社會不平等、經濟成長和社會凝聚力之間的複雜脈絡愈來愈清晰可見，而且我們的經濟體系也開始冒出裂縫。我們必須體認到，在有限的地球上無限成長根本是異想天開。若以永續的定義檢視，任何事我們只要做不長久就代表無法永續。最終，我們會來到整套體系終將崩潰的臨界點。說真的，這一幕正在發生。

打造全新的夥伴關係

我也一直都相信，在經濟體系中，要是還有許多人依舊覺得自己沒有充分參與，或者老是跟不上，它終究會自食惡果。我們正目睹相關的充分證據，包括政治體系中民主國家和全球合作的效力正遭逢不同形式的考驗。綜觀所有挑戰，我們有必要將氣候變遷和不平等獨立出來，當作大家應該努力解決的最切身挑戰。兩者息息相關，這一點毫不意外。在缺乏完整、強健的多邊主義，加上尤其以政壇為主的短期主義日漸壯大之際，當務之急就是讓負責任的企業挺身而出填補落差，但不是獨力撐場，而是攜手政府和民間社會合力打造全新的夥伴關係。

　　本書不僅提供幾種實踐方式，更重要的是，闡述為何企業這麼做反倒是對自己有好處。這就是淨正效益的中心思想。我們不想在此爭辯資本主義的優劣，而是想採取實際方式論證企業必須扮演變革者的角色，好為自己爭取永續營運的資格。簡單一句話就是，不該藉由製造全球的問題賺錢，而是解決它們。

　　我們打算寫出一本關注「為什麼」的書，而不是聚焦更多人感到棘手的「怎麼做」，因為我們多數人都堅定相信這段必要歷程的行進方向。這項任務確實艱鉅複雜，而且附帶許多超出我們掌控範圍的挑戰。有時候都快要招架不住了。不過，對我們這些身居要職的人來說，我們很清楚，否認、怪罪他人或是逃避責任都無法找出答案。最重要的是，你需要一種另類的領導力，其中勇氣至關重要。勇於承擔超出自身企業營運的全面社會影響力的責任。即使你還沒找到所有答案，也要勇於設定你深知有其必要的強烈企圖心。勇於張臂擁抱必需的更多元夥伴關係，進而推動更廣泛的系統變革。勇氣源於法語「coeur」，意指「心」。誠然，在一個日益被試算表、電腦和快速交易支配的商業和政策世界中，心意味著找回消失在許多環節的人性元素。隨著企業爭取信任感的競爭愈來愈激烈，同情和關懷將扮演重要角色。

掌握企業未來優勢定位

正如有人曾問南非大主教屠圖（Desmond Tutu）屬於樂觀派還是悲觀派時，他這樣回答：「我是有盼望的囚徒。」雖然這句道德感言早在幾十年前就說出口，但我們根本無法坐等歷史的軌跡自行轉彎。所幸，經濟方面也愈來愈有吸引力，正如我們在本書所指出，我們可能坐擁前所未見的大好商機。隨著我們所有人正試圖避免另一場大流行病或系統崩潰，我們也愈來愈常看到，零作為的代價顯著攀高，遠勝過起身行動。現在的我們和當年基於信念而啟程的聯合利華大不相同，經濟證據和誘因正為我們撐腰。

雖說十年來聯合利華模式已經證明自己的成功和缺點，這部分將留待後文充分討論，但我們都明白有必要走得更快、更遠。淨正效益取向不只在今天為你打好競爭力的基礎，更重要的是，讓你在未來的贏家企業和產業中找到自己的定位。身為領導者就是坐享特權職位，沒有什麼事可以比善用這項特權服務他人，並為世人打造美好世界更讓人欣慰了。說到底，若真有什麼不可能的冒險，那一定就是你從未開始過的旅程。

作者序

並肩合作推動系統性變革

溫斯頓（Andrew Winston）

2020 年 Covid-19 疫情爆發之初，我們在埋頭趕工這本書；我跨入 50 歲，投入企業永續發展工作正邁向 20 年里程碑。我發現自己在回顧並評估人生進展。在個人層面，內人和我生了兩個兒子，老大 18 歲，我寫第一本書《綠色商機》時正在蹣跚學步；老二剛好在 15 年前新書上市那天出生。我們如何盡力地把兄弟倆養成關心全世界的大愛族，日後他們的作為可以見真章。

在專業層面，評估成果就比較難了。我的使命是鼓勵企業解決我們最巨大的環境和社會挑戰，不是為了慈善目的，而是因為它就是一門好生意。我回想宏觀面的進展：努力推動商界擺脫短期獲利的執迷，轉向有目的、長期價值的創造舉措。但是我們真的打贏了嗎？

算是，也算不是。

努力耕耘自家環境和社會影響力的企業數量急速增加，但沒有大公司認真追問，永續確實被列在工作議程中。我們打贏第一場戰役，不過還沒解決重大問題。我們的經濟模式過度使用資源、鼓勵不受控制的競爭，並將財富導向少數人手中，正一步步把我們推向懸崖。我們一直試圖解決的全球挑戰正在惡化，其中又以氣候變遷為甚。我們進步得不夠快。

召喚更多有勇氣的領導者

我們需要企業不僅僅是降低碳排放、少做點壞事而已；這項工程必須被納入正向影響力的範疇。遺憾的是，徹底在組織內化這個現實的企業領導者少之又少。我們的世界需要更多有勇氣的領導者主動承諾，自己的組織將展開深刻變革、善待地球。

有一名同事曾經問我：「為什麼這個世界上雷・安德生（Ray Anderson）這麼少？」這位仁兄是地毯製造商英特飛（Interface）執行長。1994 年，雷頓悟：商業再不變革，地球只剩死路一條。於是，他帶領自己的公司聚焦消除所有對世界造成的負面衝擊。他既是先驅，也是鼓舞人心的前輩。雷的作品《綠色資本家》（Mid-Course Correction）是我栽進這門領域後拜讀的第一本書。儘管如此，我卻反問朋友，難道我們不該也問問：「為什麼這個世界上保羅・波曼這麼少？」

為什麼是波曼？雷、美國戶外運動品牌 Patagonia 創辦人伊方・修納（Yvon Chouinard）和創業家保羅・霍肯（Paul Hawken）等幾位早期領袖最先踏上旅程，但主要都是帶領一些中等規模、自創自有的公司。零售龍頭沃爾瑪（Walmart）這類大企業隨後跟進，但是沒有人想追求波曼企圖實現的目標：在橫跨全球、營收數百億美元的上市企業中，把「永續」當作核心使命。波曼全心投入。他就和雷一樣，對位階相同的執行長和全球領導人真心告白；就算對方的經營手法截然不同，也不厭其煩地提出具體理由說明，並強調如果企業不變革就會失敗。波曼雖然是受到使命驅動，但其實他也聚焦長期的業務成功。

我愛死這一點了，而且很多人和我一樣。有一項年度調查委請專家列舉，哪些企業把永續整合在策略中做得最出色。連續十年，聯合利華都是最常被點名的對象。就企業績效的任何面向來看，常保一致水準著實讓人眼睛一亮。有些人會譴責，一家消費用品商竟能獲得永續領袖的美名，更批評它們都在生產一堆我們不需要的玩意兒。這有一定的道理，但是考慮到我們眼前挑戰的規模龐大，少了企業我們就沒有能力打造繁榮世界。

打造善待世界的企業

我們需要更多主動挑戰現狀的領導人，而且應該為他們歡呼。我希望我們停止追捧諸如工業集團奇異（General Electric, GE）前執行長傑克・威爾許（Jack Welch）這類領導者，因為他雖然具備出色的執行能力，重視短期股東利潤卻遠勝過地球和人類。這是一種主宰全球幾十年的經營風格，每次企業一裁員就會激勵股價上漲。

2010 年代，我曾經擔任聯合利華北美永續發展顧問委員會成員，所以稱不上客觀公正。不過直到波曼和他的首席永續發展顧問西布萊特找上門來，探詢一起寫書的意願之前，我也只見過他幾面。我不太確定自己還會想要再出版另一本探討永續發展策略的專書，不過這倒是一次獨特的機會，讓我可以探索如何打造一家善待世界的企業。好些聯合利華的故事都已經完整披露，但還沒有人從領導團隊的視角出發。《正效益模式》不只是關於聯合利華而已，它的經驗更是推力。我的分內工作就是補充外部觀點、統合、找出故事架構然後寫成一本易懂、易讀的書。

最後，「我們要怎樣催生更多保羅‧波曼？」不是正確問題。無論我們多麼熱情歡慶並溢付薪酬給執行長們，沒有領導者可以只靠一己之力就打造出偉大企業。要是說成功全部都歸功高階主管，那麼每一門企管課程、每一本商業書都只會聚焦領導力。企業也需要關鍵準則、策略、戰術、合作夥伴以及文化、目的和勵志精神等無形元素。每一家組織都是獨一無二的存在，但是先驅企業的觀念和教訓可以協助所有企業做得更好。本書試圖提供地圖和指南針，但不曾精準標示路徑，因為我們大家都需要開闢自己的道路。

我為《正效益模式》設定的目標是激勵商界挺身而出、加快腳步並協助領導我們邁向一個欣欣向榮的世界。我企盼這本書以及它引發的漣漪效應可以為我的個人生活帶來淨正效益。

前言

敵意收購案揭露深層內幕

2017 年初，聯合利華在鬼門關前走了一遭。它開展聯合利華永續生活計畫（Unilever Sustainable Living Plan, USLP）已經七年，目的是將豐富他人的生活當作業務核心。計畫正朝向雄心勃勃的目標順利推進，包括收入倍增的同時將環境足跡減半，而且要幫助 10 億人口改善健康和福祉。聯合利華和少數幾家企業領導人同心協力重新定義何謂好企業。

這套策略十分有效，使聯合利華擺脫多年低成長或甚至零成長窘境，收入成長 33%，達 600 億美元；公司的股價表現也雙雙超越同行和富時歐洲指數（FTSE Europe Index）。聯合利華是一家規模龐大、貨真價實的全球企業，每一天都透過 300 多個品牌連結 25 億人，包括男士護理品牌 Axe、冰淇淋品牌班傑利（Ben & Jerry's）、頭皮養護品牌淨（Clear）、清潔保養品牌多芬（Dove）、沙拉醬品牌好樂門（Hellmann's）、調味料品牌康寶（Knorr）、抗菌品牌衛寶（Lifebuoy）、清潔洗滌品牌白蘭（Omo）、制汗劑品牌蕊娜（Rexona）和個人美容護理品牌絲華芙（Suave）等。聯合利華永續生活計畫有一部分的策略是一邊收購幾十個新品牌，多數都是肩負使命的企業，另一邊則是剝離行動緩慢因而無法契合願景的業務。

因此，當生產番茄醬聞名的競爭對手卡夫亨氏（Kraft Heinz）總裁貝林（Alexandre Behring）造訪聯合利華位於倫敦的總部時，執行長保羅·波曼（本書共同作者）還以為對方可能是要來兜售其中一家企業。不過當天會議戲劇化逆轉成截然不同的方向。貝林出價1,430億美元，打算買下一整家聯合利華。收購價比市場行情高出18%。[1] 儘管有時候敵意收購是帶著微笑上門，但終究滿懷敵意，而且可能摧毀百年企業的老靈魂。

僅僅兩年前，卡夫亨氏才被巴西私募股權公司3G資本（3G Capital）和美國股神巴菲特（Warren Buffett）領軍的控股集團波克夏海瑟威（Berkshire Hathaway）聯手收購。這次它們再度攜手運作這項投資案。3G出手收購從未失敗，但這項紀錄即將在短短九天的激戰中被改寫。

3G的出名手段是削減開支推升短期毛利。財經雜誌《財星》（Fortune）就有一篇文章形容，3G執行長雷曼（Jorge Paulo Lemann）是個「把成本吃下來的人（the man who eats costs）」。[2] 消費品產業被區分成兩大陣營，一邊是和卡夫亨氏在市場中廝殺，互相較勁提高槓桿率、削減成本、推升毛利並且少繳稅……另一邊則是像英國商業媒體《金融時報》（Financial Times）所說：「對它們看到的運作模式退避三舍，因為終究會缺乏投資而毀了整家公司。」[3]

就販售相似產品的企業來說，卡夫亨氏和聯合利華不可能擁有兩種以上的商業模式。3G是股東至上發揮作用的完美實例，聯合利華則是在服務更美好世界的前提下，致力於為它接觸到的許多群體

（即利害關係人）的利益運作。它肩負 140 年歷史的創辦目的，最初使命可以追溯到改善不列顛維多利亞時代的衛生條件。

　　至今，聯合利華永續生活計畫秉持創業目的勉力實踐並對外推廣，還擔綱全世界最全面整合商業計畫的代言人之一。它明確地將永續和公正的營運之道，以及業務績效和成長連結起來。聯合利華永續生活計畫的目標是實現以永續發展為基礎的財務成長，但不僅止於做半套，而是藉由全面實踐企業目的賺錢。多年來，聯合利華已經學到經驗，只要公司經營不聚焦目的，業績就跟著遭殃。所以，被一家使命互不相容的組織吞併，極可能是策略上和財務上的大災難。

　　聯合利華的高階主管其實本可在這椿交易案賺到許多錢，但是 3G 和聯合利華之間的策略和價值觀鴻溝卻讓人無法點頭。商業模式至關重要，硬要交付給對創造長期價值無感的買家實在辦不到，簡單想都知道 3G 買斷公司後會發生什麼事。以南非釀酒－美樂（SABMiller）為例，原本藉由推展水源和人權計畫經營得有聲有色，卻被 3G 的削減成本策略壓著打＊；以至於有一些 3G 收購案出逃者轉戰聯合利華，想為一家以目的為導向的企業效命。

　　在這個關鍵時刻，聯合利華的領導團隊並非全然對成本控制、獲利成長的吸引力免疫，他們堅信業務績效和效率，但也深諳一路砍成本不可能帶來繁榮興旺。裁員、削減研發或品牌支出只不過是讓投資人當下看到高毛利時高興一下，長期來說反倒像是慢性自

＊譯注：2002 年，SAB 和美國啤酒商 Miller 合併；2016 年 SABMiller 再賣給 A-B InBev，後者的母公司就是 3G Capital

殺。聯合利華的領導團隊相信，採用自己最擅長的商業模式才能著眼長期並創造優於 3G 的價值。他們將會秉持目的、繼續投資未來並改善財務報表的成本和獲利，畢竟這套計畫他們已經連續做七年了。

這是壓力罩頂的時刻，賣斷的壓力很大。波曼不願成為親手將屹立百年、負責任的企業交給 3G 這類公司的主事者，因此心中吶喊：「不會在我任內發生。」聯合利華為了一舉擊退收購案，亟需盟友提供火力支援，而且得迅速行動。

意外盟友的力量

多年來，質疑聯合利華的人士一直渴望目睹它陷入困境，許多宣揚股東至上的主流投資人根本認定永續主張太嬉皮了。不過聯合利華的模式確實管用，在收購案浮出檯面之際，聯合利華的營業利益率在同業中不算名列前茅，但高於瑞士雀巢（Nestlé）、法國達能（Danone）和美國億滋（Mondelez）等競爭對手；營收和獲利也成長更快。聯合利華提供的投入資本報酬率始終維持在 19%。它正在創造長期、可靠的股東價值，但這是商業模式奏效的結果，而非主要目標。

儘管如此，3G 提出的溢價還傳遞一道訊息：短期內會將當前領導團隊堅持的價值公開攤在會議桌上討論。通常，光是製造這種印象就足夠確保收購案成功，但 3G 和批評聯合利華的人士低估領導團隊、董事會以及意想不到的盟友關注這家企業的經營手法的程度。批評人士指控它花太多時間和社區、政府及聯合國攪和在一起，卻花太少功夫最大化短期獲利。哪知道，它經營這些盟友的努力卻在很大程度上獲得回報。

非政府組織和工會領袖都挺身表態支持。環保組織綠色和平（Greenpeace）成員曾經爬上聯合利華、寶僑家品（P&G）、雀巢和許多其他企業的總部大樓，只為了抗議它們的不當行為，它的英國辦公室總幹事索文（John Sauven）已經對聯合利華培養出信任，因此來電詢問能否幫得上忙。國際食品聯盟（International Union of Food, IUF）是一個代表農業和飯店產業千萬勞工的聯合工會，祕書長歐斯華（Ron Oswald）公開反對收購案。他說，國際食品聯盟擔憂，聯合利華的模式「將會從地球上消失……企業不該發展成什麼模樣，卡夫亨氏正是那樣的縮影：不折不扣的財務工程。」[4]

反對交易案的公共壓力排山倒海而來。致聯合利華董事會的信函聲聲催，就比如其中一位投資人所寫：「不要落入卡夫亨氏（短期價值）的陷阱。」[5]有些高調的聯合利華支持派還直接找上巴菲特表達不滿。儘管如此，聯合利華的管理階層仍然不確定，所有這些支持行動是否會敦促大部分投資人和他們站在同一邊。投資人有必須變現的強烈動機，這樣他們才能達成自己的季度目標，同時也最大化短期報酬。

最終，事實證明，反對收購案的高漲勢頭具有決定性力量。3G失去民心支持，只好收手。聯合利華躲過死劫，部分得歸功它在這趟淨正效益之旅投資合作夥伴，並和利害關係人攜手合作，苦心經營才換來良好商譽。

事件餘波

　　卡夫亨氏的貝林走進聯合利華總部那一刻，投資人就面臨一道考驗：你將會投資哪一種商業模式？那項決定的最終財務成果相當可觀。兩大消費品巨頭的股價走向截然不同。基於總股東報酬率，接下來幾年內，同一筆資金投入聯合利華產生的報酬成為放進卡夫亨氏的 4 倍。聯合利華子公司印度斯坦聯合利華（Hindustan Unilever）單獨在印度股市交易，現在總值超過整個卡夫亨氏。綜觀波曼整整十年任期，股東報酬率幾近 300%。[6]

　　當 2020 年初 Covid-19 疫情爆發，金融危機隨之而來，聯合利華模式的相對優勢變得清晰。它的財務體質遠勝 3G，資產負債表也更強勁。聯合利華提供直接和非直接員工 3 個月工作保障的緩衝空間；[7] 它也撥款 5 億英鎊支持合作夥伴、提前付錢給一些供應商，並讓顧客延長賒帳時限，幫助他們維持生計。[8] 與此同時，2019 年，卡夫亨氏就被迫註銷 150 億美元呆帳、減發股利，而且全球都還沒開始封城，它的債評就被下調至垃圾等級，當時還得動用緊急信貸額度才能過關。[9]

　　在此，重點不是對 3G 的不幸感到大喜，而是要強調商業模式和結果的差異。在波動性（volatility）、不確定性（uncertainty）、複雜性（complexity）和模糊性（ambiguity）組成所謂的 VUCA 世界中，韌性（resilience）就是一切。聯合利華的模式催生出強健的財務狀況，並和它的員工、社區、業務夥伴及政府建立深度連結。那些關係提供它速度。在封城期間，聯合利華翻新供應鏈，採購並運送醫療設備，舉例來說，將乾洗手劑的產量提高 14,000 倍。[10] 隨著幾十億人口一夕之間就改變消費習慣，聯合利華迅速採取行動，調動部門和地區的員工，在 2,000 位全球採購經理中挑出 300 位，指派他們專注調度位於中國的緊急供應鏈。聯合利華比同行跑得更快全拜多年來已經和利害關係人打好信任基礎。

即使是在處處可見破壞的嚴苛經濟環境中，聯合利華沒有坐視自家的長期承諾、多方利害關係人商業模式，罔顧周遭變化。它推出雄心勃勃的新目標，包括 2039 年實現碳中和，以及為 7 萬種產品貼上碳足跡數據的計畫。

雖說聯合利華挺過失敗的收購案後不是毫無改變，比如領導團隊和董事會開始要求加強公司的短期財務表現，他們仍然堅定致力地執行以目的為導向的策略。長期聚焦服務利害關係人的策略太深植人心，而且價值太明確，不能退縮。

所有企業現在都面臨一道深刻的抉擇：繼續奉行股東至上的模式，它會迫使上級做出短視決策、傷害業務並破壞我們的集體福祉……或者是打造長期善待地球，進而成長、繁榮的企業，亦即多付出、少索取。

更出色的模式：淨正效益事業

聯合利華和卡夫亨氏的交手無關乎誰生產的調味品更美味、更有利可圖，也不是商學院課堂上的學術個案辯論。它是一場關乎企業靈魂的宏偉戰役。

兩家企業各自代表光譜兩端的模式，其中一種是服務少數金

主，並集中收益回饋給他們。它最大化股東報酬，並執迷削減成本
立即推升獲利。它僅願意為了企業的外部事物，或說是對他人產生
的外溢效應（spillover effect）承擔有限責任。另一種模式則以不同眼
光看待企業目的，立志善待所有利害關係人，進而實現長期繁榮。
它幫助世界解決最重大的挑戰，比如氣候變遷、社會不平等和貧
困、生物多樣性銳減和種族分歧。當人們談起股東資本主義和利害
關係人資本主義之間的差異，就是在說這兩種模式。

第二種模式的追隨者都是比較小型的企業，但數量愈來愈多，
它是唯一適合繁榮未來和穩定社會的模式。不過我們有必要在它後
方推一把，這樣一來企業才能透過更完善的營運、產品和服務，創
造更多價值、吸引更多顧客和合作夥伴、治癒地球並提升它們影響
的每個人的生活福祉。追求這種模式的企業才能為未來做好更妥當
的準備，最終也能做得更成功。它的大好時機已經來到。

我們正生活在一個獨特的時代，手握難以置信的大好機會，可
以重新構想我們的世界，並將商業轉型成淨正效益。

什麼是淨正效益？

永續設計大師麥唐諾（Bill McDonough）和布朗嘉（Michael
Braungart）在合著的《升級再造》（The Upcycle）中建議，將環境衝擊
減少至 0，以達到「沒那麼糟糕」的狀態，企圖只做到這樣的目標
將會帶領我們走上錯誤道路；反之，我們應該創造「更多善果」。
請把意外事故、資源浪費或二氧化碳之類你想要歸零的任何衝擊納
入考慮。正常來說，你會繪製顯示指標下降的進度表；但兩位大

師說反過來才對，畫一條從負值上升到 0 的直線，這樣一來，0 就「不會變成最頂點，而是交會點」；接著請繼續往上畫進入正值區域。[11] 上升進入正值區域的安全指標不僅代表零事故，更會創造一處「促進健康的工作場域」。再進一步，這家組織可能也會帶動社區和顧客更健康。這些正面效應促成許多人所說的企業「手印」（handprint），它有別於內含更強烈負面意義的「足跡」。

淨正效益企業是在服務他人。它遵循我們所擁有的最古老道德指導原則，也就是「己所不欲，勿施於人」的道德金律。國際演說家金‧波曼（Kim Polman）在著作《想像的細胞：轉型願景》（Imaginal Cells: Visions of Transformation）中定義，「己所不欲，勿施於人」一向就是「人性的基石，奠定我們最成功的宗教和文化基礎。」[12] 淨正效益企業奉為圭臬，因此謹守大自然邊界或範疇，以示尊重地球及所有住民。它遵守我們應該如何對待彼此的道德界線，並試圖修復、復原、重振然後再生。

我們將這套架構放在心中，描繪淨正效益的願景是改善它所影響的每個人的福祉，而且不計規格，即每一樣產品、每一場交易、每一個地區和國家，以及每一位利害關係人，包括員工、供應商、社區、顧客，甚至後代子孫和地球本身。

這是所謂的「北極星」*。沒有企業可以立即實現所有這些目標，但如果我們想要切實可行的經濟和地球，北極星就是我們應該前進的方向。在今日，成為一家重要企業活下來就能使地球豐饒。

大哉問：世界是否因為我們的參與變得更好？

---

* North Star；譯注：企業衡量產品、業務成功與否的唯一重要指標

核心準則。 在第 1 章，我們將探索五大構成淨正效益企業的準則：為企業給廣闊世界帶來的衝擊承擔責任；更聚焦長期，同時在所有的時間範圍內尋求良好結果；善待多方利害關係人，並將他們的需求放在第一位；張臂擁抱企業外部協作和轉型變革；最後，這一切努力的結果就是提供股東可觀報酬。倡議永續發展的人士會覺得有些準則聽起來很熟悉，但是我們不僅坐而言，也起而行。高喊「我有責任」和採取實際行動是兩碼子事。善待利害關係人而非股東，有違 50 年前經濟學家傅利曼（Milton Friedman）定調的經濟正統論：企業的唯一目的，就是創造股東價值。（參見附欄「傅利曼已死」）

淨正效益不是什麼。 最常把「淨正效益」掛在嘴上的企業，就算真的拿來說嘴，談論碳足跡的範疇也很狹隘。你同時會聽到「負碳排（carbon negative）」和「正碳排（carbon positive）」，它們常把人搞得一頭霧水，但基本上是一體兩面的說法。那種手法是真正的卸責：你花錢買一些碳抵銷，就可以聲稱自家業務是淨正效益。長遠來看，我們不是把抵銷當作目標。你是不是一邊在某個地區減少汙染，一邊卻在另一個低收入社區附近的工廠噴吐引發哮喘的顆粒物？要是那樣的話，你根本就沒有在減排。或者，你的公司也許是真的百分之百使用再生能源，卻也容許供應鏈的工廠重度倚賴柴油？這樣的話也不算數。我們把標準訂得很高。

淨正效益也和共享價值不同，後者是影響力投資人愛默生（Jed Emerson）導入的觀念，他稱之為「融合價值（blended value）」，再由兩位思想領袖波特（Michael Porter）和克雷默（Mark Kramer）奠定

傅利曼已死

50 年來，在以市場為基礎的經濟中，每一位商業領袖都接受過一種核心意識型態訓練：企業的目的只是為了服務股東。先知傅利曼如是說。在新自由主義經濟學的教派中，衡量福祉的唯一指標都是財務數字，也就是企業獲利、經濟體的股市表現和全國的國內生產毛額（Gross Domestic Product, GDP）。

多年來，有些企業提出不同的願景，但多數都被視為邊緣族群。在大型上市企業，傅利曼的哲學多半不受質疑，但裂縫正悄悄顯現。傅利曼自己可能對現代世界抱持不同的看法，因為當代企業取得成功的條件遠多於以往。無論如何，考慮到氣候變遷的規模和急迫性、解決不平等問題的道德必要性，加上金融市場瞬息萬變的本質，聚焦季度、股東至上的口號明顯和當今世界格格不入，終究會自取失敗。我們若想生存、繁榮，就必須扼殺過時的哲學觀。我們愈快理解到這一點，愈好。

基礎。這道觀念重要，但可能會讓我們像執迷股東價值一般阻礙我們。共享價值並未否定企業惡搞的負面行徑，而且企圖心也可能太弱。如果所有大型企業都追求共享價值，還會宏觀思考，並且基於我們所需的規模和速度真心解決氣候變遷、不平等和種族的議題嗎？我們真的可以得到集體行動和展現勇氣的乘數效果嗎？

淨正效益也不是要我們追求完美，而是解決負面衝擊所帶來的問題，然後超越這個層次，為他人創造正面價值。

　　這才是所謂的淨正效益。淨正效益企業的經營手段將和當今所謂的正常做法不同。舉例來說，它減除的碳量將會多於產生的碳量；只會採用再生能源以及來源可以再生的材料；不造成浪費，而且秉持完全循環的原則製造所有產品；它取用水資源後會自行補充並讓它更潔淨。它身為一家以人為本的企業，將確保在價值鏈上工作的每個人都保有賺取生活工資的尊嚴。它將會包容所有種族和不同能力的人，提供其大量機會，並在管理和薪酬公平方面求取性別平衡。消費者使用它的產品、服務和以目的為導向的專案計畫，將會變得更好，但絕不是打著慈善事業的形式。非政府組織將會受到平等對待，一如協力夥伴，而非唱反調的對手；政府領導人將會發現他們面對高標規格的夥伴，而非圖謀私利的說客，試圖發展一套對人人都有好處的規範系統。支持創造長期價值的投資人將會獲得正當可觀的財務報酬。

　　試想一下，特定產業如何藉由盡力服務顧客和世界，進而賺錢並成長。想像一下，當企業解決最艱鉅的挑戰，而非製造出最嚴重的麻煩，淨正效益看起來會是怎樣。或許像是這樣：

- ◆ 食品和農業公司張臂擁抱再生的實踐之道，因而讓土壤更肥沃、保護生物多樣性並封存數百萬噸碳
- ◆ 鋁金屬、水泥和鋼鐵造商開發出無碳產品並排除空氣中的碳
- ◆ 消費品生產商販售的每一樣物品都會提升人類和地球的福祉
- ◆ 自然資源和材料公司回饋地球並改善受到它們衝擊的原住民社區的生活。
- ◆ 社群媒體公司協助人們發現真相並強化民主進程

◆ 成衣商把自家業務成長和進一步使用資源脫勾，提供生活工資、恢復尊嚴並協助遍布全球的供應鏈上的社區發展。

◆ 金融公司只會融資潔淨科技，並善待貧窮階級勝過富有階級，還會向人們伸出援手並為所有人創造平等機會。

這些類型的企業將會重振全世界。如果綠化是指減少損害，永續就是指實現零碳，而淨正效益則是讓事情變得更美好。

現實檢核

這一切聽起來太完美嗎？或許吧。一路走來會有實際取捨，而且你無法同時在每一條戰線上往前推進。舉例來說，聯合利華在開發中國家的偏遠地區建立工廠，促進當地經濟。那些地區有可能還沒有機會取得潔淨科技。燒煤或石油意味著我們在邁向全球再生能源目標的路上倒退一步，但這麼做是在服務利害關係人的福祉。整家公司在平衡多元需求之際，應該朝著正確方向前進。這是一道挑戰、一趟旅程，也是一套複雜舞步，你不可能一步到位。目標是明天要比昨天更好。

說實在話，沒有企業張臂擁抱我們在此提議的企圖心⋯⋯到現在還沒。沒有哪一家組織走得夠遠，聯合利華也不例外，但愈來愈多企業正張臂擁抱淨正效益商業模式的元素，家族持股比較高或是未上市企業龍頭，比如瑞典居家用品商宜家家居（IKEA）、英特飛、美國食品加工商瑪氏（Mars）、Patagonia、印度綜合集團塔塔（Tata）和荷蘭三重基線銀行（Triodos Bank）等；公開上市的領先企業這個陣營則擴大至包括德國金融服務商安聯（Allianz）、達能、荷蘭生命科學和性能材料集團帝斯曼（DSM）、中美國家哥斯大黎加食品飲料龍頭 Fifco（Florida Ice & Farm）、丹寧牛仔服飾品牌美商利惠（Levi's）、法國美妝品牌萊雅（L'Oréal）、英國零售商馬莎（Marks & Spencer）百貨、美國支付巨擘萬事達卡（Mastercard）、美國軟體大廠微軟（Microsoft）、南美國家巴西美妝品牌自然（Natura）、丹麥海上風電開發商沃旭（Ørsted）、新加坡食品農產商奧蘭（Olam）、顧客關係管理平台 Salesforce、美國空調系統商詮宏科技（Trane Technologies）等，肯定還有漏網之魚。沒有哪一家是完美典範，你會發現它們都各有問題，不過都在朝正確方向邁進。市場諮詢商全球掃描（GlobeScan）每年都會委請專家列舉最永續的企業，它們多數定期出現在這份年度調查報告中。2011 年至今，聯合利華年年奪冠。[13] 就重大進步的角度來說，這不是好事，我們希望加速健全的競賽，登上頂峰。

　　這趟旅程並不輕鬆。聯合利華有許多戰疤和錯誤足以表明。追求涵蓋數千種成分的百分之百永續採購至今還沒充分實現，就一些關鍵議題來看，比如棕櫚油產業的衝擊，至今對人類和地球的整體結果有好有壞。聯合利華理當加快腳步，大動作搞定某些燙手山芋，比如塑膠包裝和廢棄物、種族多元化以及消費主義（只是說，改變人類習慣實在有夠難）。不過，聯合利華的指導方針就是把難做的事做到好，而非選擇把好做的事做到歪掉，它的野心是要把自己推出舒適圈之外。我們邀請你共襄盛舉實現這道讓人一整個難受的野心。

　　這道商機深刻、有益甚至有趣，它是一種思考創造商業價值的全新方式。一家付出得多、索取得少的企業將不會站在公益慈善層面關注獲利；反之，它會張臂擁抱企業核心的目的並從價值中創造價值。

在現代商業中，這是一種革命性的思考方式。但話說回來，真正的創新幾乎總是由強力破壞的造反者所推動。我們需要企業開展深刻的轉變，引領潮流、成為值得信賴的市場玩家並解決至關重要的問題。資本主義、全體人類和地球的未來都取決於它。

商界必須挺身而出

對民間社會和非政府組織的許多人來說，企業打造繁榮世界的說法很可笑。懷疑論者說，就是唯利是圖的企業讓我們身陷困境。這是公平的說法。產業濫用資源、外部化成本而且勾結貪官及政治影響力，把自身需求置於公共利益之上。評論家也說，我們面臨的挑戰是社會共業，因此政府得出面擺平。某種程度來說，他們都說對了，唯有政府可以針對外部性制定法規並強制收取比如碳費之類的規費。政府也制定正確的政策，用以實現更完善的商業實踐和成果。

另一方面，自由主義派建議，民營企業有能力解決任何問題，只要把所有公司民營化就好，獲利動機自會找到出路。這兩種觀點都不正確。關注全球緊迫問題的世界經濟論壇（World Economic Forum）子機構全球公共財中心（Centre for Global Public Goods）主持人沃雷（Dominic Waughray）說：「以為大企業或政府將會解決所有問題的想法很吸睛，但是太天真。」我們需要建立夥伴關係，他說，這種關係具備民營企業的創新、速度和執行力心態，也具備政府的號召力和觸及力。[14]

商業對經濟的貢獻度超高，單單是基於這項現實便將承擔要角：在開發中國家，民營企業占國內生產毛額的 60%、資本流動的80% 和就業的 90%。[15] 不過商業必須站出來還有另外兩個額外原因。第一，就在無國界的問題日益嚴重時，全球治理也讓我們失望。多邊組織搞不定當今四處蔓延的複雜問題，包括氣候變遷、網路安全和流行病，其中又以 80 年前的二戰後創建的聯合國為甚。

第二，改造世界將有必要把天量資本轉向更潔淨、更公正的道路。政府面臨新自由主義派設下的財政限制，多年來他們一直大力減稅並停止資助公共工程。貪汙行徑也從公共利益中把錢吸走。很少有政府拿得出足夠資金做該做的事。聯合國估計，實現某些全球永續發展目標的資金缺口落在每年 3 兆至 5 兆美元之間，但肆虐全球的 Covid-19 花去 16 兆美元，而且還在攀高，相較之下，前者只是小錢；或者也可以換算成當前國際發展援助總額的 20 倍。[16] 帳面金額看起來很高，但你要是知道全球的國內生產毛額差不多有 80 兆美元，而且銀行從衍生性金融商品和其他憑空想像的金融工具中創造出 600 兆美元的市場，就不會這樣想了。[17]

人人都希望企業挺身而出。在美國公關公司愛德曼（Edelman）完成的一項全球調查中，四分之三受訪者都說，他們想看到執行長領頭推動社會變革，而不是坐等政府強制要求。希望自家執行長公開表態氣候、不平等和其他重大議題的受訪者比率也差不多。[18] 領導者聽到這道訊息了。沃爾瑪執行長董明倫（Doug McMillon）便曾說：「該是企業帶頭的時候了，和政府及非政府組織並肩解決勞動力機會、種族平等、氣候和永續、負責任供應鏈等嚴重議題。」[19] 董明倫也對《時代》（Time）雜誌說：「如果我們沒有好好照料那些讓我們存活至今的事物，我們根本就無法走到今天這一步。」[20]

考慮到商界在社會上的角色特別吃重，也是製造困住我們的麻煩的禍首，它理當採取淨正效益行動，以示負起收拾後果的基本責任。以為商界可以袖手旁觀，目睹環境系統退化、社會沉淪的這種念頭也是荒謬至極。商界不能在一個養活它的系統中當個旁觀者。

幾則壞消息：我們的地球和道德拉警報

為何企業得站出來？這道題問得還算公允。遺憾的是，緊急事故有一大堆，我們的時間卻很有限。不過，也有讓人難以置信的好消息就是了。

我們人類弄出資本主義這個驚人、殘忍的新發明，用來買賣商品並有效配對供應和需求。這部機器推動有如指數暴衝一般的經濟成長，也帶領幾億人脫貧。不過它同時帶來威脅人類的生存危機。我們當前的經濟體系就看得到兩大基本弱點：立足在資源有限的地球追求無限成長，而且僅有少數人受益，而非全體人類。

人類不能繼續以當前的速度消耗資源，除非是找到另一個地球。2020 年，我們在 8 月 22 日 [21] 迎來「地球超載日」（Earth Overshoot Day），代表在這一天我們已經耗盡當年度地球所能再生的資源，之後的每一天都是在偷偷挪用後代的資源額度。這套系統無以為繼。英國經濟學家博爾丁（Ken Boulding）曾經打趣道：「誰要是以為自己可以在有限環境中實現無限成長，他要不是瘋子，就是經濟學家。」[22]

市場正是無限資本主義的主要工具，不過按照當前的設計，它們帶有致命缺陷，但不是邏輯層面的致命性，只是對我們來說必死無疑。除非我們強迫市場納入汙染或健康受損之類負面衝擊的外部性價格，否則它不會有改變行動；而且我們就算耗盡共享自然資源，市場也不會向我們收費。市場也把幾十億人拋在腦後，反而把資金往上輸送。它們不會為了全體福祉，甚至也不會為我們的生存自我優化。

我們在談論生存危機時，將使用「氣候和不平等」這個直白、簡略的說法，用來指稱一連串相互交織、影響地球和人類健康的挑戰。氣候是環境議題的統稱，諸如空氣和水質，或是生物多樣性退化，這是它本身的生存危機；不平等是社會挑戰的代名詞，比如機會不平等、系統性的種族主義、性別歧視和缺乏包容性。有些社會健康的指標已獲改善，像是赤貧人口比率降低，但是我們眼前的多數挑戰都很巨大，而且還在膨脹中。我們經濟和社會的生物物理學基礎包含穩定氣候、一張容納我們所有生命的網絡、諸如潔淨空氣和水等自然資源，還有其他林林總總的元素，全都受到威脅。僅不到五十年，哺乳動物、鳥類、兩棲動物和魚類的數量驟減 68%，這數字讓人驚嚇。[23] 隨著我們增加原物料的產量並繼續剷平印尼和亞馬遜流域的森林，結果失去全世界一半雨林，我們就是在製造致命的空氣汙染，導致每年將近 900 萬人過早死亡，也加速氣候變遷。我們無法在不健康的地球養出健康的人類。[25]

隨著全球暖化加劇，據估會有 10 億到 30 億人將成為氣候難民，屆時他們的社區會變得太酷熱或水患頻頻無法安居。[26] 要是我們不解決氣候問題，其他也沒什麼好說的。蘋果執行長庫克（Tim Cook）曾說：「風險超高，而且失敗不是選項……要是你還沒完成開發（氣候計畫），就是沒有善盡本分。」[27]

與此同時，不平等加劇。經濟正在失靈，無法打造財富、權力和福祉都能雨露均霑的公正世界。種族不平等日益嚴重，Covid-19 疫情讓真相現形；有色人種的住院率和死亡率是白人的 2 至 4 倍，這道污點將會長久烙印在美國的靈魂中。[28] 巴西原住民死亡的可能性也可能高出一倍。[29] 女性的機會依舊遠遠落後；依照當前的改變速度來看，還要再過 257 年才能縮小性別薪酬差距。[30]

三十多年來，天量的收入和財富成長全都流向金字塔頂端的 1% 族群，甚至可能是 0.1% 族群。過著中等收入生活的族群依舊在原地踏步。甚至在流行病爆發前，全球大約一半人口每天還是賺不到 5.5 美元、26,000 萬名兒童沒有機會受教、8 億 2,000 萬人挨餓，而且每年有 520 萬名兒童來不及過完五歲生日就過世，主要都是死於可預防的傳染病。[31] 但現在所有這些惡象都變得更糟糕。正如聯合國祕書長古特雷斯（António Guterres）所說，少數人正搭著「超級遊艇乘風破浪，其他人卻只能緊緊抓住浮在海面上的殘骸。」[32]

有些人會問，無論站在道德層面來看，不平等是有多麼不可接受，但為何說它是商業難題。基本答案是，少了愈來愈多擁有可支配收入的人口，經濟就不會繁榮。不過更嚴苛的現實其實是，它破壞社會穩定度。美國基金管理商艾瑞投資（Ariel Investments）共同執行長兼連鎖咖啡店星巴克（Starbucks）董事會主席霍布森（Mellody

Hobson）就說，不平等威脅成長，因為「社會騷亂對企業不利……社會騷亂就是基於經濟不平等。」[33]

我們的生存挑戰帶來沉重的經濟損失。美國智庫蘭德公司（RAND Corporation）發表的報告估計，假設美國境內的收入分配自1970 年代中以來就保持穩定，位居底層 90% 的族群理當獲得 50 兆美元財富。[34] 收入中位數理當從 5 萬美元翻一倍到今天的 10 萬美元左右。[35]

在環境方面，保險業者瑞士再保險（Swiss Re）估計，全球國內生產毛額的一半是 42 兆美元，正面臨風險，因為這部分「仰賴高功能的生物多樣性」。[36] 就氣候變遷來說，很容易就可以發現，全球國內生產毛額損失金額高達數兆美元。瑞士再保險指出，我們正走在到了 2050 年將損失大約五分之一全球國內生產毛額的路上。[37] 那些都是具體、駭人的數字，但生存威脅還有更多元的不同算法。假使美國城市邁阿密、南亞國家孟加拉首都達卡或菲律賓首都馬尼拉這些沿海城市再也不能住人，「代價」有多高？無限高。拆解一家特定組織的成本或許還容易一些。5 年多來，美國電信商 AT&T 已經斥資 10 億美元修復因為氣候相關的極端天氣受損的設備和基礎設施。[38] 成本高漲的嚴苛現實正在改寫腳本並向企業下戰書，要它們證明為何不追求永續。（參見附欄「從為何要做到為何不做？」）

巨大的環境和社會挑戰之外，民族主義或民粹主義領袖得到超強權力，在 80 多個民主國家中，民主被削弱了。[39] 美國在 2020 年大選時轉向民主，但是焦點依舊落在個人和國家層面的自身利益。民族主義分子主導的政府將不會欣然為了解決共有的挑戰並肩合作。

考慮到我們這套系統幾乎崩潰，Covid-19 疫情爆發的前幾個月，

從為何做到為何不做？

　　要求員工證明任何投資有其價值，這一點很正常，一旦扯上永續，長期以來這種假設就被視為錢沒有花在刀口上。財務長一致相信，這種做法必然得犧牲戶獲利能力或成長為代價。憂心忡忡的高階主管經常提出的問題是：「為何我要做這件事？」不過隨著我們面臨的巨大挑戰的成本高漲，而且打造繁榮世界的行動變得更容易、更便宜而且更珍貴，相關討論的風向也改變了。愈來愈多的證據顯示，股東至上是失敗的學說，正破壞我們的自然環境和社會凝聚力。

　　我們已經觸及臨界點。正如全球四大糧商之一 ADM 執行長盧西亞諾（Juan Luciano）所說：「近年來，成為領頭羊看似風險很大；但現在成為落後者風險更大。*」舉證責任已經轉嫁到另一邊。員工正高聲吶喊：「讓我們看看你在關心什麼事。」「告訴我們，」股東要求，「你為何不追求企業目的和永續發展？」沒錯，你為何不加入這趟有如史詩一般激動人心的旅程？

*2020 年 5 月 15 日，盧西亞諾（ADM 執行長）與本書兩位作者的對話。

只有 9% 的英國公民想要回歸原來的生活也就不足為奇（這股渴望是一種全球現象）。[40] 人們想要「重建得比以前更好」或是制定綠色新政 *。隨著政府注資幾十兆美元刺激經濟，重建老舊、殘破的系統

---

* Green New Deal；譯注：美國一系列解決全球暖化、貧富差距等問題的法案

將是超級浪費生命和資金的做法。2008 年金融危機期間我們曾錯失一次機會，當時的銀行大到不能倒，人們卻渺小到無足輕重。現在我們應該聚焦創造就業、強化社會凝聚力並加速潔淨經濟。

改變商業和經濟的運作之道，同時持續為 80 億人口生產商品和服務，就好比是在飛機飛上天的時候動手更換引擎。這是很貼切的比喻，具體描述「創新的兩難」這個知名的術語。破壞舊時代並無縫讓路新時代可說是工程壯舉，對那些在新時代輸掉一切的人來說很可怕。我們很容易就陷入絕望、恐懼或焦慮，但還是會在充滿積極和同情的領域實現更多成就。

現在我們做出有關投資低碳世界、全球人類福祉的選擇，它將會決定未來什麼事才有可能，而且人類是否繁榮……或甚至活下來。對商業或全球經濟來說，風險已經觸頂，而全球經濟正如美國生態經濟學家達利（Herman Daly）所喻，是「地球完全自有的子公司」。英特飛執行長安德生這位早期的永續先驅曾尖銳反問：「在死透的星球上做生意是怎樣？」同理，沒有始終貧困的商業個案，事實上，帶領幾十億人脫貧才是超巨大的商機。

簡言之，企業不可能在失靈的社會中繁榮茁壯。

做出大格局 + 系統思考

考慮到我們正面臨的情況，努力實踐永續的速度和規模嚴重不足，特別是就氣候危機而言，贏得太慢就等於是輸掉比賽。全球前500 大企業中，幾乎全部都設定能源或碳排放目標，但只有 15% 計畫遵照科學要求的速度減少排放，所幸這個百分比正在成長中。[41]

我們置身危險關頭。因為企業正在完成某件事，很可能就會自我感覺做得夠多。舉時尚和成衣業為例，原本是早期的領先者，它們創建永續成衣聯盟（Sustainable Apparel Coalition）制定供應鏈標準。但是與此同時，快時尚卻又顯著推升服飾業的營業額……能源、水和廢棄物衝擊於是隨之而來。

如果我們張臂擁抱系統性思維，就可以避免這些脫節行徑。國際永續發展的非營利機構未來論壇（Forum for the Future）描述，系統是「由一張連結企業目的的關係網絡的幾個部分互相串連」，它並提供取自比如海洋環境這類自然生態系統，以及比如教育這類社會創造的系統。人類的身體、家庭、社區、組織、城市、星球，全都是系統。

想想我們的糧食系統和它的機器製造商網絡、土壤健康等自然資本、農夫、工人、批發商、食品商、零售商以及我們這些食客。短期、範圍狹隘的金融誘因驅使這套系統支付農夫極微薄工資、減損土壤肥力、降低我們作物的健康和營養品質、削弱勞工權利等各式各樣的惡象。糧食系統聽起來不健全，但是未來論壇執行長伍倫（Sally Uren）指出，它恰如其分地執行原始設計，要「在極少考慮環境和社會衝擊的前提下生產廉價食品」。[42] 改變一套系統意味著也要改變它的目的。

我們的各種系統極為複雜、緊密交織，所以就算是牽動其中一條線索都可能對其他系統產生難以預料的影響。事情可能會失控，因為我們正進入一個強化氣候反饋迴路的階段，在此，融化的永凍土會釋放更多溫室氣體，北極海冰曾經漂浮其上的暗海則會吸收更多熱量。由於我們不十分清楚臨界點落在哪裡，理當要感到更緊迫，而非更悠哉。系統思考也意味著理解根本原因。正如伍倫所說，唯有如此才能「找出我們的精神和干預手段應該集中火力之處，解決我們面臨的重大挑戰。」

好消息是，在複雜網絡中有些反饋迴路正在起作用；一套可以搞定問題的解方有可能適用其他許多問題。經濟發展為生活在雨林周邊的人們提供更多安全保障，外加教育指導他們提升作物產量、減少伐木和碳排放、增加生物多樣性並降低流行病風險。對開發成本來說，那是一筆超級價廉物美的交易。玩個文字哏，企業和政府必須為森林做點事，不是深入森林裡幹活。

已故的美國環境科學家梅多斯（Dana Meadows）是系統領域的領先思想家之一，她曾說過：「我們人類夠聰明，足以創造出複雜的系統和驚人的生產力；當然我們也夠聰明，足以確保人人分享到慷慨的贈予，而且（我們）永續管理我們所有人都賴以生存的自然世界。」[43]

大好消息：順風車和加速器

如果我們只是關注挑戰和系統失靈，前景有可能讓人望而生畏。不過全球並肩努力打造繁榮世界卻是值得的作為，而且稱得上是有史以來最龐大的商機。邁向淨正效益的道路充滿挑戰，但一路上好事連連發生，正讓愈來愈多人共襄盛舉、證明永續發展的價值，也讓轉型變得更容易。

淨正效益為商界帶來回報。追求長期、多方利害關係人模式的企業採用許多方式創造價值。不是每一步都會自動導向雙贏結果，但是隨著時間拉長，領導者會省下金錢、降低風險、加強創新、打造珍貴的企業商譽和品牌、吸引並留住人才，還會提高員工的參與感。民調機構蓋洛普（Gallup）的招牌職場研究顯示，高參與感的組織生產力高出 17%、營收多出 20%，獲利能力更提升 21%。[44] 更永續的企業經常會找到增加收入的聖杯，因為有愈來愈多的消費者都在找有益自身、有利地球的產品。

聯合利華大豐收。它旗下的品牌都是以企業目的為導向，會連結到公共衛生和兒童健康這類更宏觀的社會議題，並會努力幫助解決這些問題，因此成長速度比同業快 69%，利潤也更高。[45] 它滿足營運據點所在國家產生的需求，進而建立深厚的信任感，並獲得進入新市場和成長機會的獨家管道。某部分來說，聯合利華也藉由收購快速成長、受到目的驅使的企業而繁榮，它們也都是看上聯合利華的優良紀錄才點頭被收購。

數字證明一切。紐約大學完成一項集結數千份研究的統合分析，結論指出，採用永續發展實踐的企業和財務表現改善之間存在強大的相關性，特別是時間拉長後更顯著。[46] 非營利組織公義資本（JUST Capital）評選超過 900 間美國境內的公開上市企業，針對它們的環境和社會績效打分數，然後完成「美國最佳 100 企業公民（The JUST 100）」排行榜。領先的企業群支付員工的薪資高出 18%、使用的綠色能源高出 123%，而且設定多元化目標的可能性是其他企業的 6 倍……股東權益報酬率（Return On Equity, ROE）則高出 7.2%。[47]

　　淨正效益為投資人帶來回報。利害關係人做對事情,對股東大有好處。市場揣測多年,如今扎實的數據證明,聚焦環境永續、社會參與和公司治理(environmental, social, and governance,以下通稱ESG)的企業在市場中的績效表現若非旗鼓相當,就是更出色。2020年,81% 的永續指數表現優於基準同業,而且在一段為期 4 年的時間裡,投資組合中 ESG 分數占比較高的企業「表現優於它們的基準企業,多出 81 至 243 個基點。」[48] 但是至今投資人還是會緊張兮兮地問,ESG 究竟是否會保持領先。這個問題實在很奇怪,因為歷史上沒有哪一種資產類別必須證明自己永遠做得比較好。

　　資金正快速流向單一方向。全球永續投資資產已經超過 40 兆美元,而且繼續成長中。[49] 國際信評機構穆迪(Moody's)的報告顯示,整體永續債券市場在 2020 年已達 4,910 億美元。[50] 值此天量資金發揮作用之際,投資人正敦促企業解釋它們的氣候策略和因應 ESG 議題的做法。關注氣候變遷的股東行動主義 * 正緊迫盯人。2021 年,全球石油大廠埃克森美孚(ExxonMobil)的股東選出兩位不經由管理階層推舉的董事會成員,而是一家聚焦長期、利害人關係價值的避險基金所提名。

　　全球資產管理龍頭貝萊德(BlackRock)執行長芬克(Larry Fink)提出的問題遠比任何投資人尖銳。這位掌管九兆美元基金的男士一開口就擲地有聲。多年來,芬克在致執行長及客戶的年度信函中廣泛關注 ESG。他日益要求企業領導階層提供碳足跡和氣候風險的數據。2021 年,芬克諄告眾多執行長,「在轉型淨零經濟的過程

---

* shareholder activism;譯注:透過行使股東權利向管理階層施壓的投資策略

中，沒有哪一家企業的商業模式將不會受深刻影響……沒有迅速準備好的企業將會看到自己的業務和市值遭受重創。」[51] 對追求淨正效益來說，這道更高市值的承諾可說是超級順風車。

金融業已經開始重整旗鼓，獎勵那些將開創長期價值放在第一位的企業，但是這門領域對變革抱持保守心態。一家淨正效益的銀行將會遠離衍生品的瘋狂氛圍，挪動資金瞄準真實的金融市場。我們需要融資一個為人類價值觀和生活提供服務的經濟，而非反其道而行，它會為現實群眾提供真實的商品和服務。

商業領袖正重新思考企業目的。 2019 年 8 月，由全美超過 180 家最大企業執行長組成的商業圓桌會議（Business Roundtable, BRT），針對企業目的發表一項聲明。我們服務多方利害關係人，而不僅僅是股東。幾個月後，世界經濟論壇的《達沃斯宣言》（Davos Manifesto）聲稱：「企業服務社會……支持社區……誠實納稅……擔綱環境管家……有意識地保護我們的生物圈並擁護一個循環、共享而且可以再生的經濟。」這些都只是聲明，商業圓桌會議宣言的後續沒有挑起眾人的熱血情懷，多數這些企業都沒有顯著改變。不過修辭很重要。這些團體明確表示，商業再也不能只是最大化股東報酬率。一道全新共識正浮出水面：《財星》500 大企業執行長中，僅 7% 相信自家企業應該「將重心放在獲利，不要被社會目標分散注意力。」[52]

我們有強力架構指導我們下棋。 2015 年，193 國同意聯合國永續發展目標（Sustainable Development Goals, SDGs），也稱為全球目標

（Global Goals）。永續發展目標被打散成 17 個互有關聯的領域和 169 個獨立目標，為預先描繪的 2030 年全球榮景提供路線圖和記分卡：零飢餓、潔淨水、全民教育、性平等、日益減少的不公平以及體面工作的機會、潔淨能源、氣候行動等不一而足。沒有企業或國家可以一視同仁地優先考慮所有目標，但它們為長期成長提供可行的模式，只要企業堅定邁向它們，三不五時還可以並肩同行。永續發展目標「提供我們一種共同語言。它是一塊羅塞塔石碑（Rosetta stone）。」這句話出自沃爾瑪執行副總裁暨永續長麥勞琳（Kathleen McLaughlin）。[53]

除了藍圖之外，現在我們也發想出提供指引的絕佳點子。瑞典斯德哥爾摩復原力中心（Stockholm Resilience Centre）致力研究地球限度，指的是包括氣候和淡水系統在內的 15 套自然系統，其中有 9 套據估已經迫近臨界點，加上英國經濟學家拉沃斯（Kate Raworth）的著作《甜甜圈經濟學》（Doughnut Economics），以及環境和企業管理書作者威勒（Bob Willard）的著作《Future Fit》，全都針對架構提供重要觀點。它們值得深入探索，我們也建議人人將它們內化在心中。我們不會在此準確細述，但可以將這些歸結成一個宏觀構想：地球資源有時盡，我們也不可能在超越生物物理學極限之際不威脅到自身生存。我們有人類和道德的最低標準，而且我們不願意生活在標準以下，也就是指為人人供應足夠用來成長茁壯的充裕水準。在最低和最高限制之間的中間地帶就是拉沃斯所說「一處人類可以繁榮的安全和社會公正空間」。[54] 淨正效益企業在那個空間中開展業務，協助他人也實現這道目標。

淨正效益為全世界帶來回報。實現全球目標將創造一個社會公平、環境安全、經濟繁榮、全球包容而且更可預測、復原力更強的世界。世界經濟論壇旗下的商業暨永續發展委員會（Business and Sustainable Development Commission）發表《更好的企業帶來更美好的世界》（The Better Business, Better World），報告估算，截至 2030 年，實現目標將會帶來至少 12 兆美元商機，並創造 38,000 萬個職缺，而且這還只是經濟圈中的四大領域而已。[55] 除了 SDG 之外，機會無處不在。我們動用國內生產毛額的 1% 到 1.5% 就可以實現淨零排放，進而免除 160 兆美元的氣候相關成本。[56] 荷蘭的《循環落差》（Circularity Gap）報告是一套關於世界如何處理資源的分析，評估全球經濟回收材料的比率僅達 8.6%。[57] 雖是大失敗，卻留下藉由循環商業模式就可以萃取出來的數兆美元價值。

零作為的成本高於採取行動。世界經濟論壇的《自然風險高升》（Nature Risk Rising）報告指出，逾半的全球國內生產毛額傾向中度或高度依賴自然。所有壞消息中，包括 2020 年美國境內創紀錄的 22 場氣候災害，每一場損失都超過 10 億美元，未來都將輕易釀出幾兆美元損失。[58] 我們的整體經濟置身險境。你將它和金融順風車結合在一起，就會歸納出一個躲不掉、令人震驚的結論：要是我們坐視不管，而非起身行動解決最大挑戰，我們將得再付出幾百倍的代價。但比較好的部分是，多數行動不是純支出，而是投資低成本、更健康的業務和經濟。

科技幾乎是站在我們這一邊。2014 年，國際能源署（International

Energy Agency）預估，截至 2050 年，太陽能將跌價至每千瓦 0.05 美元，實現的時間比 2020 年的預估快上 30 年。[59] 10 年來，太陽能和風力發電的成本分別下降 90% 和 70%。[60] 平均來說，現在再生能源的建造成本比所有其他形式的電力更便宜。[61] 電池價格也以同快速度下降，加速電動車市場發展。多數汽車製造商都已經承諾要分階段淘汰汽油和柴油，轉向全電動化產品，例如美國車廠通用汽車（General Motors，GM）定在 2035 年、日本車廠本田（Honda）打算 2022 年就在歐洲實現。[62] 德國車廠戴姆勒（Daimler）全面停止研發內燃機引擎。[63] 迅速轉向再生能源和電動車隊現在已經是不燒腦的決定。正如美國國家氣候顧問麥卡錫（Gina McCarthy）所說：「問題不在於民營企業是否相信這回事，民營企業本身正在推動這件事。」[64]

這不僅是潔淨科技而已。大數據處理、全球定位系統（Global Positioning System, GPS）建模、基於無人機的空中攝影、機器人、電腦視覺、人工智慧和許多科技的革命正在推動世界經濟論壇所謂的「第四次工業革命」，它將是一場科技影響全世界，帶來指數一般暴衝的變革。這些全新工具可以協助解決我們的大難題。就糧食體系來說，「精準農業」大幅減少浪費，種子、水、肥料和殺蟲劑都可以準確估量並施灑在必要區域。農機大廠強鹿（Deere）的現代化曳引機正是一台人工智慧驅動的行動電腦。諸如法商施耐德電機（Schneider Electric）等企業提供先進的建物管理系統，可以減少能源浪費。我們具備打造智慧家居、電網、城市和糧食及交通系統的科技和專業知識。獲得以行動技術為首的科技也在證明，有能力減輕不平等和極端貧困。

要做就把事情做大

我們大可花更多時間描述我們面臨的地球和道德的緊急狀況，或是繼續列舉商業案例，但現在已經到了停止試圖說服他人並展開行動的時刻。有些企業領導人仍然質疑氣候變化千真萬確是一種生存威脅，或是不平等和種族主義真的根植於組織內部。他們或許不相信自己的員工、客戶和社區將會要求他們努力解決這些挑戰。

他們或許注定讓自己變成搞不清楚狀況的落後族群，而且會因為看不到重大轉變到來於是被打入企業墳墓。諸如影音租借服務商百視達（Blockbuster）、百貨公司西爾斯（Sears）、能源商安隆（Enron）和金融機構雷曼兄弟（Lehman Brothers）等前車之鑑將會張臂擁抱他們，隨隊還有近十年陸續破產的美國 50 家煤炭商。他們將錯過史上最巨大的商機。要是他們懷疑商界就是必須協助打造繁榮世界，或是對成為解決方案一部分的個人責任無感，他們就不應該讀這本書。

我們需要願意產生影響力，而且足夠關心促成變革大規模發生的人士。就像大家說的，要做就把事情做大，不然就回家算了。

在此要嚴正提醒科技的黑暗面：社群媒體吹出來的資訊泡泡正在煽動仇恨、錯誤資訊並瓦解團結，這些都是我們必須處理的共同挑戰。企業應該放大格局，檢視自家對全世界的影響力並為此擔起責任。所有權是淨正效益企業的核心屬性。

　　年輕人渴望看到改變。年輕的千禧世代和 Z 世代都比長輩更關心永續發展和氣候變遷,也強烈相信企業就是必須做出一些成績。90% 的 Z 世代認為企業有義務解決環境和社會問題。管理諮詢商麥肯錫(McKinsey)發表的《真話世代》(True Gen)報告總結:「在透明世界中,年輕消費者不區分品牌的道德規範……和它的合作夥伴和供應商網絡……行動必須契合它的理想,而且那些理想更必須滲入整套利害關係人體系。」[66] 年輕世代選擇他們效力、消費的對象大不相同。他們也依循自己的信念行動,只要看看身為全球氣候活動家的瑞典青少女通貝里(Greta Thunberg)就知道。企業很就快就會發現,它們的組織裡不會只有一個通貝里。

　　就這樣,壓力上身了,而且這是好事。我們必須打破某些頑強的迷思和先入為主的觀念,比如:再生能源太貴用不起;因為符合資格的有色人種不夠,所以多元共融目標遙不可及;或是我們根本就無法在零廢棄的前提下營運。全都說錯了。人類手握許多必要的科技和解方,到處都是解決其他問題的人才和企業家,而且從來就不缺資金。屆時要是有什麼事讓我們卻步不前,那一定就是缺乏意志力、道德領導力和想像力,這些都是淨正效益企業張臂擁抱的能力。

　　我們有選擇……介於不那麼繁榮、成長更遲緩、不平等加劇而且嚴管邊界……或是創新和生產力勃發、包容性成長、產業的韌性更強而且重新串連的世界正在崛起之間。有勇氣的領導群朝著正確方向前進,人數一再成長。商界已經做好準備要處理最棘手的議題,而且我們正好順風而行。

　　我們辦得到。

本書概覽

由於我們可以提供內行人的觀點，所以本書十分倚重聯合利華的經驗，它踏上淨正效益之路已經好多年了。不過其他同業也是領跑者，所以我們也將從它們的故事中學到一些教訓。

本書不是達成削減碳排放這類營運目標的練武寶典；反之，我們的目的是協助組織自我轉型，這樣它們就可以實現這些被當成經商自然過程的宏觀目標。我們希望提供核心的原則和策略，用以打造一家服務全世界的全新類別組織。雖說同時還得大量投入才能促成事情發生，但我們將在這本書推薦一道粗略的作戰順序。

以下是每一章的簡短摘要。

在第 1 章中，我們描繪出五大新穎、長期、多方利害關係人模式的基礎。本章的核心故事是聯合利華如何擊退投資人，停止公布季度報告，進而激發全公司長遠思考。這是重要實例，將在內文反覆出現。

然後我們進入策略階段，自三大構成變革和行動核心的領域開始著手。第一步是你得反身自省立業目的。第 2 章從領導者需要具備哪些經營淨正效益企業的特質出發，也就是目的、人性、謙遜、正向、熱情、協作和勇氣的結合體。以企業目的為導向的領導者明白，他們是為了遠比自己重要的目標存在。他們服務的對象是今日的世界和未來的世代。

在第 3 章，我們從小我轉向大我，將聯合利華的歷史當作起點，探索聯合利華永續生活計畫這套成就黃金十年的核心工具。不過，正如我們即將討論的重點，一家組織唯有讓內部重新步上軌道才能找到自己的靈魂，也就是指業務進展順暢，而且領導階層傳遞出正確訊息，推動淨正效益的作為。員工找到自身的目標，並拿它和組織使命連結，這一點也很重要。

在第 4 章，我們開始解放基本、重要的緊張局面。轉型始自內部的個人小我和組織大我，但是由外而內的觀點將會指引我們。全世界最巨大的挑戰和困難形塑出企業制定的各項目標，企業追求淨零排放有很大一部分原因是全球氣候變遷拉警報。本章提供設定目標的指引，並附帶以科學為基礎的指標當作關鍵的最低限度，所謂的指標就是依循事實和科學要求的步伐前進的承諾。宏大的目標才能滿足世界的需求，但也會解除組織承受的心理約束，並協助自身做好更巨大的系統化變革的準備。

第 5 章描述開放心態的重要性，以當作內部工作以及和外部利害關係人保持必要夥伴關係之間的橋樑。隨著內外部對彼此的信任感下降，透明度卻在上升，對商界來說，這是一段詭異的時期。將他人的需求放在自身需求之前，並為所有利害關係人服務才能建立更深厚的信任感，包括那些正常情況下其實是在服務你的供應商。那些贏得信任感的企業才能體驗到獨特的市場和合作夥伴關係。

外部核心工作附帶三大基本策略。在第 6 章開頭，我們提供一套思考兩大領域建立夥伴關係的模式。第一步，找到你們所在的經濟部門可能共同遭遇的風險和機遇等相關議題，或是你和關鍵供應商或許可以共同有效管理的事項，然後並肩協作解決問題。這些夥伴關係有可能成效極高，但又不到改變範圍更廣泛的系統。

第 7 章繼續討論確實會改變整套系統的夥伴關係，需要社會的三大支柱加持，即商界、政府和民間社會，採用全新方式攜手合作、改變遊戲規則並打造更公正的政策架構,協助我們在地球限度內安居樂業。傳統、自利的遊說行動已經走到盡頭,探索淨正效益的倡議則是推動經濟部門或地區踏上一條更康莊的大道。這等規模的工程將目標鎖定在協助全世界的經濟體和國家發展,這樣一來商界和人民就能繁榮。

外部核心的最後一根支柱帶出企業盡力迴避的議題。第 8 章深入探討棘手議題,包括高階主管薪酬過高、避稅、貪汙、人權、黑金政治和多元共融等。這些議題都惡化我們眼前最巨大的問題,特別是不平等和權力不平衡方面。要是企業不搞定這些燙手山芋,就不可能真正做到淨正效益。

最後,我們在第 9 章總結策略和行動理念。文化貫穿所有策略,但是我們視它為成就的最高點。將文化嵌入企業內部的品牌層面,像是聯合利華攜手衛寶生產洗手液、聯合多芬建立自尊等知名的合作計畫,就是下一個層次的工作。我們也檢視,強大的淨正效益文化如何貫穿多元共融、改變薪酬系統、將具有創業家精神的全新業務和領導人帶入企業內部,並且挑戰不寬容的文化常規。

我們將以第 10 章結束這本書。我們探索,未來商界將面臨什麼光景,並使淨正效益的議程更宏觀、更嚴格也更值得。企業將必須協助重新思考資本主義、諸如國內生產毛額之類的經濟指標、福祉的本質、以消費為基礎的經濟目標,以及企業理當在捍衛民主和自由等社會支柱方面扮演什麼角色。這是號召行動的呼求,加入這場共襄盛舉打造繁榮社會的運動。

我們生活在人類歷史的關鍵時刻,各界對企業和人類做得更好的期待日益高漲。正如聯合國前祕書長潘基文(Ban Ki-moon)所說:

「我們這個世代可以成為第一個終結貧窮的世代，也可以在氣候變遷惡化至無藥可救的地步之前，成為解決難題的最後一個世代。」[67]時間緊迫，但商機龐大。

我們具備正確的領導力，同時攜手解決最棘手的議題，就可以治癒全世界。我們可以做到淨正效益。

那麼，就讓我們開始吧。

1
破壞世界，自食惡果
一家淨正效益企業的核心原則

> 打造完美世界雖然不是你應該善盡的責任，但你也不能隨
> 心所欲不想做就不做。
>
> ——猶太拉比塔豐（Tarfon），西元 1 世紀

　　販售陶器或玻璃器皿等易碎品的店家可能會張貼告示：「打破
東西，視同購買。」提醒來客留心店內貴重物品，注意自己的行為。

　　50 年來，全世界的經濟學家與民營企業一頭栽入一場全球性的
實驗，卻沒有真正去思考可能造成什麼破壞。這群人對成果懷抱超
凡自信，執迷於短期利潤與股東利益優先論。這種主張乍看似乎很
有效，卻未曾深思一旦人人聚焦單一指標，未來可能發生什麼事。
結果是無論好壞，都會很極端。

　　正如我們所指出的事實，僅僅幾十年間就有 10 億人藉由經濟發
展擺脫赤貧。[1] 不過，其中的弊端如今正威脅著要摧毀諸多進步，並
破壞人類的集體福祉。簡言之，我們商界仗著政府與自己也身為消
費者的大力協助，已經嚴重傷害這個世界。

　　氣候與不平等帶來的生存威脅好似指數暴衝一般惡化，倘若任其發展，原本的裂縫將會被撕扯成為吞噬商業與人類的深淵。屆時沒有人會趕來拯救我們。我們一旦搞砸了，將自食惡果。那意味著，我們現在不僅得對自家企業、合作夥伴、員工與投資人負起責任，更要對全體社會負責。一家抱持這種觀點的企業，有時候反倒像是領先全球的超大非政府組織，聯合利華就是一例，唯獨它肩負獲利動機。

　　責任正是傳統商業與淨正效益企業之間的核心分水嶺。畢竟，當前的股東資本主義模式明確表態不掌控所有權，而且看待諸如汙染或不平等之類的議題猶如「別人家的問題」，進而為企業創造巨大的財務價值。所以，承擔責任便是第一步。正如 Patagonia 前執行長蘿絲・瑪卡麗歐（Rose Marcario）所說，顯然「企業傷害了環境……問題在於，一旦企業拒絕負責……再加上它們沒興趣知道如何遏止傷害。」[2]

　　圍繞責任的五大核心原則將會推升企業績效達到全新高度。這些原則協助企業領袖開拓視野、重新思考自身的工作，並重塑自家企業在社會中扮演的角色。這些屬性若是完全被採納，便會區隔出淨正效益企業與僅僅是營運良好的佛心企業，前者：

- ◆ 承擔一切影響與後果，無論刻意與否
- ◆ 以商業與社會的長期利益為營運目標
- ◆ 為所有利害關係人創造正報酬
- ◆ 視推動股東價值為結果，而非目標
- ◆ 並肩合作推動系統性變革

採納上述五大信條當作核心的經營原則實屬激進且困難，但是它們彼此強化，讓打造一家付出多於索取的高績效企業變得更容易。

1. 承擔一切影響與後果，無論刻意與否

雖說你可能對外發包自家企業的供應鏈、物流運輸或投資項目，卻不能將自身責任轉嫁外人。未來你想把自家企業強加給全體社會的環境及社會成本外部化，將會變得日益困難。大自然負載的地球限度，比如極端天氣或水資源短缺，如今正讓企業掏大錢付出代價。利害關係人正施壓敦促企業內化社會影響力。是時候主動聲明，我們的供應商、顧客與產品生命週期告終時產生的一切結果都歸「我們負責」。這可能得奮力向前躍進一大步，但那正是達成淨正效益所需支付的代價。

你是否生產能源或利用化石燃料製造廉價品？接著，因為你規避二氧化碳與空氣汙染強加給全體社會的成本，比如順勢將健康受損怪罪給全球氣候變遷，因此賺到更多利潤。你是否生產有利可圖的食品？而它的高利潤有可能來自於供應鏈中的奴工與森林濫伐等環節。或許你一邊為富人端上低成本投資機會，另一邊卻提供高利金融產品給窮人？要是你可以不去反思自己如何惡化不平等，那也沒問題。

所有上述問題都是可以預見的後果。無心插柳的結果有可能破壞力更強。科技公司懷抱著增強知識、人際連結的理想，提供人

人擷取所有資訊的管道。不幸的是，它們也在無意間創造出傳播卑劣、充滿恨意的意識型態的錯誤資訊泡沫，嚴重破壞社會。有些惡劣結果很難預見，但也無法以此為領導者脫罪。

在這個新世界，自供應鏈最細微之處，到產品生命週期結束，你都擁有自家企業的影響力，而且利害關係人將會確保你明瞭這一點。當美國最大家居用品電商 Wayfair 賣床墊給美國政府，管理階層顯然不清楚也不擔心自家產品將被送到移民孩童的拘留營，直到顧客開始抵制，加上 500 名員工挺身抗議。就一筆 20 萬美元的交易來說，那可稱得上是一顆超大的燙手山芋與品牌損失。[3]

當可口可樂使用化學物質銻生產瓶罐，儘管不影響飲料本身，卻未曾考慮這麼做會為燒熔這些廢棄瓶罐換取生計的族群帶來健康疑慮。當洗滌用品商汰漬（Tide）設計彩色洗衣膠囊時沒有細想，這些糖果色包裝對小小孩的吸引力有多強大，或是青少年竟會玩起吞食洗衣膠囊的致命病毒式挑戰。這類錯用說也說不完。

聯合利華在印度曾遭遇衝著美白淨膚產品而來的尖銳攻擊。許多印度女性挺身為使用這些產品辯護，宣稱這是她們自主選擇追求「理想」的淡柔膚色。但是對聯合利華來說這就是嚴重錯配，無法為美白膚色的訊息與多芬這類協助女性建立自尊、欣賞自身獨特美麗的目標對焦。幾年前，聯合利華剔除臉霜產品中的美白成分，並註銷原有產品名稱「白皙動人（Fair & Lovely）」，重新定位成「容光可人（Glow & Lovely）」。只不過品牌損害已然造成。

前述諸多差錯帶來的重大教訓就是，最好是積極主動地全面審視自家企業如何從多元面向入手，兼顧所有人的幸福感，即使這麼做可能敲響幾記刺耳的警鐘。舉例來說，聯合利華曾為印度建造幾百萬座廁所，並為社區興建電力設備以利點火燒爐，到頭來卻發現，有些在它的茶園工作的員工回到家後，根本無法繼續使用管道設施與電力。你得先把自己的家裡打點好，才有資格告訴別人該做什麼。

擁有自家企業對人類與地球的所有影響力，不僅關乎找出下行風險與問題，更深入全面檢視業務影響力還有一些重大好處，包括：高效與節約的商機、有利成長的創新，以及和他人更有深度的連結。掌握一切會改變企業的文化與重點，讓它變得更有人味。這麼做可以激勵經營階層與員工思考更廣泛的影響力、提升所有被自己影響的每個人的幸福感，還能朝著淨正效益的方向發展。

2. 企業經營是著眼於商業和社會的長期利益

短線思考很誘人，單單聚焦最大化今日的獲利，遠比擔憂花上幾年解決複雜的系統性問題簡單。許多投資人現在就想落袋為安，對早已獲得配股或即將退休的高階主管來說，關注短期有利可圖。

由於執行長任期不斷縮短，全世界最大型的上市企業中，超過三分之一僅僅十年內就至少換過 3 任執行長，即使是大談自家精神財富的執行長也很可能會急功近利。[4] 打造一家服務社會的淨正效益企業是漫長過程，許多好處可能是在現任高階主管離職以後才出現。就連企業本身也不會長命百歲。將短期收入重點和科技結合的做法已經大幅縮減標準普爾 500 大（S&P 500）企業的壽命，從 1958 年的 61 年縮減至今天的 18 年，而且還在繼續縮短。[5] 1990 年代中期以來，上市企業數量也大減一半。[6]

　　兩大因素促使執行長聚焦短期做法，全都來自公司董事會。全球高階主管薪酬計畫的平均年限低得嚇人，只有 1.7 年。[7]在一項針對資深高階主管的調查中，董事會是短期業績成果的頭號壓力來源，就連投資人都比不上。[8]在這種環境中，企業領導人看短不看長也就不意外了。

　　我們不是在說，企業應該忽略短期的獲利需求，或是說，乾脆把獲利時程往後推，就當成是現在服務社會的犧牲品。而是說，領導人需要擁有解決重大挑戰的自由和機會，這得花上好幾季努力投入。你無法一邊應付季度財報的緊湊活動，另一邊試圖解決氣候變遷或不平等。我們需要的系統性思維和深度協作將不會源自短線思考。

　　創造長期價值意味著，不刻意在特定年限中定下超高目標並力求做到最好，而是年年投資，日積月累出複合成效和一致性的好處。在波曼擔任執行長的十年間，聯合利華辦到連續十年營收和獲利雙雙成長。如果你可以採用那種方式投資工廠或智慧財產權，有什麼道理不能投資在協作和人類的未來。聚焦短期會扼殺創造價值的機會。所以，要是你想確保每一道抉擇都能在單一季度內就證明財務上可行，那你就不一定適合走這條路線。

　　聯合利華永續生活計畫在 2010 年推出，為期十年，促使全公司著眼長期思考。它是一項將經營企業的長期理念轉化為行動的工具，也是一張將企業轉型為服務他人的路線圖。

　　有些高階主管認為，當瞬息萬變的世界突然遭逢重擊，比如 Covid-19 疫情爆發，長期規劃一無是處。不過企業應該採用情景規

劃之類的工具放大思維格局。完成這類工作的重點不在於發展一套
鉅細靡遺的策略，好為企業規劃未來十年或 20 年的方向；反之，是
要你想清楚自己的本質。你的哪些個人和企業價值觀將不會改變？
你為何存在而你又如何協助打造一個繁榮世界？簡言之，你的目的
為何？

　　愈來愈多證據顯示，長期關注值回票價。麥肯錫全球研究院
（McKinsey Global Institute）和主張長期的商業和投資決策的非營利機
構聚焦長期資本（Focusing Capital on the Long Term, FCLTGlobal）共同
公布一項研究，計算出一家真正抱持長期心態經營的企業「平均營
收和獲利分別高出 47% 和 36%，市值成長也更快。」長期企業也提高
研發支出，抗壓性也更強。[9]

　　我們相信，奉行短期主義而失敗的企業多於太過高瞻遠矚而
跌跤的企業。追求短期財務指標表現持續超越競爭對手的壓力已經
讓企業偏離明顯正確的軌道。知名的實例包括飛機製造大廠波音
（Boeing）不再關注安全性，美國富國銀行（Wells Fargo）則是將營
收指標擺在道德之前。這些行為都在破壞信任感。企業可以在災難
過後浴火重生，重新做自己，但是品牌損害是血淋淋的教訓。

　　諷刺的是，有些企業或許可以證明聚焦短期是合理做法，因為
問題看起來實在太嚴重。當需求愈緊急或愈高漲，我們就愈會被動
反應、短線思考。這就是迎戰或逃跑的本能。雖說專注眼前看起來
似乎很安全，抱持長遠眼光和明確的道德指標營運還是比較妥當。
它將協助企業積極主動並引領即將到來的變革，而非成為變革的受
害者。企業的韌性將會更強大、度過難關，或是就長期來說，還可
從中賺取利潤。

3. 為所有利害關係人創造正報酬

　　早期企業的責任成果都聚焦在公共關係和社區事務，目標是阻止非政府組織或其他利害關係人找碴並避免衝突。今日，多數大型企業都是真心誠意地和外部團體合作，卻還是會一開口就問出：「這樣做對我們有什麼好處？」淨正效益企業將利害關係人的需求放在第一位。而且不應該覺得奇怪。任何企業存在的核心原因都是為了滿足客戶需求，也讓對方的生活更美好。因此，延伸那道邏輯，而且不要把員工或社區想成必須安撫的團體，而是你可以從旁協助繁榮的族群。

　　原則就落在變成淨正效益這個核心點，因為「正」就是代表為利害關係人帶來更美好的成果。就實務而言，它和創新並提供改善生活、治癒地球的全新產品和服務有關，或者是和協助員工找到人生目的，並改善他們的身心健康和福祉有關，同時又能打造一家多元共融的公司。或者是協助供應商強化業務更高效、更永續，進而建立更緊密的關係並激發聯合創新。或者是協助社區繁榮發展，超越以往企業只要提供職缺、守法繳稅就綽綽有餘的過時主張。全球社區的需求有可能遠遠超過這些，包括支持在地學校或是建設水利和能源基礎設施。

　　就國家層面來說，多數企業只和政客打交道，針對它們認為有利自家企業的領域展開遊說。最常見的結果是，那種做法被解讀成全面向法規開戰，就算這種策略以前管用，未來也將不再行得通。焦點應該放在協助它們為設立營運據點的國家發展，像是創造產業以便吸引資金、協助打擊貪汙、修復稅務體系漏洞增加收入，並為企業打造公平的競爭環境等作為。一個功能更強大的國家和經濟體將對所有人都更好。

　　從這些強化的關係中尋求優勢、獲利或成長並沒有錯，因為淨正效益也適用在業務領域。民間社會的合作夥伴可能期待，企業投入服務世界時扮演類似非營利機構的角色。波曼擔任執行長期間，最早的外部會議是和聯合國兒童基金會（UNICEF）執行主任碰面。她請求聯合利華捐贈肥皂，可以裝入對外分送的新生兒工具包，降低分娩死亡率。波曼卻說，聽我說，我沒有「肥皂」，我有的是衛寶。我將會提供所有妳需要的數量。一開始，這位主任驚詫極了，她回答，出錢出力時還強打品牌是圖謀自身之利的行為。隨著時間過去，這家非政府組織可以從容自在地接受衛寶，而且至今在公共衛生和協助社區繁榮方面，聯合國兒童基金會和聯合利華已經建立長期的全球合作夥伴關係。

　　提供標示品牌名稱的產品當作改善福祉的龐大計畫其中一環，其實是雙贏做法，這樣做沒有什麼不對。要是滿足全世界需求的工作可以真心誠意地執行完畢，為何不該讓品牌商博取美名？假使科技商蘋果或戴爾（Dell）成為社區開發計畫一分子，它們在提供技術時肯定會使用自家的電腦。對所有人都有好處的正面成果理當有利可圖。不過更重要的是它必須可以做到長期行得通。如果核心業務就是參與這類計畫，當然是美事一樁。行銷和品牌預算遠遠高於企業基金會的資金。你的企業付出這些努力因此成長愈多，你就有能力做更多好事。更強大的企業代表更強大的影響力。

　　在正常情況下，有些關鍵的利害關係人不占席次，比如後代子孫和地球本身，我們也必須為其找出雙贏解方。我們應該留給兒孫輩更少的爛攤子，而非更多。耗盡資源並惡搞出無法生存的氣候條件就是對他們做壞事。我們也正留給他們一個幾億人口淪於赤貧的世界，因為我們沒有在全體人類可以自給自足的領域進行投資。在所有利害關係人當中，地球與其中的物種及生態系勢力最龐大。它不會說話，但有能力溝通。今日的極端天氣就是未來世界的警訊。正如所有人所說，大地之母永遠是贏家。

　　所有這一切都有一道重要的細微差別和策略。為利害關係人創造正報酬不意味著同時滿足所有對象，或是給予全體同等的關注力和資源。你無法同時把每一名對象都放在第一位。可能有幾年你會更側重開發員工潛能，其他時間則是投資周到服務顧客的品牌和產品，好在未來幾年擴充顧客基礎。或者是你可能從股東手上扣下一些短期報酬，用來投資社區或進展迅速的碳減排和再生能源。不過包括股東在內的每一個群體的長期成果都必須是正向。

　　在此所提到的構想是優化給予多方利害關係人的結果，而不是試圖最大化其中一類利害關係人。為任何單一群體創造價值是一種執念，會讓事情失去平衡。

4. 培養視股東價值為結果、而非目標的心態

　　曾有報導指出，現代管理學之父彼得・杜拉克（Peter Drucker）說過：「獲利之於企業就像氧氣之於人類。如果得到不夠多就甭玩了。但是你若把人生和呼吸劃上等號，那就真的畫錯重點。」[10] 更早幾年，汽車大王亨利・福特（Henry Ford）也曾評論，企業經營只為

圖利必死無疑，因為根本沒有存在的理由，而且他還說：「在商界，最佳賺錢之道就是不要滿腦子只想著賺錢。」[11]

現在正是我們應該從 50 年來像僵屍一樣緊抓著獲利不放的執迷中清醒過來的時刻。股東價值應該是結果，不是目標。打造服務全世界的長青企業最巨大的困難在於季度業績的無情壓力。它讓企業和經濟都走偏了。退休基金和國家主權基金等機構投資人抱持長遠觀點，因此擔憂氣候變遷這類系統性風險。但是上市企業的主要影響力來源依舊是股權投資人和分析師，而且是每一家企業都無法倖免。

這些股東想要得到平穩、持續成長的收益，於是企業要些花招滿足他們。股票選擇權被當成資深高階主管的誘因，隨著這股趨勢崛起，同時採用合法和見不得人的伎倆操縱收益的念頭也變得更誘人。舉例來說，股票回購主要就是一種手段，可以刺激短期收益，並模糊企業沒有投資會讓公司更有價值的本業這件事實。

許多投資人都不是你的長期戰友。股票平均持有期限從 20 世紀中的 8 年暴跌至 2020 年的 5 個月左右。[12] 如果我們放手讓股東主導時局，就無法打造優化全體福祉的系統，因為這個目標需要長期思維。遺憾的是，即使全球企業面對氣候變遷這些長期挑戰的真實存在，卻是更加聚焦短期，而非反向操作。有一項重要的研究總結，要是企業採納更長期的思維方式，它們「每年可以額外獲得 1.5 兆美元的投入資本報酬。」[13] 這可是超高的股東價值。

暫時停止執迷股東的念頭有一個哲學的理由：市場經常完全和經濟現實脫節。2020 年 Covid-19 疫情肆虐期間，全球幾大股票指數僅是短暫崩盤，隨即就反彈至歷史新高點，即使當時全球經濟已經裁減大約 4 億個全職工作。[14] 所以說,如果你相信一支股票的價值終究是和未來現金流的價值掛勾,那你就不需要努力說服股東買進股票,因為理當如此。提高這些長期流量,買家自然上門。如果股市不和企業實績及現金流掛勾,它就形同賭場,那又何必和短期股東多費唇舌呢。

直到多數企業把股東報酬當作結果而非唯一目標之前,我們還有長路要走。美國化工大廠陶氏公司(Dow)前執行長利偉誠(Andrew Liveris)說,投資人依舊在執行長心中占據主導地位。[15] 遺憾的是,數據支持他的說法。2019 年,美國史丹佛大學(Stanford University)公布一項關於執行長和財務長的調查結果,數據顯示,雖然 89% 的受訪者相信,將利害關係人的利益納入業務規劃很重要(這是好消息),只有 5% 的受訪者認為,利害關係人的利益比股東利益更重要。[16]

執行長和財務長明確將短期做法視為阻力最小的途徑,但是終究逃得了和尚,逃不了廟。正如生態安全技術商藝康(Ecolab)執行董事長道格・貝克(Doug Baker)告訴我們,短線壓力在經營企業方面占有一席之地,但如果你看短不看長,就會落入他說的「輕鬆開會、艱難度日」局面,也就是說,在投資人電話會議上說得一口好業績,但最終仍會遭逢更嚴重的問題。

停止公布季報

遠離短期漩渦的最好做法就是停止對投資人透露太多。直白、公開對投資人說:「我們不再報告每一季的收益或提供營運方針。」

波曼接任執行長大約 3 星期後就邁出這一大步，心裡的盤算是，就算搞砸了，董事會也不會這麼快就要他走路。在當時，中斷季度財報是極不尋常的事，即使現在也還是。多數執行長一整年得和投資人開幾百場會議，相當於將大把時間用在不管理策略、成長、創新、關注客戶等。如果你擺脫不掉這部收益跑步機，就會成為金融市場的人質。獲利本身不是目的，而是最終產品。波曼掌舵十年後端上桌的最終產品表現強勁，總股東報酬率為 292%，遠遠超過富時指數的 131%。

這等表現來自追求聯合利華永續生活計畫的目標，而非每隔90 天就和投資人談話一次。這道想法其實不總是看起來很激進。傅利曼提出獲利第一宣言之前差不 40 年，醫療保健用品商嬌生集團（Johnson & Johnson）總裁強生（Robert Wood Johnson）就承諾要採取不同做法。他親手寫下《我們的信條》（Our Credo），陳述他的家族企業應該優先服務病患、醫生和護士；接著是員工，再來是社區，而且把保護環境納入其中。最後才是股東，他們將會「獲得公平報酬」。[17] 不是馬上就獲取最高報酬，而是公平報酬。

遺憾的是，很少有企業依循聯合利華的領先腳步，屏棄營運方針和季度財報，唯有淨正效益企業會這樣做。有些執行長雖然走得不如聯合利華那麼遠，卻同樣倒推投資人一把。早在 2014 年蘋果就宣布全新的氣候變遷和能源目標。當投資人要求執行長庫克承諾只做明顯有賺頭的氣候專案，他告訴對方，要是他們不相信氣候變遷，那就應該賣掉手中的蘋果股票。結果是那一場談話過後，蘋果股價大漲 500%。庫克細數他們在蘋果內部做過許多超越短線回報的抉擇時這麼說：「如果你想要我只是為了投資報酬率這類理由賣命，你應該乾脆賣掉這支股票。」[18]

　　還有另一條改變整體動態的道路。如果金主看到創造長期價值值得一搏，我們將不必這麼費力地把股東推向大後方。聚焦長期資本正努力實現這道轉變。聚焦長期資本集結財金資訊供應商彭博（Bloomberg）、網路系統服務商思科（Cisco）、帝斯曼、塔塔、聯合利華和沃爾瑪等跨國企業，以及巴克萊（Barclays）銀行、貝萊德、凱雷投資集團（Carlyle Group）、富達（Fidelity）、高盛（Goldman Sachs）銀行、道富（State Street）銀行和德州太平洋集團（Texas Pacific Group, TPG）等重量級資產大戶和投資人。它正製作顯示長期關注表現勝出的分析報告，同時開發路線圖和工具，協助企業採用更完善的實踐。投資人移往正確方向，不過除非他們多數重新聚焦長線，否則你能善盡的最佳本分就是先擺脫季度獲利狂熱。

5. 合力推動系統性變革

　　如果你不明辨、理解並掌握這些結果，就不能為所有利害關係人改善它們。但是這不意味著獨自承擔責任或是當個獨行俠。在這段路上你將會需要合作夥伴一起修復世界的裂縫。

　　所有企業影響地球和人群的程度遠超過它們自己所知，特別是跨國集團。對多數人來說，它們主要的影響並不直接操控在他們手中。因此，處理企業的足跡就必須合作，遑論解決威脅我們福祉的系統。單一企業獨力對付諸如人權或去碳化等重大議題，或許是尚有餘裕可以在自身營運過程中搞定 30% 或 40%，但是若想要規劃

100% 的解方就需要汰換底層系統。

舉例來說，在印度、中國或非洲等地區，實現零碳排放的機率幾近於零。當地人依舊倚賴煤礦和柴油，或者有可能才剛開始增加再生能源。但你不打算遷移工廠，所以合理的步驟就是建立更廣泛的聯盟體（coalition）改變能源選項，好讓所有人都可以使用。

塑膠廢棄物串連經濟圈的多元產業和幾十億名消費者，也是一顆燙手山芋。單憑自己解決成效不彰。企業大可針對單一產品蒐集海洋塑廢，並從中博取一些行銷成效，但是無益於解決整個大問題。同理，少了跨產業的廣泛結盟體和文化及政府政策的深層變革，確保生活工資並消除供應鏈中的童工惡象也不可能發生。

有些產業對聯盟體的需求正在高漲。食品產業充滿複雜的挑戰，它們正一點一滴地在主攻消費者的企業大門口築起高牆。一位食品和飲料大廠的執行長曾對溫斯頓說，以前所謂的好產品指的是好吃又安全。就這麼簡單；但今日，他說，好產品也得負責任地採購、製造和配銷。這個擴大的責任觀成為檯面上的賭注。扛起食品產業所有權的下一個層次是解決更巨大的社會問題，包括世界各地大規模食物浪費和營養及健康不良。現在有愈來愈多的夥伴關係投入解決這些問題。

我們生產的食物中 40% 都沒有被吃下肚，資源浪費的程度真是匪夷所思，尤其是糧食系統貢獻全球溫室氣體排放高達 30%，更用掉全球 70% 的淡水。反糧食浪費的非營利聯盟體「倡導者 12.3」（Champions 12.3）納入雀巢、家樂氏（Kellogg）、英國連鎖量販商特易購（Tesco）和聯合利華等企業，瞄準達成永續發展目標的第 12.3 條細則，即截至 2030 年將食物浪費的程度減半。這場戰役要從對的人開始打起。

　　同理，少了各方玩家參與，我們也無法解決營養和健康挑戰。怪的是，我們的世界有兩大問題分別落在光譜最兩端，一邊是超過65,000 萬人過胖，另一邊則是 46,000 萬人體重不足，而且有 20 億人缺乏微量營養素。[19] 5 歲以下兒童中，超過 5,000 名被歸類為「發育不良」，意思是他們的身高、體重都低於平均值。[20] 許多國家努力對抗「發展遲緩」，指的是初生兒滿 1,000 天期間因為缺乏營養導致心智能力受損。[21] 聯合利華協助打造擴大營養倡議，彌補上述缺陷。這項國際運動集結多方利害關係人共同努力消滅營養不良。聯合利華在自家出品的 600 億份食品中添加維他命、鐵和碘，我們的目標是 2022 年要達成 2,000 億份。諸如此類的目標可以協助一次解決好幾道問題。

　　更龐大的系統性變革只會在超出企業掌握範圍的外部群體齊心協力之下發生，比如同業、社區成員、非政府組織、政府、消費者和供應商等。要是做得好，一張利害關係人串連的網絡會發揮乘數效果，協助打造更宏大、更快速的成果。有效益的網絡需要信任感，你得讓外界清楚看到挑戰和失敗才能爭取到。打造那份信任感並啟動成功的合夥關係也需要實現淨正效益企業的四大準則。假使你不扛起所有權、長線思考、為他人謀利益，並以正確視角看待股東，是怎樣可以宏觀思考？利害關係人又為何要信任你？

　　處理最龐大系統的協作也需要正確的立法規範才談得上成功。要是少了一套約束性的架構阻斷只想坐享其成的搭便車行為，政策反而可能會創造不良影響或根本無效。企業需要在討論政策的會議桌上占有一席之地，比如氣候目標、人權標準、童工法規、稅法和創造公平競爭環境的補貼制度等。

　　將所有這些要素緊繫在一起的熱情和架構應該就是永續發展目標。我們可以善用它們重新制定社會契約的架構、重新思考企業在社會扮演的角色，並重新設計我們需要的政策。永續發展目標推動我們深入探索，為地球和社會取得平衡。

組織的「最佳狀態」

　　總的來說，這五大準則就是正效益模式的核心。把它們變成不容討價還價的準則將意味著區別出高下，永續立場堅定的玩家把某些工作做得很出色，但世界級企業則為人類創造更多價值。我們面臨的問題很巨大，因此需要企業和它們的領導者在不同層面上發揮作用，並呈現自己的「最佳狀態」。

　　頂尖企業也將有必要打穩基礎。為五大淨正效益準則扎根的要素是更基本的準則，這樣才能一肩扛起：新模式的任何部分都不會減損正確經營企業的必要性。你的產品必須好吃、好用或是讓顧客好看。它們提供的品質和服務必須讓顧客都消費得起。聘雇最優秀人才有其必要。企業將需要紀律，以打造有效率的供應鏈和製造流程、聰明的配銷管道、創新的研發工作和高成效的行銷活動等。淨正效益唯有構築在堅實的基礎以及績效毫不妥協的文化上，才有可能真正落實。

　　為聯合利華這類企業效命的員工經常感覺，維持永續發展願景的高標準帶來負擔或挑戰。不過，與其把淨正效益準則視為超過

淨正效益策略要點
制定更負責任的核心原則

◆ 深入了解企業如何影響全世界，進而扛起責任，從營運到價值
鏈、從社區到地球。

◆ 從各種不同面向拓展企業的意義：

　－**價值鏈**。努力優化的範圍除了自家業務，也顧及供應商的營運
　　和顧客的生活。

　－**時間**。為企業和全世界尋求長期的複合好處。

　－**利害關係人**。除了關注顯而易見的員工和顧客之外，也要顧及
　　所有和企業相關的對象。

　－**資金**。重新思考如何投資資本，並降低關注投資人及他們所得
　　報酬的程度。

　－**獨立**。擺脫單打獨鬥或「不是我們發想出來」的心態，開放心
　　胸接納真實的夥伴關係。

基本功的額外工作，不如想成一套所有事物都會從中穿梭而過的模
型。企業有時候可以冷酷地關注成本，但僅限於這套更完善的模型
內，而不是當作核心策略。舉例來說，你若想協助建立社區，就必
須仔細挑選在哪些領域花費預算，但是改善社區福祉的構想一貫無
庸置疑。最終，針對業務、產品品質和創新所做的投資也有必要，
但是它們應該聚焦為許多利害關係人提供長期好處。有可能你也需
要偶爾的短暫妥協，因為你無法同時完成所有工作，但是最終願景

是善用定期檢查進度的做法，確認幾乎每一方面都要做得更好。要是做得好，你將會看到更完善的商業模式帶來持續成長的複合優勢。

　　淨正效益是一支大聯盟。我們必須成為拓荒者、開闢新領域並持續重新改造企業和未來。少了這個層面的思維，你就可能輕易被拋在後方。淨正效益也有必要全心致力打造更優秀的企業，但是「更優秀」的定義可能包山包海。對淨正效益企業來說，它包括實現超越自身直接、短期利益的利潤並成功轉型變革。更優秀的企業為人類和地球創造福祉。

2

你有多在乎？

成為有勇氣、淨正效益的領導者

昨天的我很聰明，所以我想改變世界。

今天的我有智慧，所以我正改變自己。

——13 世紀伊朗詩人魯米（Rumi）

西方經濟體系主要立足於兩大可悲的誤解，其一是關於自然世界，另一則是關於人性。蘇格蘭經濟學家亞當·史密斯（Adam Smith）和英國生物學家達爾文（Charles Darwin），是近 300 年來最重要的兩位思想家，他們其實沒有說過那些被現代人算在他們頭上的言論。

達爾文從未自創「適者生存（survival of the fittest）」這句名言。正如美國生物學家班亞斯（Janine Benyus）指出，達爾文確實寫過具備適應力和調適求生存這些字眼，但從沒說過最適者。許多物種在自然的利基條件下茁壯成長，不是源於破壞其他物種，而是彼此合作。整體生態系為了共同的健康和韌性協力合作。事實證明，我們從小被教育，大自然就是關起門來自相殘殺的說法完全錯誤。

　　在人類的活動領域，執迷「免費」市場的念頭主要是立足於誤解 1776 年史密斯出版的巨作《國富論》（The Wealth of Nations）。自由主義派和新自由主義派仗恃他的知名比喻「看不見的手（invisible hand）」，要求完全不干涉資本主義，他們還說，自由無羈的市場將會產生最佳成果。不過這樣解讀史密斯就錯了。

　　看不見的手是史密斯的著作中一個不起眼的重點，前後只提到幾次而已，比《國富論》早七年出版的《道德情操論》（The Theory of Moral Sentiments）就已經出場過了，只不過後者的名氣小了點。雖說史密斯建議自利將會產出公共利益，但他的重點是放在後面那一句。他還這樣寫，那些在市場上做得有聲有色的有錢人，都是「被一隻看不見的手引導，做出生活必需品分配，最終卻和全世界的土地被平均分配給所有居民的結果幾乎沒什麼兩樣。」[1] 誰知道史密斯骨子裡竟然是社會主義者？

　　他將自己秉持散播財富的信念構築在比較樂觀看待人性的基礎上，而非現代教條認定的現實。史密斯相信，自利和同情及正義站在同一邊。[2]《道德情操論》開宗明義就宣稱：「不管一個人有多麼自私，他本性上一定還是會堅持某些節操，這些節操會促使他關注其他人的命運，並認定旁人的快樂對他而言有其必要，儘管除了因為見到他人快樂而感受到的歡愉，他並無法從中獲得其他任何好處。（加強補充）」[3] 簡言之，我們如果看到他人快樂就會跟著快樂。我們與生俱來就有同情心，而且同理心的感覺良好。就這層意義而言，這種為他人帶來幸福的關懷本質是自私的。

　　對史密斯和達爾文的誤解就好像重拳連發，已經把人性打趴並掃出商業和經濟圈之外。20 世紀的經濟學發展出各種人類和組織不帶感情最大化效用的模型。它把人類排除在外、把市場變成一部毫無意識的齒輪運轉的機器。更糟的是,在企業的財務報表中,人才甚至不被視為資產;員工在資產負債表上被標示為負債。其實不需要做到這種地步。我們可以追求成功和財富,但也可以實現公平、正義和平等。行為經濟學和心理學的領域正在搗毀冷靜看待人類的觀點,改為採用認同人類在現實生活中的種種行為方式,包括關懷、偏見、錯誤和情感。執行長和其他高階主管應該全心投入工作,但持續要求短期效果則會帶來挑戰。即使非政府組織都在施壓企業要更清楚地體認這個問題。綠色和平和人權組織國際特赦組織(Amnesty International)前執行董事奈杜(Kumi Naidoo)就說:「即使最開明的高階主管也受困在一套系統、一個季報週期循環的暴政中,這使得推動進步幾乎成為不可能的任務。」[4] 擊退系統的首要元素就是勇氣。

　　當然,有些人就是偏愛這套把自己困住的系統。我們不應該假裝每一位商界人士都在乎全世界的狀況。波曼在走訪中東國家約旦的札塔里(Zaatari)難民營期間遇到其他似乎受到脅迫的執行長。有一名身價上億的避險基金經理甚至抱怨「血腥的難民船乘客狀況」搞砸他在地中海的巨型遊艇假期。諸如此類的故事證實仇商派最深切的恐懼,但可悲的是,這不是權力大廳中不尋常的互動。

　　但多數執行長和高階主管都是尋常人。他們有兒有孫,這些後代會對他們的行為提出質疑。他們關心當前正在發生的事,希望打造更健康、安全和公正的世界。他們或許相信,父執輩的工作就是得要睜一隻眼、閉一隻眼,但其實很少人樂見更多汙染、氣候變遷或是人類受苦。許多人似乎相信,無論是就個人或集體而言,他們無法秉持自己的信念行事；但他們可以關心，並且要如實地領導。
他們必須這麼做。

淨正效益領導者：尋找意志力

無數書籍、課程和商學院個案都在探討領導力。我們長久以來
試圖提煉出那些讓個人值得群眾追隨的特質，而且並非單單適用於
執行長，而是所有人。許多人坐上組織內部某種金字塔頂端，管理
或影響其他人朝向目標邁進。眾人都可以在許多領域中領導並鼓舞
他人。

無論水準高低，總是有歷久彌新的領導技能在 50 年前就顯得很
重要，未來 50 年亦然。有成效的領導者具備共同特質，比如紀律、
堅毅、讓眾人遵行高標準、策略性思考、智力、好奇心和一股理解
科技等企業所需關鍵驅力的渴望。在當今多變、不確定、複雜又模
棱兩可的世界中，以適應力、韌性為首的其他特質也變得至關重
要。

但是領導淨正效益企業需要的特質遠多於基本組合。最優秀的
領導者會讓眾人樂意追隨其後進入新領域，第一大特質就是善良好
人。他們泰然自得、為人正直而且言行一致。淨正效益領導風範也
會將他人的利益放在你自己的利益之前，這樣也有助理解自己的長
處和熱情。成功的甜蜜點是，在你擅長、喜歡的領域和世界需求所
在的領域重疊之處發揮領導力。實現這一步有可能需要發展出全新
技能，同時要踏出你的舒適圈。

　　我們看到以下五大協助培育淨正效益領導者的關鍵特徵，稍後將在本章一一細述。

◆ 使命感、責任感和服務心
◆ 同理心：高度同情心、謙遜和人性
◆ 更多勇氣
◆ 鼓舞並展現道德領導力的能力
◆ 尋求轉型變革的合作夥伴關係

　　我們這個世界需要的領導者完全不同於無情追求利潤最大化的老派「公司人」；反之，他們樂意顯露比較脆弱、心胸開放、真誠關懷、深富同理心而且人性化的一面。組織也應該努力培養這些特質。執迷股東價值的心態已經把企業變成沒有靈魂的賺錢機器，窮得只剩數字、統計報表和獲利。企業已經變成機器人化，只看重合約關係，無視開放、互信的合作夥伴關係。（我倆都不是合約精神的鐵粉，單單握個手就席桌而坐合寫這本書。）

　　企業拒絕史密斯提到的道德平衡，偏好純粹的效率。正如英國牛津（Oxford）大學商學院教授邁耶（Colin Mayer）在著作《繁榮》（Prosperity）中所說，在等式中的人類已經被「我們無法掌控的匿名市場和股東」所取代。[5] 我們在分離個人自我和工作生活方面做得很好，但是代價奇高。我們相信企業都有人性，而且理當如此，因為正是活生生的真人服務其他活生生的真人的需求。要是我們抱持以人為業務核心的心態做起，而非始自追求短線獲利，那麼打造更有人性企業的第一步就是反身自省，找出改變企業運作方式的力量。

　　唯有企業的領導者充滿勇氣，足以挑戰一切如常的業務，它才可能走向淨正效益，這些領導者明白，獲利不該藉由製造全球的問題賺錢，而是解決它們。一旦世界燒起來了，我們是還能怎樣繼續賺錢？解決我們諸多挑戰的方法其實唾手可得，而且到處都有充裕資金可以投入。是什麼原因阻止我們？一部分答案是，來自慣性和既得利益的抗拒力量強大。於是，到頭來，領導者需要堅定決心克服障礙。意志力來自培養淨正效益的領導原則，比如目標、謙遜和勇氣。基本的人類價值觀為這些特質奠基，也可以成為我們全新領導風範的指導方針和基礎：正義、同情、尊嚴和尊重，這些再度被當成道德金律。一旦你知道什麼是正確的事情，就會有勇氣挺身而出。

別再作壁上觀

　　我們的世界缺乏足夠的道德領導力。企業高階主管一向太謹慎行事，避免為了棘手的社會和環境問題引發衝突。不過靜默再也不是可以接受的選項。我們都聽到執行長們說，政治和他們無關。但就策略面和道德面來看，這種心態是錯的。

　　你不出聲，就是共犯。如果你袖手旁觀，目睹政府或商界領導者破壞民主、科學和公民權利，就是協助專制和無知接管。套用一些哲學家的語錄，邪惡戰勝的唯一條件就是善良的人不作為。

　　世事多變。企業開始更常發聲，砲轟有關多元性別族群（lesbian、gay、bisexual、transgender、queer，以下通稱 LGBTQ）權利、槍枝、移民、氣候政策等棘手辯論。當美國北卡羅萊納州通過一項法案，禁止跨性別人士自由選擇使用洗手間時，執行長們不忍了。幾位在當地具有強大影響力的領導者，比如詮宏科技時任執行長萊馬赫（Michael Lamach）[6]、美國銀行（Bank of America）的莫尼漢（Brian Moynihan）[7] 等致函州長，措辭嚴厲，其他尚有包括波曼在內的幾十位執行長跟進。他們都說，這道法律不符合他們的價值觀。

當「黑人的命也是命（Black Lives Matter）」運動蔚為風潮，各種類型的組織都針對自家擁護種族平等的承諾發出聲明。企業制定全新政策，像是管理多元化的具體目標，或是花更多錢向供應鏈上黑人擁有的企業採購等。娛樂產業的奧斯卡金像獎甚至明言，未來「最佳影片獎」這個獎項只會考慮符合包容性和代表性標準的電影。[8]

有時候領導者會不知道什麼時候該說什麼話，但有可能是情勢不完全在他們的掌控之中，而員工與其他利害關係人或許會要求資方採取特定立場。諸如保護民主或捍衛科學這類議題必須放諸四海皆準，將會需要全體企業參與。美國 2020 年大選前，許多境內企業公開支持投票和民主，接著在 2021 年的暴動期間再度發聲回應。每一家組織也都應該倡導保護氣候的行動，像是碳定價，因為它攸關經濟和社會存亡。不過就塑膠廢料這類議題而言，假如你的企業可能沒有太大的利害關係，那就讓其他業者主導無妨。畢竟執行長無法事必躬親。加入宣導計畫不是參考選項，但也不是零風險。

有可能反彈四起。可口可樂在 2014 年超級盃期間播出一支博取好感的廣告，片中請一群年輕女性以好幾種語言高唱愛國歌曲《美哉美利堅》（America the Beautiful）。一大堆酸民在社群媒體上跳出來抱怨。幾年後，Nike 請美式足球員卡佩尼克（Colin Kaepernick）拍攝經典標語「Just Do It」30 週年廣告。由於他曾在比賽前演奏國歌時單膝跪地，抗議種族歧視和警察暴力，使得 Nike 頓時陷入爭議風暴，反對人士怒燒 Nike 球鞋的影片很快就在網上流傳。不過好結果隨後出現。可口可樂看到下一波的正面回應壓過負面聲浪，而 Nike 的廣告推出沒幾天線上營收就跳升 31%，品牌價值也暴增 60 億美元。[9] 兩家企業的員工都自豪到不行。

不作壁上觀可能是某個真實又激勵人心的時刻。在美國佛羅里達州又發生另一起校園槍擊悲劇後，連鎖商迪克體育用品（Dick's Sporting Goods）執行長史塔克（Ed Stack）心煩到快瘋了，特別是因為他的門市有販售攻擊性武器。他在著作《我們這樣公平競賽》（It's How We Play the Game）中說，那一天，自己滿腦子都在想：「總要有個人出面做點什麼事。這種事不能再發生了。」但突然間，他在文中這樣寫：「我明白，那個人非我莫屬。」[10]

1. 使命感、責任感和服務心

2000 年代初期，雷普洛格（John Replogle）的事業和人生皆得意。他是酒精飲料大廠帝亞吉歐（Diageo）旗下品牌健力士（Guinness）的總裁，和年輕的家人住在漂亮小鎮的美麗豪宅。但是有一天他和一位導師討論完個人使命宣言，接著他帶著一雙女兒坐上車。他看著她們，那一刻突然崩潰。他明白自己沒有完成他覺得真正屬於他的使命。

賣啤酒本身沒什麼不對，一般來說帝亞吉歐算是業界的佼佼者，但是雷普洛格想要更多。他決定，從今以後只為具備永續發展意識的企業效命。他說：「我的生活從黑白變彩色。」他在職涯的這個階段創下輝煌成就，成為個人護理用品商小蜜蜂爺爺（Burt's Bees）和清潔用品商代代淨（Seventh Generation）執行長，這兩家企業向來就是以目的為導向的代表。他將後者賣給聯合利華。

正如許多人都曾指出，熱情關乎找到自己，但目的關乎沉浸在格局超越自己的大事中。我們可以依循自己的興趣發展出嗜好或是做自己熱愛的工作。我們許多人找到熱情並打造自己樂在其中的成功事業。但不是人人都能在工作中找到目標。真正的滿足感不僅來自做你樂在其中的工作，更要實現宏大使命，並採取有意義的方式感動他人的生活。（參見附欄「人生目的」）它關乎想要有所作為，也就是主動協助、付出並服務。個人責任感是釋放更大潛能並超越自己的路徑，它為打造有使命感的品牌和淨正效益企業奠定基礎。

對那些理解自身目的的人來說，很容易就會在獨獨聚焦獲利的職場中覺得自己好像精神錯亂。如果你完全只關心獲利和薪水，那就是空殼使命，因為說真的，任何可以賺錢的事物都能賣錢。但我們多數人都對自己和家庭懷抱更深切的願望，那些努力確定自己目的的人心中都有一座燈塔，指引他們踏上正確路徑，並協助他們成為道德領袖。帶著你的價值觀去工作並為實現你的目的而活，將會讓你覺得自己生氣蓬勃，而且你將激勵周圍的每個人表現出最好的一面。

就成功打造一家圍繞著重大意義的企業來說，沒有哪個例子比得上 Patagonia 創辦人修納的故事和生平。修納成長在美國東北部的緬因州，一生熱愛戶外活動。他成為全世界最傑出的登山者之一，也因此創辦販售相關用品的 Patagonia。這家企業逐漸演化成一支備

人生目的

　　你是誰？為何在這裡？這些是幾千年來哲學家一直試圖回答的問題。但是找到你的人生目的不必然讓人望而生畏。對許多人來說，時間到了答案自然浮出。有些人構想是尋找個人的超能力，指的是做你最擅長的事。美國脫口秀女王歐普拉（Oprah Winfrey）就曾說過，她的目標是「成為一名教師，並激勵學生超越自己想像的層次。」* 你身為淨正效益代言人，找到人生目的的核心問題在於：你做了什麼獨一無二的事情，可以讓世界變得更美好？

* 自由作家沃莎（Stephanie Vozza）撰文〈五位知名執行長的個人使命宣言（以及你為何也該寫一份）〉（Personal Mission Statements of 5 Famous CEOs（and Why You Should Write One Too）），登載在2014年2月25日的財經雜誌《快速企業》（Fast Company）。https://www.fastcompany.com/3026791

受喜愛的品牌，提供為戶外活動優質衣物，近十年來更為熱愛活動的族群提供健康和合乎道德的食物。它的價值觀只有簡單一句話：做出最出色的產品，但不造成不必要的傷害，並發揮企業力量保護自然。

　　但修納從來就做不到泰然自若地當個商業領袖。正如他在著作《任性創業法則第一條：員工可以隨時翹班去衝浪》（Let My People Go Surfing）所說，承認自己做了60年的商人很難說出口，「感覺就像要人承認自己酗酒或是當律師一樣。」但是修納深知商業的力量，它「可以生產食物、治療疾病、控制人口、給人們工作，通常也可以豐富我們的生活⋯⋯做到上述好事同時也獲利，而且無需失去原有的精神。」[11]

　　這家企業屹立商界，同時幫助人們享受戶外活動並保護環境，近 35 年來，Patagonia 撥出 1% 的收入捐贈草根環保團體。它的亮眼成績單讓人難以置信。從未尋求成長但還是迅速擴張，營收超過 10 億美元，而且輕而易舉就可以繼續向上挺進。Patagonia 茁壯，靠的是熱情滿點的顧客並推展更優質的營運做法，比如減少使用資源、回收製造成分、維修終身保固的產品以減少使用材料，外加提供員工讓人難以置信的福利和生活質品質。Patagonia 鼓舞像是沃爾瑪等更大型的組織，這些組織紛紛請修納提供建言。

　　修納和 Patagonia 歷任幾位執行長，包括 2014 年至 2020 年領軍公司快速成長的瑪卡麗歐，他們全都忠於核心目標並為地球善盡責任。2018 年，當美國通過企業減稅法案時，瑪卡麗歐直接將它們省下來的 1,000 萬美元捐贈環境事業；絲毫不怕做自己認定是正確的事會導致銷售受創。這家企業持續挑戰眾人抱持的消費觀，提倡如果沒有需要就不應該消費的觀念。當美國政府縮減幾座國家紀念碑和公園的規模，Patagonia 直接把整面官網首頁從產品銷售換成一句控訴：「總統偷走你的土地。」

　　修納始終保持個人和商業價值觀一致。他一邊適應一邊培育核心使命。「在每一家經得起時間考驗的企業裡，」他這樣寫，「開展業務的方法可能日新月異，但是價值觀、文化和理念歷久彌新。」核心目標和價值觀將提供你把關懷化為行動的勇氣，並打造付出得多、索取得少的淨正效益企業。

　　以企業目的為導向的領袖經營以企業目的為導向的公司，對社會更有益、表現超越同業，而且吸引最優秀人才有如飛蛾撲火般蜂擁而上，因此 Patagonia 和聯合利華都是全世界最受歡迎的雇主之一。工作本身不一定永遠都很好玩，一旦你覺得自己做得有意義就會輕鬆得多。雷普洛格轉換跑道後曾經這樣說：「即使一整天我累得跟狗一樣，我也知道值得我奮鬥的原因何在。」而且往後還有許多累得跟狗一樣的日子。對抗氣候變遷或爭取公平正義與平等之際還要經營有成，一點也不容易。

目標可以引領你熬過生活帶給你的最艱難困境。弗蘭克（Victor Frankl）是精神科醫生，1942 年至 1945 年在波蘭的奧斯維辛（Auschwitz）和德國的達豪（Dachau）集中營度過。他在大屠殺期間失去父母、妻子和兄弟，卻奇蹟似地保持希望。弗蘭克的作品《活出意義來》（Man's Search for Meaning）是 20 世紀最重要的巨著之一，他在書中解釋：「外部環境絕不會讓生活變得無法忍受，唯有缺乏意義和目標才會。」[12] 如果他可以利用這層意義熬過想像得到的最艱難困境，對我們所有正在和生存威脅苦戰的人來說，就有希望可言。

2. 同理心：高度同情心、謙遜和人性

「因為上帝的恩典，我得以倖免於難。」這句話就和許多諺語一樣，是幾百年來慢慢滲入社會和宗教的觀念。它承認運氣在我們生命中占比很高。我們沒有要貶低任何執行長或領導者攀上顛峰所付出的努力，不過確實有許多人是含著金湯匙出生。我倆都是白人

男性、出生在富國，還有從小就力挺我們的父母致力協助我們茁壯成長。我們就像中了娘胎樂透。」

對許多人來說，坦承交上好運並願意設身處地替他人著想很困難。這種認知在商界也缺少應有的普遍性；僅 45% 員工相信他們的執行長有同情心。可悲的是，男性特別從小就被洗腦，心中有大愛就是軟弱。

當今的領導者需要正視，每個人都是活生生的人，而不是「苦苦幹的人（human doings）」，並珍視每個人提供的價值。他們應該培養同理心和同情心，即使這麼做有違本性。正如班傑利前執行長索爾漢（Jostein Solheim）所說：「如果你沒有感受到我們正施加大地之母的痛苦，或是對黑人在美國經歷的深切焦慮和恐懼完全不起共鳴……你就沒有能力經營一家永續企業。」[14]

有一道工具有助發展同理心，那就是 20 世紀美國哲學家羅爾斯（John Rawls）推廣的「無知之幕（veil of ignorance）」思維練習。想像一下，你正在建立一套政治和經濟系統，但不知道自己的「社會身分、階級位置或社會地位……（或）配發多少自然資產和能力、智力及優勢等財富……」如果你根本不知道自己究竟會是出生在富國的白人男嬰或難民營的敘利亞女嬰，你會設計出什麼樣的系統？會制定出什麼樣的政策，又如何要求企業依規行事？

答案很明顯。尊重、公平、同情、人性和正義將是核心。這套系統將會提供所有人一個幸福和尊嚴的基本基礎，以人而不是金錢為中心。高階主管應該積極朝著那個願景努力，我們無法坐等世界自己變魔術似地變得更健康、更公正。

萬事達卡總裁兼前執行長彭安杰（Ajay Banga）說，在當今職場，讓你脫穎而出的關鍵不再只是智商或情商這類老派的衡量標準。「我說啊，你每天上班的時候需要帶著「仁商」（decency quotient，DQ），」他說，「並關心周遭和你共事、為你效命、在你上位或是在你左右的人。」[15]

有許多高階主管其實都是佛心來著。印度軟體大廠威普羅（Wipro）總裁普林吉（Azim Premji）把人性當作生活核心。他撥出大部分公司股份投入價值 210 億美元的基金會，聚焦改變最窮困、最弱勢族群的生活。普林吉曾說：「行得正、坐得直……要是我們都保持謙遜的核心品質，要做到就容易多了。」[16]

2021 年，奈及利亞的奧孔喬－伊韋拉（Ngozi Okonjo-Iweala）獲任命為世界貿易組織（WTO）祕書長，成為史上第一位女性、第一位非洲人領導這個全球組織。[17]她還主持全球疫苗免疫聯盟（Global Alliance for Vaccines and Immunization, GAVI），並擔任英國渣打銀行和美國社群媒體推特（Twitter）的董事會成員。簡言之，她讓人印象深刻。但她將工作使命置於個人之上，還說：「一說到做好分內工作，我就會把自我收入手提包中。」[18]同理，宜家家居執行長布洛丁（Jesper Brodin）經營一家蓬勃發展的企業，卻依舊謙遜自持。在推動商業和社會永續發展方面，他一向是最積極、最有成效的領導者，卻一貫保持瑞典式的低調並尊重他人。「相信自己也相信你的長處，」他說，「但也不要忘記借重他人的長處。因為團結真的就是力量。」[19]

然而，謙遜和做大事並不互相排擠。非營利創投機構聰明人（Acumen）基金執行長諾佛葛拉茲（Jacqueline Novogratz）聊到相配的價值觀和頂住壓力工作：「必須謙虛看待這個世界，」她說，「但要有膽量……想像它可能的樣子。」[20]

　　我們面臨許多無法推斷出簡單答案的挑戰：你如何改變印尼生產棕櫚油的方式？

　　我們如何確保成衣或電子供應鏈上的所有員工都能賺到生活工資？我們需要做什麼，才能讓再生能源和儲存做到為工廠或數據中心完全供電？解決這類棘手問題的唯一之道就是謙虛地對全世界說：「我沒有所有問題的答案，我需要幫助。」正如威普羅的普林吉說：「領導力就是和比你聰明的人共事的自信。」

3. 更多勇氣

　　淨正效益領導者的所有五大特質都很重要，而且彼此補強，但全歸勇氣所管。美國詩人安吉羅（Maya Angelou）最貼切捕捉勇氣的精神：「勇氣是所有美德中最重要的代表，因為少了勇氣，你就無法持續實踐其他美德。」[21]

　　勇氣這個詞彙源自拉丁語和古法語字彙 coeur，意思是「心」。採取堅定立場需要邏輯思考、鑽研「為何」的大腦，也需要有心。同理心和目的感給你勇氣做出原本不會做的決定、加倍努力並克服困難。假使你沒有感到不安，那就是你走得還不夠遠。代代淨共同創辦人兼美國永續商業委員會主席霍蘭德（Jeffrey Hollender）告訴我們，永續發展的目標和公共論述應該要大膽進取，直到人人都感到緊張的程度：「你在公布永續發展報告時，要是沒讓你的律師嚇到心臟病發作，那就是沒把事情做對。」

　　踏出你的舒適圈，放開思考格局比自己或普通同業大十倍，都需要勇氣，制定沒有人可能單憑一己之力就完成的荒謬目標。高階主管多半希望事事大權在握、可以預測，於是會縮小目標規模。他們只是想著不要輸，而非追求玩到贏。從本質上來說，那會減損企業和全世界的潛能。

　　淨正效益領導者追求最巨大的困難。舉例來說，水泥業是溫室氣體最大來源之一，產生的碳排放量約占全球 8%。[22] 印度的道米亞水泥（Dalmia Cement）大膽邁出第一步，訂出 2040 年實現負碳排放的目標。世界其他地區有更激進的企業碳排放目標，但是對這個能源密集的產業來說算是很大一步。執行長辛格（Mahendra Singh）正在投資一場大型研究，打造這門產業規模最大的碳捕獲和封存設施。這是一大創舉，在生產過程中捕獲二氧化碳，然後重新用在燃料、化學用品或材料中，用以製造碳中和水泥。[23] 他說，道米亞的 2040 年目標「很難理解、想像，卻是很容易發想的夢。」[24] 做大夢需要毅力。

　　我們所有最艱難的挑戰都會讓人望而生畏，也都需要有勇氣的人一肩扛起。2010 年至 2016 年，菲格雷斯（Christiana Figueres）擔任《聯合國氣候變遷綱要公約》（UN Framework Convention on Climate Change, UNFCCC）執行祕書，因為促成 2015 年《巴黎協定》（Paris Agreement）落地成真備受讚揚。美國人文期刊《紐約客》（New Yorker）曾刊載一篇關於菲格雷斯的文章，描述她的任務難如登天：「在全天下的工作中，菲格雷斯必須盡責防止全球崩潰，但她的實際權威幾乎是零，職責難度有可能落在最高層級。」[25] 菲格雷斯發揮不知道是哪裡生來的能力，硬是辦到促使大約 190 國領導者達成各方接受的氣候協議。她談到企業必須如何對付氣候挑戰時曾說:「需要領導力、需要冷靜的(長期)成本效益分析,老實說,也需要道德勇氣。」[26] 她充分展露所有這些技能。

領導者有了勇氣和道德指南針,即使冒著高昂的成本風險或是惹火武裝的對象,大可放手做他們認為正確的事情。當史塔克做成決定要和槍枝切割,在美國這可是引起高度爭議的議題(即使至今亦然)。在佛羅里達州大屠殺中倖存的高中生展開一場槍枝安全的全球運動,激勵瑞典的通貝里在自己的學校發起氣候罷課,史塔克看著那些高中生心裡在想:「要是那些孩子都能鼓起勇氣對抗整個國家,我們就必須勇敢踏出這一步。」[27]

史塔克接手經營父親創辦的企業,但大幅擴張成為營收超過80億美元、擁有850家門市和3萬名員工的集團。販售槍枝、設備和器具的狩獵部門貢獻大約10億美元營收。其中一個品牌田野小溪(Field & Stream)賣出在學校屠殺高中生的這類攻擊性武器。他告訴領導團隊想要退出槍枝事業時,他們估計日後將會損失許多長期老顧客,以及25,000萬美元收入。[28] 史塔克說,他不在乎業績受到多大影響。他的決定引起全國關注,因此接到幾百場採訪邀約。史塔克只接受兩家重量級新聞網節目邀請,然後決定這樣就夠了,光是這點也看得出來他極為謙遜。

後續發展比預期更糟,也更好。一開始,幾十名員工相繼辭職,營收也真的受到重創。史塔克本人還收到死亡威脅因此需要保鑣護身。不過一波正面回應也隨之出現,「用美元讓產品下架*」反倒為迪克帶來更多生意,加上沃爾瑪、克羅格(Kroger)超市、連鎖戶外用品商休閒設備公司(Recreational Equipment Inc., REI)與其他零售同業都限制槍枝銷售，競爭壓力慢慢減弱。[29] 這家公司找到門市少了狩獵業務之後創新自家產品的方式。[30] 迪克的業績迅速反彈。[31]

　　史塔克的努力展現勇氣的關鍵面向，那就是對權力說真話。就他這個實例來說，權力是指強大的槍枝遊說人士、政客和情緒激動的顧客。同理，當波曼告訴聯合利華投資人，這家企業將不再提供季報收益的營運方針時，他得鼓足膽量斷然拒絕權力無邊的投資人。其他企業的執行長都有同感。一位掌管 150 億美元工業企業的執行長曾告訴溫斯頓：「沒有人想要採用 28 歲股票分析師希望他們經營企業的那種手法管理公司。」但是那位執行長不願意公開表態。已故的傑克·威爾許是 1980 年代和 1990 年代奇異的知名領導者，他也承認：「股東價值是世界上最愚蠢的觀念。」[32] 遺憾的是，他是在退休後才說出這句話。似乎許多執行長和政界領袖都是在離任之後才變得更有勇氣。或許，假使執行長沒膽子面對不關心企業未來的投資人，他們可能就不是適格的領袖人選。領導力專家喬治（Bill George）是《真北團隊》（True North）作者和醫療儀器大廠美敦力（Medtronic）前執行長，他說有些領導者缺乏勇氣是因為他們「過分關注如何實現目標……他們避免做出冒險的決策而且害怕失敗。」[33] 他引用百事公司（PepsiCo）前執行長盧英德（Indra Nooyi）的例子，在開發出一套名為「目的性績效（Performance with Purpose）」的策略後堅持自己的立場，以利多元化公司的產品，不再只供應糖水。激進的投資人幾乎把她掃出公司大門，但她在短期勝利和轉型投資之

---

* buycott；譯注：支持者故意把 boycott（拒買）改成 buycott，叫大家一起來買的意思

間取得平衡。這就是勇氣。

　　有太多企業處理關鍵議題時就只是坐等著說：「我們是動作迅速的追隨者。」或者高階主管都會這樣對我們說：「我們是想多做一點，但我們不是聯合利華。」我們常在討論創新聽到「我們不是蘋果」這種話，後者是史上創造力最充沛、影響力最強大的企業之一。真是讓人傷心。為何你不會想要打造一家充滿活力、讓人振奮的企業，進而超越同業並吸引人才？偉大企業不當追隨者，只當領導者。

　　接受投資人挑戰不容易，但想像一下公開譴責強大的世界領袖好了。美國藥廠默沙東執行長福維澤（Ken Frazier）辭去美國製造業委員會（American Manufacturing Council）主席職位時便展現超強的道德毅力。他是在維吉尼亞州沙洛茲維爾市臭名昭彰的新納粹集會過後做出這項決定。時任總統川普（Donald Trump）談到白人至上主義分子和反對人士的衝突時說出「兩邊陣營都有非常優秀的人才。」[34] 福維澤一聽就知道，和總統合作自己的良心會過不去。他離開委員會時這樣說：「美國的領導者必須 …… 明確拒絕仇恨、偏執和團體至上的言論，這和美國人人生而平等的理想背道而馳。」[35] 2020 年非裔美國人佛洛伊德（George Floyd）被白人警察壓頸致死後，福維澤再度出面喊話，他說佛洛伊德「可能是我或是任何其他非裔美國人。」[36] 他呼籲商界，應該「在警察改革和資本准入……事發時展現領導力……商界可以單方面對失業和機遇相關議題產生影響力。」[37]

　　福維澤的故事不應該是新聞。它罕見因此顯得突出，形同悲劇。為何領導者覺得倡議打造我們想要的世界很困難？為何為人權和終結奴工而奮戰感覺很危險？或者，對多元組織來說，為每一個

不同的性別取向、膚色或能力的人提供同樣機會感覺有風險？或者
積極挽救地球免於毀滅感覺是在冒險？想清楚我們要怎麼實現目標
可能不容易，但是當大家想要說出自己知道的正確事情時，讓我們
把門檻壓低一點。展現勇氣，其他人就會跟隨。

4. 激勵並展現道德領導力的能耐

　　領導者的最終責任就是激勵並團結眾人為共同目標努力，不只
是提供能量，更要釋放能量。那是一種推動並指導其他人爭取更高
層次績效的能力，也是協助他們找到自己的明確方向，並想清楚如
何表達目標的能力。或者正如波曼的導師之一喬治所說，協助眾人
找到他們的「真北」，這樣他們就可以變成「真心又誠意」的領導
者。喬治也努力讓員工看到他們在全球各地做的好事。他擔任美敦
力執行長期間，會定期邀請受惠者進來公司和員工分享，美敦力的
心臟節律器如何救牠們一命。

　　如果商界（或人生）領袖的言行一致，將會更加值得信賴、善
於激勵人心而且值得追隨。員工都能一眼看穿假掰。每一位高階主
管都是透過一言一行及重要事件排序來展現自己親口承諾的層次。
他們創造「領導者的身影（shadow of a leader）」，協助定義組織文
化。以當今的透明度來看，指的不單是人們在職場中如何表現，也
關乎他們的私人生活。隨著遠距工作和視訊會議有如指數暴衝一般
崛起，說真的，現在我們的同事都可以親眼窺見我們的住家環境。
社群媒體公然呈現我們所作所為，因此我們總是生活在大眾眼前，

特別是高知名度的資深領導者。

何必隱藏你的價值觀,或者假設它們在職場上都不適用?我們認識一些保護組織的董事,他們除了透過自己的組織協助保護環境,幾乎其他什麼事都不做。再也沒有檯面下行動或是被動作為這種事了,不作為本身就是一種行動。2020 年,臉書執行長祖克柏(Mark Zuckerberg)沒有採取行動刪除煽動暴力的貼文 *,員工群起籌劃聯合罷工。[38]

展現你的價值觀很重要。員工看到他們的領導者在什麼時刻沒有實踐明言規定的價值觀,這會讓他們動念抽身離開。領導者應該找出方法展現自己在職場和家中優先事項的排序。舉例來說,你能夠以身作則展現生活平衡和實踐幸福的承諾,藉此激勵眾人過得健康並找到平衡。身心疲憊的員工無法周到地服務任何人,我們最終會和一群被玩殘的人生活在被玩殘的地球。成為他人的導師,協助他們帶著完整的自我展開工作。這就是我們獲得乘數效果的方式。

波曼將私人關係當作領導力的核心。每當他旅遊世界各地體驗不同市場,總會先走訪當地人家,和大家閒聊並了解他們的生活,然後才走進當地分公司。在聯合利華的年度領導力大會,他會發送幾百本書給每一位高階主管以刺激全新思維,還會花時間為每一位寫下個人觀察筆記。他也會試圖連結聯合利華生態系統中的眾人,即使實在很困難,比如有一名男性員工在聯合利華工廠值班時猝逝,他會撥冗探望遺孀。為個人安全扛起責任,甚至是不在公司直接掌控之外的人士,便是展現關懷和承諾,旁人自然會看到。這也

---

* 譯注:指佛洛伊德遇害事件掀起一波種族對立的謾罵

是該做的正事。

　　重大事件和壓力來源會激發出領導者最美好和最差勁的一面。當 Covid-19 疫情橫掃全世界，市場開始緊縮，有些企業取消顧客合約，將業務轉給出價最高的買家。或者他們不再對員工做出任何承諾，並在不提供任何奧援的情況下放他們無薪假或直接解雇。其他人則是秉持人性、信守承諾並做出困難抉擇。危機期間，全球最大民宿短租網愛彼迎（AirBnB）執行長切斯基（Brian Chesky）「傳遞關於裁員善解人意、透明公開的訊息」廣獲讚譽。[39] 有些領導者則是言出必行。在疫情最嚴峻時期，嬌生的消費者事業部醫療長庫夫納（James Kuffner）博士自願到紐約市醫院服務，[40] 他稱這是「相對容易的決定」，但其實相當危險，我們相信員工都看到了。

　　2021 年 1 月在美國發生的暴動也是挑戰企業價值觀的深刻考驗。許多公司保持沉默，道德上實不可取。不過有幾位充滿勇氣的執行長很快就表態站選邊，像是萬豪酒店（Marriott）的蘇安勵（Arne Sorenson）就暫停所有捐款給支持政變的政治人物。他是個正直的好人和領導者，算是相當年輕，卻在不久前被癌症打敗。他的決定是在冒險，可能會冒犯許多員工和潛在顧客，但這是該做的正事。

　　鼓舞力量來自和價值觀互相匹配的行動，它們代表你確實關心，並和目標連結。

5. 尋求轉型變革的合作夥伴關係

　　我們反覆討論構成淨正效益領導力的內在特質。長期以來，企業策略都聚焦企業內部，比如你具備什麼能耐，以及如何從那一點出發打造策略和戰術。但是那種由內往外的企業觀點只能說是等式的一部分，淨正效益心態最關鍵的要素在於理解全世界的需求，也就是一種由外而內的視角。別只是追問自己擅長什麼事、可以提供全世界什麼產品；要反過來問，世界的局限和和約束在哪裡？我們在哪些地方虧欠全體人類？唯有我們將所有外部需求和觀點帶入企業內部，才能超越一再遞增的解決方案，解決我們的大問題。那一步始自領導者敞開心胸傾聽意見（即保持謙遜），並尋求和利害關係人合作實現更遠大的目標。向非政府組織或批評者學習、試圖影響消費者行為、支持有益永續發展的政府政策，並張臂擁抱最前瞻的科技，應該全都屬於企業正常營運的一部分。這是一種全新的思維方式。

　　打造更永續企業的早期階段隨處都看得到唾手可得的果實，多數都出自內部。這類的簡單效率很快就能實現，你或許還會發現可以這樣持續做個幾年，資助企圖心更遠大的舉措。不過你也將很快就會知道，有許多事情無法單憑一己之力完成。轉型變革需要廣泛的合作夥伴關係。領導者必須展現他們敞開大門和他人合作的意願，不再只是坐鎮辦公桌後方指揮大局。而且不只是對他人開放心胸，更要努力找到合作對象，並渴求和他們共同解決巨大挑戰。任何頂尖領導者對行動抱持的常規偏見都必須轉變成具有變革性、協作行動的定見。

　　淨正效益企業看待每個人都是值得尊重和合作的對象。轉變整條價值鏈意味著不僅施壓供應商做得更好，更要和它們一起創新，重新思考如何交付產品和服務。最終是，整套系統要是缺乏正確的政策變革也成不了氣候，意思是，得要攜手政府打造開放、有生產力的合作夥伴關係。

和這些多元團體合作是一種全新的領導技能。在利害關係人的長鏈上，沒有人為你或為你的企業效命。將自己和所有合作夥伴放在等高位置或甚至為他們服務，都需要表現謙遜，也得敏銳地意識到並去除任何你可能流露在外的傲驕之情，比如暗自假設非政府組織都缺乏商業敏銳度。對非政府組織領導者來說，認定商人都沒有靈魂也無濟於事。不要驟下判斷或是擅自貼標籤。

唯有每個相關人都開放心胸，在真實、平等的合作夥伴關係之下共事，聯盟體才會產生變革作用。合作夥伴也需要看到共事的好處。這聽起來老生常談，但是快速在所有人共享價值的交會點找到多贏之道，正是你建立共同點、橋接彼此的差距並打造互信基礎的方式。

許多企業和執行長都堅定致力推動變革大計。亨利・皮諾（François-Henri Pinault）領導市值高達 190 億美元的法國精品集團開雲（Kering），旗下品牌包括義大利的古馳（Gucci）、法國的聖羅蘭（Yves Saint Laurent）和西班牙的巴黎世家（Balenciaga）。多年來，亨利・皮諾總是在重視並保護自然方面大聲疾呼、強調創新。開雲的運動用品品牌彪馬（Puma）是第一家評估大自然為自家生意提供多少財務價值的大企業，它的「環境損益評估（Environmental Profit and Loss, environmental P&L）」相當具有開創性，讓世人開始意識到，企業免費從自然系統拿走多少價值。

亨利・皮諾和他的企業攜手利害關係人共同合作，改變擁有龐大土地、水和碳足跡的時尚產業。開雲攜手英國劍橋大學研究時尚

企業如何改變生物多樣性的策略,也和環保慈善團體保護國際基金
會(Conservation International)合作,截至 2025 年將 100 萬公頃農田
轉變為再生農業用地。這些全是它許下承諾的一部分:治癒整條供
應鏈所用面積的 6 倍土地。[41] 那就是淨正效益工程。

　　法國總統馬克宏(Emmanuel Macron)賦予亨利・皮諾率領經濟
部門保護環境的使命,他借助波曼共同創辦倡議永續發展的組織
「想像」(IMAGINE)發起《時尚公約》(Fashion Pact)。這套公約召
集幾十個最強大的時尚品牌,一起對付氣候變遷、生物多樣性和保
護海洋。

　　一套廣納同一門產業中二十多家重量級玩家的公約可以發揮多
大影響力?可以創造多少公頃的再生農業用地?又可以發揮自己的
品牌力量激勵多少人?答案尚不可知,但是當人人齊心合作,探索
真實變革的潛力讓人興奮。

對後世子孫說

　　這節《聖經》說:「要收的莊稼多,做工的人少。(出自《馬太
福音》9:37)」。世界上有太多需求、太多正當工作得完成,但是準
備就緒的人不夠。

　　我們需要更多正直、有同理心、仁慈、自覺有義務為每個人改
善社會的領導者。淨正效益企業關懷眾人、以人為本,因此蓬勃發
展。企業可能看起來不像是可以為全世界發起一場帶來更多人性的
運動的領導者,但有何理由說它們不是呢?我們可以從匿名、機器

淨正效益策略要點
培養有勇氣、有愛心的領導力

◆ 問：「如果我們不知道自己出生在什麼環境中，會想要一個什麼
樣的世界？（「無知之幕」思維練習）。

◆ 培育服務全世界的責任感和義務心，鼓勵眾人帶著自己的價值觀
去工作。

◆ 協助業界人士找出自己為全世界所做的獨特工作（亦即他們的存
在目的）。

◆ 張臂擁抱同理心、同情心和謙遜，並公開尋求他人的協助和合作
夥伴關係。

◆ 獎勵勇氣、對權力說真話，即使必須付出代價也要做正確的事。

人一般的冰冷組織和經濟體脫胎換骨，進而體認彼此的人性。

　　第一步就是關心世界各地正在發生的事情。你關心每天都有幾
億人餓著肚子上床睡覺，不知道隔天還會不會醒來嗎？或者是，你
關心 25 億人口至今無法獲得潔淨的飲用水和衛生設備嗎？或者是，
你關心多數國家的女性依舊無法和男性平起平坐嗎？這類事情說也
說不完。

　　我們在不把自己累壞的前提下可以努力解決問題並充實自己
的靈魂。正如史密斯所說，為他人服務也會讓自己過得更好。所以
說，「你關心嗎？」這道問題的答案實際上是在問另一道問題：「你
為誰服務？」（如果答案是「我的股東們」，那將會有多大報酬？）

　　多年前波曼曾經在美國接受一場廣播電台專訪。主持人問他，為何要做所有這些永續發展的事業，是因為對企業有好處，還是對孫兒輩有好處？他一秒都沒遲疑地回答：「當然是孫兒輩。」溫斯頓正在聽那場專訪，一開始只覺得錯失一個說明永續發展對企業有好處的機會，但是當你再認真想想：「對我愛的人有好處」才是正解。要不是為了服務他人，我們幹嘛要努力？即使我們說的他人只限於自己的人際圈。

　　我們要如何治癒全世界？或許，解方就像愛人一樣簡單。到頭來，在職場中找回我們的人性指的就是，知道我們為誰工作，而且我們希望自己愛的人如何評價我們過生活的方式。最近有一家歐洲大型車廠執行長在策略會議上指派董事會成員完成一份家庭作業：寫信給你的孫兒們，說說你在董事會做了些什麼事。

　　你會在信中寫些什麼呢？

3

釋放企業的靈魂
發掘組織和員工的目的與熱情

> 無論企業規模多小，只要是良心管理就稱得上最偉大；無
> 論企業規模多大，只要是無良經營、零同胞愛，那就是最
> 卑鄙、最低下。
>
> ——聯合利華創辦人利華勳爵（Lord William Lever）

什麼事激勵眾人？讓他們快樂？經過幾千年來哲學家試圖回答
這個問題後，以芝加哥學經濟學派為首的二十世紀經濟學家決定，
答案很簡單：我們只想要更多錢、更多物質享受。

溫斯頓拿到經濟學學位時，模型全部都假設，人人只想要尋求
最大化效用並超越他人。包括行為經濟學在內比較新穎的研究卻歸
納出不同而且更實際的結論：人們並非總是理性思考，而且到處可
見影響決策的認知偏見。例如，我們會搜尋證實自己早就認同買單
的資訊，或是過度倚賴自己聽到的第一則（或最後一則）資訊。

另一派研究路線試圖更清楚理解什麼事驅使我們採取行動。諾
瑞亞（Nitin Nohria）和勞倫斯（Paul Lawrence）這兩位哈佛大學商學院

教授曾在合著的《驅動力：人性如何塑造選擇》（Driven: How Human Nature Shapes Our Choices）中深入鑽研這道議題，他們在書中坦承，有兩股基本的人性驅動力很適合這種自相殘殺的經濟模型：我們一邊想著獲取（acquire），一邊想著防禦（defend）。[1]諾瑞亞後來成為商學院院長。

但是，他們也在這個等式中加入兩股基本驅動力：和他人建立連結以及理解我們的世界。我們需要連結、意義和目的。有任何人懷疑真的是這樣嗎？美國福坦莫大學（Fordham University）教授波森（Michael Pirson）以他們的結論為基礎寫出個人論著《人性化管理》（Humanistic Management）。波森要求我們想像一家努力滿足所有四股驅動力的企業，它將會像任何一家最大化利潤的公司一樣繞著業績和成長而生，但重點是它也將追求連結和目的。

找出個人和組織的意義不是一套好心腸、反商業的策略；事實上，滿足人類的基本需求才是企業成功的有力途徑。淨正效益企業將為員工努力滿足所有四股驅動力。當然，它提供員工薪資優渥的工作以改善他們的生活，但主要是協助發掘並釋放他們的目標，也就是讓他們串連感性和理性。

那項工作要從找出組織的目的開始。

擦亮聯合利華的良心

2000 年，聯合利華斥資 243 億美元收購美國沙拉醬品牌頂好（Bestfoods）。[2]這是聯合利華問世以來以及食品業歷史上最高價的收購案。當時它很樂觀，正在大肆收購。市場期望高漲，但是到了 2008 年時局逆轉。

　　聯合利華的股價已經十年紋風不動。有些品牌正在放緩，而且賣掉美國的洗滌用品事業等重要部門後，營收也跟著從 550 億歐元高峰往下掉到 380 億歐元。近二十年來，聯合利華的毛利率和年成長率已經輸給最大的競爭對手；2000 年代，聯合利華是唯一顯著萎縮的國際大廠，輸掉了高居全球第一大消費產品商的地位，落居距離遙遠的老三，營收和市值都遠遠低於主要競爭對手雀巢和寶僑。

　　上述情節是一則老掉牙的故事。肩負綜效和成長期待的收購案往往得付出天價，之後卻未能交出成果。股東敲碗索討報酬，因此高階主管都關注交付不切實際的短期獲利目標。這種做法導致投資和創新急劇縮水，但這兩者都是消費產品商的命脈。多年來，聯合利華除了一逕出售「表現不佳」的事業體，從沒有蓋過廠房、發表過新品牌或是完成有意義的併購案。商界有句話這樣說，沒有表現不佳的業務，只有表現不佳的組織，其實真有幾分道理。核心品牌極缺廣告和促銷活動支持，更加速業績下滑。「行銷」和「創新」這兩個詞彙已經被「財務」和「重組」取代。這是許多企業都可能沾上邊的死亡螺旋。

　　聯合利華成為股東至上的犧牲品。

　　這家企業似乎就這樣接受衰敗命運。關鍵據點的市占率飛速下墜，但是警鐘似乎根本停不下來。二十年來，德國市場業績大幅縮水超過一半，高層的計畫是賣掉這些萎縮的業務然後退出市場。但是為何逃避對戰？不要逃避最困難的問題，而是要當面迎向前去。如果你可以在最艱難的地方取勝，就可以無地不勝；但你如果連試都不試，根本別想贏。

　　全面下滑重挫文化並讓組織更關注內部。儘管高層試圖打造「一體的聯合利華」，但由於公司高度去中心化，人人效忠自身錢包、品牌、職能和區域的程度遠高於整家公司。自豪和凝聚力似乎付之闕如，就連公司內部的洗手間都擺著競爭對手的肥皂，而員工餐廳堆放競爭對手的茶品並提供競爭對手的奶油，就是沒有聯合利華的人造奶油。

波曼是在消費產品業打滾過幾年才進入聯合利華，比如最近三年先後擔任過雀巢的財務長和美洲市場負責人。他是聯合利華企業史上第一位外聘的執行長。聯合利華面對的一長串問題現在聽起來或許很可怕，但是它可以提供的可能性相當吸引人。聯合利華的優秀業務員販售的產品都是自己的心頭好。一家讓人興奮的組織依舊保有那顆懷抱著企業目的的心，即使已經跳得很慢。

此際正是重塑聯合利華，保留核心價值觀、能耐和悠久的領導歷史等珍貴資產的時刻，但同時要給系統來上重重一擊，好把活力和成功帶回公司內部。在此套用暢銷企管書《從 A 到 A+》（Good to Great）作者柯林斯（Jim Collins）的話：它們需要在刺激進步的同時培育核心。要是成長、投資、創新、自豪、團結和開放接納新想法這些基本盤都沒了，其他就會跟著崩壞，你也成就不了大事。甚至是像「零浪費」這麼簡單的目標也將看似遙不可及。

聯合利華需要找回它的魔力並奮戰到底。進入一家日益走下坡的企業工作不是鬧著玩的，首要之務都是基本功：讓內部重上軌道、把對的人放在對的位置、強化策略、找回成長心態和文化，然後才是向前邁進。

讓內部重上軌道

如果你沒有一道讓健康業務就定位的基礎，任何嘗試使命驅動的策略或正效益模式的舉動都可能功虧一簣。你將會找不到所需的資源、能量和專注的目標。在聯合利華，讓內部重上軌道的做法集中在以下幾大領域：

聚焦基本面並重新投資業務。波曼加大投資人才、品牌、研發和製造的力道，改善品質、確保競爭力，並重新打造核心業務的活力和成長。他引入全新工具和實踐做法，用以找出成長領域、降低成本並釋出資金進行再投資。這些手法和多數企業大同小異，卻是困難的工程。

第一年，「2009 年九大計畫（9 for '09）」提供每個人堅實可行的成長和削減成本的目標，證明自己可以齊心合作並善用全球規模完成任務。前永續長西布萊特說，當年的口號「我們是聯合利華（We are Unilever）」引起共鳴，他們在聯合利華內部找到「聯合感」。另一項倡議「最大化組合（Max the Mix）」則是聚焦開發創新產品，可以為消費者提供更多價值，同時為公司帶來更高利潤。他們制定一道目標以提高研發效益：75% 的創新成果必須挹注獲利，並實現最小的經濟規模。平均來說，這些新倡議僅為這家年營收 380 億英鎊的企業增加 250 萬英鎊營業額，這是四捨五入後算出來的結果。

重啟成長、消除零附加價值的成本並嚴格把關資本支出，是一套從積極到消極的管理舉措，卻能釋出資金用於再投資長期、有目標的重點業務並加速併購案。隨著業務回溫，也喚回全體員工對公司潛能的自信和熱情，繼而導向更多投資。這是正向良性循環的開始，正是商界都知道的「飛輪（flywheel）效應」加速動起來了。

打造奠基於核心價值觀的吸睛願景。成長訊息很明確,但高層使用的語言換成另一種重要的說法。始終如一地使用諸如企業目的、多方利害關係人和長期等字眼,然後依循這些概念採取行動,開始轉變企業文化。聯合利華也建構出一套名為「指南針」的全新策略架構,這是一份簡單的 2 頁文件,詳列在消費產品領域致勝的基本條件。指南針清楚說明這家公司存在的原因,也提供紀律、共同的價值觀、行動偏好和明確的領導標準,比如保持成長心態、投資人才並承擔責任。一家在既定架構內依循原則運行的企業遠比循規蹈矩的企業更有成效。

就在聯合利華永續生活計畫推出一年後,指南針的核心思想「為何」轉變成配合全新使命,進而讓策略和永續發展路線圖保持一致。波曼使用的語言稍微改變成打造自豪感,說是一提到全新策略,眾人就應該永遠都聯想到聯合利華永續生活計畫,而不是一般大家統稱的永續生活計畫。你在殺出自己的血路時,這一點很重要,因為你若試圖成為某某人的分身,就永遠會落居遙遠的老 2。

簡化結構以加快速度。聯合利華重組是為了解決複雜的一盤散沙問題。貼近不同的地區及市場以了解對方,這一點很重要,團結和共同目標亦然。領導階層希望聯合利華自我感覺是一家擁有強大品牌的獨立企業,而非一個事業體各自為政的龐大集團,但同時保有敏捷速度以在高度競爭的市場取勝。這是一種平衡。這家公司轉變成更精簡的結構,更快從市場取得反饋,並最小化跨國企業經常染上的「翻譯耗損」症候群。重心必須從聚焦內部的自身利益轉向「由外而內」的觀點,也就是關注公司所服務的公民。聯合利華為了打破那些產品和國家的勢力範圍，重組食品和點心、健康和美妝保養，以及家庭和個人護理這幾大重要產品類別。

帶著董事會一起前進。沒有組織可以在爭取不到董事會支持的情況下長期成功。但是正如我們先前所述，資深管理團隊將董事會列為短期業績的頭號壓力來源。[3] 一部分來說，這道差距源自董事會成員得費力理解 ESG 的意涵，以及它和策略的相關性、他們如何積極監督 ESG 進程，以及如何做好準備面對更高漲的外部期待。在一項針對歐盟企業的調查中，僅 34% 董事會成員表示，自己具備必要的氣候變遷知識；反之，金融領域專業知識高達 91%。[4] 多數董事會成員都是生長在另一個時代，因此聚焦企業目的讓他們惴惴不安。他們經常表示憂心，認為解決 ESG 議題將會讓董事會面臨更多風險，但實情恰好相反，理解並管理永續發展問題可以降低風險並增加機會。諸如氣候變遷和流行病這些重大挑戰在在暴露出董事會的缺陷，引來更多關於如何改善企業治理的質疑。

聯合利華改組董事會，以便支持長期的多方利害關係人模型。它增加種族多元化，但讓人遺憾的是，它仍是英國唯一實現性別平衡的重要董事會。從氣候變遷到食品未來等幾大領域，聯合利華很幸運可以引進具備豐富知識的人才。聯合利華的領導階層也引領董事會接觸許多企業的合作夥伴關係，以及那些以使命為導向的活動，這些舉措大幅提高他們的支持度。當董事會和企業並肩同步，永續發展就可以更深入企業的 DNA。在董事會否決卡夫亨氏收購案企圖期間，成員們可說是備受考驗，但最終團結一致，不僅守住聯合利華永續生活計畫，更進一步強化這項大計畫。

串連員工和使命。結構性改變比轉換信念容易。當員工看到新來的執行長、高階主管層更替和緊湊的新使命，心中不免幾分猜疑，特別是以前重振企業雄風的行動屢戰屢敗。舉例來說，聯合利華永續生活計畫看起來野心爆表，所以公司利用指南針策略把每個人都拉進來。高層為了提升績效，借鑑美國製造業大老包熙迪（Larry Bossidy）在著作《執行力》（Execution）分享的經驗，要求 17 萬名員工為自己寫下一套「3+1」計畫：3 個和指南針相關的業務目標，另一個落在有待努力的個人領域。時任人資部門資深副總裁歐格（Sandy Ogg）說，資深領導階層看到員工計畫表的範本後會打電話對某些人說：「幹得好。你在做的事很酷。」或者，在比較艱難的時刻可能就會「拿起電話打給某個遠在瑞典的傢伙，然後說：『我看過你的 3+1 計畫了，不太優。再加把勁吧，小夥子。』」[5]

發出正確訊號，打造正確環境

回歸基本面打下從目標中獲利的基礎，但是光是靠那些元素還不夠。波曼和管理團隊也必須發送有關新方向的明確訊號。領導團隊應該在訊息、承諾、行動和行為各方面展現完全的一致性，避開說一套、做一套的落差。眾人多半會比較記得你做了什麼，而不是你說了什麼。如果你言行不一致，別人幹嘛要把你當一回事？當波曼告訴投資人他將不再提供每一季的營運方針，對投資人來說那是一道強力訊號，不過其實對組織的衝擊更大。它等於是告訴經理們，可以放大思考格局、投資創新和停滯的品牌並做出長期決策。和一般業界常見操縱收益以便達成季度目標的壞習慣形成鮮明對比。

　　聯合利華對全公司發出訊號,將在重振使命和長期聚焦的前提下讓組織一致化。舉例來說,雖說聯合利華不再提供單季收益數字,卻會檢查自家人如何管理 260 億美元的退休基金。它就像任何基金一樣,把資金放在包括化石燃油在內的整個市場。一邊投資退休基金賺取短期報酬,一邊卻大談長期思維和氣候變遷,這樣就顯得不一致了。從系統的角度來看:聯合利華的業務會受到氣候變遷重創,所以它等於是為自取滅亡的行動提供部分資金。

　　聯合利華承諾讓它的退休基金符合聯合國的責任投資原則(Principles for Responsible Investment, PRI),亦即要求退休基金經理人將 ESG 績效納入考量(但他們以前沒有指導方針)。對退休基金的操盤經理人來說,誘因轉向獎勵長期績效,而非當季。退休基金的績效開始好轉。聯合利華在融資方面也始終如一發揮創意。它以 25,000 萬英鎊發行第一支企業永續發展債券,在南非、中國、土耳其和美國興建更多永續發展的工廠。[6] 這些財政舉措為公司帶來信譽,也讓它取得發言權,推動金融市場長期思考。

　　聯合利華也翻修高階主管薪酬制度。即使是業務發展遲緩的 2000 年代,還是大筆發派紅利獎金。這種脫節現象創造不利成長和進化的障礙。為了保持一致性,薪酬體系一致化,這樣一來,位居同一個職級的員工無論住在哪裡,都可以拿到同樣水準的稅後薪酬(但此處討論排除自營工作者的薪水)。聯合利華採用我們將在本書提到的一連串方式發出組織訊號,比如翻新供應商代碼,以反映聯合利華永續生活計畫的目標和優先順序;成為最早公布整合年報的企業之一,也就是在同一份文件中並陳財務和 ESG 績效;公布人權和當代奴役制度報告;公布稅號;改變聘雇政策;改善管理和

薪酬的性別平等,並在 2019 年實現性別比例 50/50,還為董事會增
添性別和種族多元化。總的來說,這些努力創造乘數效果並加速變
革。一致性打造信任感和更多行動。

　　正確的關鍵績效指標(Key Performance Indicators, KPI)也發出明
確訊號,支持長期的多方利害關係人願景。原始的聯合利華永續生
活計畫提供許多經過公開宣示的指標,但是其他重要的內部目標也
有助追蹤轉型淨正效益的軌跡:比如關注多元化、薪酬差距以及聯
合利華究竟是一家多受歡迎的首選雇主等指標。

　　發出正確訊息需要專注、承諾和勇氣。不過你知道最不需要什
麼嗎?錢。當然啦,你如何配置資金、安排預算的優先順序就是在
發送強力訊息,那些轉變也同樣發生在聯合利華內部。但是發送企
業在關心什麼,或是協調你和全公司上下的價值觀這類重要訊息卻
不花一毛錢。若此,何樂而不為?

從高層做起

　　正如聯合利華前行銷主管兼重新將企業目的融入品牌的架構師
麥修(Marc Mathieu)所說:「如果你想改變品牌在消費者心中的形
象,第一步就必須改變它在員工心中的形象,特別是領導者。」[7]

　　改變的努力可能就像是在車子啟動並加速的同時重新打造一具
引擎。讓內部重上軌道的最大工作領域是人資部門。對這麼龐大的
變革議程來說,聯合利華需要「把對的人放在對的位置」,意思是
一批關心全世界、關心它所面臨的挑戰,而且對目標充滿熱情的高
階主管。聯合利華延攬一家外部公司當面專訪資深領導團隊,並為

他們匹配技能和工作。這套專案揭示一些關於文化和能耐的見解，讓人感到不安：好奇心低落、缺乏多元化思維，對全球的關鍵趨勢也認識不足。2011 年，資深營運主管貝利（Doug Baillie）接管人資部門，他說評量結果顯示「我們的系統化思維很薄弱」。

前幾個月，人事變動劇烈，如果周遭都是有生產力的懷疑派還情有可原，但憤世嫉俗者的殺傷力很強。沒有企業會花大把時間嘗試改變眾人。有些高階主管自稱對整套的目的說興趣缺缺，包括時任行銷總監。100 位高階主管中大約有 70 位都「換上新面孔」，就連董事會成員都大洗牌。

與此同時，人資系統有必要重新設計，讓新策略動起來。舉例來說，他們把職位內容及要求和聯合利華永續生活計畫串連起來，打造目標驅動的績效文化。如果你選擇一條受到企業目的驅使的道路，但業務成果看起來糟透了，抱持懷疑論的股東就會說：「我早就跟你說過了。」這整場展現企業可以成為一股向善力量的實驗就等於是搞砸了。隨著聯合利華一路追求目標，益發感覺到財務非得交出更漂亮而非更難看的成績單不可。

隨著高階經營主管換血一輪，最優秀的人才不是配置在完成最龐大的工作，而是針對未來成功最關鍵的角色。聯合利華將公關、行銷和永續發展整合在行銷長這份工作中，肩負起在公司內部嵌入聯合利華永續生活計畫的責任。這是核心角色，不是位於組織邊緣某一支特殊的永續發展小組。威德（Keith Weed）是接下這份職務的第一人，他說這個職位協調內部和外部溝通，並闡明公司方面如何討論目標。他也說，聯合利華創造這個職位時是在打造「一部組織機器，協助實現聯合利華永續生活計畫以及它的宏偉野心。」[8]

　　聯合利華也需要研發、業務和顧客開發、行銷、供應鏈、財務等關鍵部門的正確能耐和全力支持，以整合策略並建立一致性。光是要統合這些領域上線運作就是大工程。對多數企業來說，財務部是最難以改變的領域，聯合利華也不例外。財務部門主管比公司內部任何領導者都更強烈感覺，分析師和投資人掐得他們無法呼吸，因此也都傾向規避風險，但這不是淨正效益企業做生意的手法。

　　波曼為了發展更多知識和承諾，鼓勵財務長皮克利（Graeme Pitkethly）代表聯合利華，參與關鍵的全球永續發展合作夥伴關係，比如世界企業永續發展委員會（World Business Council on Sustainable Development, WBCSD）的價值再定義（Redefining Value）專案。皮克利也擔綱氣候相關財務揭露工作小組（Task Force on Climate-Related Financial Disclosures, TCFD）副主席，這是現在每一位財務長都必須理解的協議。

　　人資採取行動協助確保眾人真正理解使命，也理解自己的靈魂正投入其中。所有這些讓內部重上軌道、發出正確訊號並讓組織保持一致的工作，都讓聯合利華的心跳益發強健。不過這些努力都只是基本功，坦白說稱不上是什麼新鮮事。推進到下一個層次需要更多，那就是企業目的。

尋找企業目的

　　對組織來說，沒有什麼事比打從心底明白自己為何存在，然後讓那一道企業目的活躍起來更強大。它會擴及全公司上下、建立起顧客、供應商、社區與其他利害關係人的信任感。找到明亮的北極星是打造企業韌性的隱形要素，它決定成功而非失敗、參與而非遠離、尊重而非輕蔑。

　　但是何謂企業目的？牛津大學賽德商學院（Said Business School）設計企業的未來（The Future of the Corporation）計畫，負責人梅爾（Colin Mayer）主張：「企業目的就是從解決問題中獲利，而不是從引發或利用問題獲利。」[9] 那是一種把「付出得多、索取得少」轉化為漂亮戰術的說法。在更深的層面上，目的應該表達組織之所以存在的持久、有意義的理由。和企業有關的一切事物都應該以實現這個目標為導向，而且長期來說有利可圖（參見附欄「五大必問的問題」）。

　　聯合利華的目的聲明是把永續生活變成日常行事，其實也有許多類似的論述，例如：

◆ 德國藥廠拜耳（Bayer）：全民健康，無處飢荒
◆ 美國職業社群網站領英（LinkedIn）：為人人創造經濟機會
◆ 美國電動車商特斯拉（Tesla）：加速推動世界朝向永續能源前進
◆ 美國休閒用品商天柏嵐（Timberland）：讓人們有能力改變世界
◆ 宜家家居：為大眾締造更美好的生活
◆ 施耐德電機：讓所有人能夠善用我們的能源和資源

　　高層許下的堅實承諾已經就定位，將它深深嵌入組織內部意味

五大必問的問題

　　實現企業目的必須從公司層面開始。零森林砍伐或尊重人權等受到使命驅使的承諾必須適用全公司，不然就毫無可信度。如果你對以下五大問題的答案皆為「是」，你就會知道，企業目的確實是策略的核心。企業目的是否⋯⋯

1. 為提高公司今日的發展和獲利能力做出貢獻？
2. 對你的策略決定和投資選擇產生重大影響？
3. 形塑你的核心價值主張？
4. 影響你如何建立並管理團隊以及你的組織能力？
5. 每一次都在領導階層和董事會會議的議程占有一席之地？

著為每一條產品線發展一套目的論述。食品和糖果大廠瑪氏也經營全球最大寵物護理業務，下轄愛慕思（Iams）、寶路（Pedigree）和偉嘉（Whiskas）這三個品牌，定下為寵物創造更美好世界的目的。聯合利華的品牌多芬想要協助提高女性自尊心，康寶則希望確保人人吃得到、買得起有益健康的營養食物。將目的融入品牌相當於黑帶層級的淨正效益工程。我們將在第 9 章深入闡述。

　　品牌將使命當成燈塔，指引它們偕同利害關係人共尋正確的舉措。目的也協助聚焦收購行動和策略性擴張，比如聯合利華就收購幾十家以目的導向的企業。聯合利華將目的視為轉虧為盈的強力方式，但不是只有它這麼做。2012 年，喬利（Hubert Joly）掌舵陷入困境的電子零售商百思買（Best Buy），必須推動營收成長並削減成本。

領導團隊很快就提出這個問題，喬利回答：「當我們開始壯大，會希望自己看起來什麼模樣？」答案是，超越販售各種裝置，追求一個藉由科技豐富生活的目標。[10] 在這個零售業日漸西山的時代，百思買的使命驅動產品和服務創新。如今它的市值已經是 2012 年的 4 倍。

目的是支撐強大組織的核心支柱，就像摩天大樓的塔架讓它可以和天比高。不過有些企業沒有把塔架深深打入地基，而是隨便為公司貼上一張目的的標籤，耍耍漂亮的嘴上功夫，但甚至連一點邊都沒沾到。你可以分辨出來，哪些目的聲明只是試圖遮掩自己做出來的損害或是轉移真正焦點，只圖不擇手段最大化獲利。

有些最知名的企業內爆，比如安隆破產或航太企業波音 737 Max 發生飛航安全事故，都出自看似肩負強大使命宣言的組織。單憑目的無法擔保你就能周到地服務全世界，你需要服務、共享價值觀和行為這些基本面層層交疊，才有助全世界繁榮。菸草商菲利普莫里斯（Philip Morris）定下吸菸權的明確目標，化石燃油企業則是商議提供能源，為全世界服務。但如果你的核心產品是在扼殺地球或是把它變成不適合人居的鬼球，你的目的又值多少錢？

許多銀行也談目的，但是如果它們沒有端出一套永續的投資組合，那麼銀行的資金就只是繼續流向耗盡全球資源的企業。法國保險業龍頭之一安盛（AXA）打從 2015 年起就減少投資煤炭業務，這是實現公開目的的早期舉措，「保護重要事物，以採取行動促進人類進步」。

目的應該驅動所有行為的一致性，而不是單單端出菜單任君挑選。

　　合法化。想要明確表態自己是多方利害關係人類型的企業，可以尋求國際非營利組織 B 型實驗室（B Lab）認證，真正成為 B 型企業（benefit corporation, B Corp，也稱共益企業）。所謂 B 型企業，和一般聚焦最大化獲利的傳統產業不一樣，它得簽署《相互依存宣言》（Declaration of Interdependence），變成以企業目的為導向，並視企業為一股向善力量。如果 B 型企業實踐原則，肯定會踏上淨正效益之路。這不只適用於小企業。法國食品大廠達能的大部分業務都通過 B 型企業協會認證，因此成為全世界最大的 B 型企業，超越原本搶到大型上市公司認證頭香的巴西美妝業者自然。[11] B 型企業的數量激增，值此撰文之際，遍布 74 國、超過 3,500 家。

　　企業可以更進一步，藉由成為 B 型企業將目的融入法務架構中。在美國，有些州可行。在歐洲，達能成為法國第一家被命名為「使命驅動型企業（Entreprise à Mission）」的上市公司，因此正式將目的和 ESG 目標納入公司章程。[12] 讓人眼睛一亮的是，有 99% 的股東支持這項舉措。聯合利華有幸收購幾家 B 型企業，其中班傑利堪稱這場運動真正的先驅。這些企業的表現超越聯合利華旗下的其他公司，有助整體組織文化變得更完滿。

　　企業目的值回票價。一項鎖定高成長型企業追蹤八年的研究想找出例如創新等促進成功的傳統動力，但作者群發現，他們不曾將企業目的設為指標，但它創造出「更多團結一致的組織、更有動力的利害關係人和獲利更高的成長。」[13] 企業目的也吸引人才、讓員工積極參與並提供心理幸福感。明確知道「為何而做」創造出一種難以匹敵的興奮感。

　　美國最佳 100 企業公民（The JUST 100）榜單是一份針對企業目

的和服務社會的排名，上榜企業在五年內創造超過 56% 的總股東報酬率。[14] 會計師事務所勤業眾信（Deloitte）的研究結果顯示，使命驅動型企業的創新程度比平均水準高出 30%，員工留任率則是 40%。[15] 在英國，三年間，B 型企業成長速度是整體經濟成長率的 28 倍。[16]

　　企業目的也吸引顧客上門。三分之二消費者表示樂意轉向沒沒無聞但受到目的驅動的品牌，70% 受訪者則說他們為比較永續的產品付出額外溢價。[17] Google 回報，2020 年大家在線上搜尋產品時，使用關鍵詞「永續」的次數是 2015 年的 10 倍。[18] 追求永續和道德產品的市場產值高達好幾兆美元，而且持續成長，以目的為導向的企業有能力切入其中。[19]

　　有許多途徑可以找到企業目的。多年來，聯合利華採用幾種方式解決這道議題，包括重新發掘公司最初的使命；協助當年全都是員工的資深管理高層找出他們的人生目的；尋求由外而內的觀點，找出全世界需要什麼。就這方面，永續發展目標提供企業一份待解問題的完整清單。

　　企業目的是創造企業價值的絕佳途徑，但是如果企業一開始就運作順暢，執行起來也就輕鬆得多。企業需要目的和績效。聯合利華的發展史兼顧兩者，值得借鏡。

回顧目的 —— 服務歷程

　　波曼若想做出聯合利華亟需的激進改變，一味強迫他人聽從並公布命令還不夠。聯合利華必須追本溯源，也就是回歸不可否認的草創初心。於是，波曼走馬上任執行長之前花了幾個星期研究聯合利華的豐富史料。他造訪英國西北部小村莊陽光港（Port Sunlight），1878 年，創辦人利華兄弟檔在這裡為附近肥皂廠的工人打造一處社區。早在工廠全線運作之前，他們就蓋好屋舍、學校、醫療機構、劇院和藝術館。

約莫是 131 年後，波曼刻意於此時在創辦人白手起家的地點，和資深團隊舉行第一場會議。這場討論聚焦讓聯合利華偉大、歷久彌新的價值觀。利華兄弟檔創造全公司第一批品牌，即陽光（Sunlight）洗滌劑和衛寶肥皂，用以改善不列顛維多利亞女王時期全國的健康狀況。即使是 19 世紀，哥哥威廉・利華（William Lever）動爵就已經談論共享繁榮和服務社會。威廉的早期目標是「讓清潔成日常，讓女性少過勞」，還提出一種道德資本主義形式。[20]

但上述過程並非一帆風順，例如威廉曾經嘗試和比利時政府合作，在中非比屬剛果殖民地建立仿效陽光港的社區就宣告失敗，因為最後造就強迫勞動的農場，雖然這在當時不算是罕見現象，卻是讓人深感棘手的問題。[21]不過，利華兄弟檔在家鄉算是高度創新、社會進步的象徵。聯合利華是英國第一家提供退休金並保證每星期工作六天的公司。當員工離開並投入第一次世界大戰，它不僅保留他們的職位，還支付工資給家屬。這可是極不尋常的舉措。所以，一個世紀後當 Covid-19 疫情爆發，波曼挑選的接班人喬安路擔保幾個月內都不會裁員，他其實是在追隨創辦人的腳步。

不是每一家企業都有 140 年的創業史可以借鑑，但多數都有一位渾身是故事的創辦人。這些企業存在必有理由，值得花時間找出答案。在印度，馬辛達金融（Mahindra Finance）現任領導人安南德・馬辛達（Anand Mahindra）回顧祖父的創業歷程，重新聚焦協助農村社區「崛起」的企業使命。它提供家庭和小型農務公司公平貸款利率，發展成服務 50% 的印度村莊和 600 萬名顧客的集團。[22]

在聯合利華，目的工程從不中斷。它堪稱現代企業永續發展的領頭羊。1990 和 2000 年代，它和國際保育組織世界自然基金會（World Wildlife Fund）聯手創辦保護漁民的海洋管理理事會（Marine Stewardship Council）；共同創立永續棕櫚油圓桌會議（Roundtable on Sustainable Palm Oil, RSPO），發展出一套永續農業的實踐準則；並在新興市場運作許多社區專案計畫。有些品牌開始整合企業目的，最大的兩道舉措就是衛寶的洗手專案，以及多芬在全球倡議建立自尊的活動。這些努力都是企業社會責任的優良示範，但沒有和企業核心結合因此顯得脫節，而且看起來比較像傳統的企業社會責任工作。

歷史擺在眼前。利華勳爵已經在企業內部植入意義和「行善」的 DNA，其他聯合利華執行長也支持類似的主題。不過它們從來沒有被視為企業策略的核心，還往往就像隱性基因一樣消失在背景中。

許多聯合利華的經理級主管視這些遺產為理所當然。這家公司需要一種再次將歷史帶上最重要地位的方式。它需要架構、焦點和一致性，還有尋求變革努力的企圖心，指的是標示淨正效益企業的系統性變革。

找出新方向必將花費精神和時間，還要一套宏大、新穎的計畫，讓大家團結起來。

推進目的：聯合利華永續生活計畫

重新聚焦聯合利華的服務歷史，並為全體組織做好再度成長的兩年後，正是到了公布以企業目的為核心，更正式、更統一策略的時刻；也正是前瞻並理解產業格局的時刻。你需要兩者兼具，不然就會陷入懷舊過往的鄉愁。

2010 年，公司正式啟動聯合利華永續生活計畫。終止業績下滑、重尋企業目的和自我認同是這套計畫的核心。它顯著提升全體企圖心而且把它嵌入全體公司的內部，將企業目的從「有就好」提升到成功的明確動力地位。正如聯合利華前永續高階主管尼斯（Gavin Neath）所說，波曼的架構把全公司的歷史和企業目的「變成全公司策略的核心，（我們）把它當成業務活動一般管理，會設定目標和指標，還會獎勵優異表現。」[23]

除了商業理由，聯合利華永續生活計畫也來自更深層次、基本而且道德的源頭。領導階層知道，對企業來說，只求不要再那麼糟已經遠遠不夠。氣候變遷和不平等讓大企業必須變得優秀；它們必須變成淨正效益。

由於企業目的是把永續生活變成日常，因此聯合利華永續生活計畫就把它轉化成核心目標：透過強勁的業績表現倍增業務規模、在成長過程中脫勾各種對環境的衝擊，並優化聯合利華正面的社會影響力。在公布之初，公司把它轉化成十年內必須實現的三項大膽目標：

◆ 改善超過 10 億人的健康和福祉

◆ 減少一半環境衝擊
◆ 透過業務成長改善數百萬人生計

　　環境衝擊的目標是致力和使用材料的業務「脫勾」，因此具備更廣泛的意義。聯合利華將目標鎖定再無需使用更多資源就能成長。就實務而言，有些目標走得比較遠，像是鎖定僅僅使用綠色能源；其他目標則是改善標準，比如達成百分之百永續採購指標，以找出降低衝擊之道。早在 2010 年，這些就已經是企圖心超強的目標，對一家營收 400 億美元的企業格外如此。這套計畫連同其他兩道聚焦社會影響力的聲明，整體意圖是朝著淨正效益的方向發展。

　　在三大總體目標之下細分 7 個子類別（後來變成 9 個），各有特定的業務目標：健康和衛生、營養、溫室氣體、水、廢物、永續採購和更好的謀生機會。最後那個子類別涵蓋整套社會議程。聯合利華在整合社會永續發展全球副總裁瑪努班絲（Marcela Manubens）敦促下，後來擴張成 3 套社會議程項目：公平職場、女性機會和包容性業務（參見圖 3-1）。隨著聯合利華繼續做中學，一路上做過其他調整，不過十年來這三大目標持續各就各位。

　　聯合利華永續生活計畫推出之前，幾位以使命為導向的民營企業領袖就已經制定出打造淨正效益企業的激進計畫，包括 Patagonia、宜家家居、瑪氏和執行「零號任務（Mission Zero）」的英特飛。但是對大型公開上市企業來說，廣泛的永續發展目標幾乎不存在。2007 年，英國零售商馬莎百貨推出 A 計畫（Plan A，因為沒有所謂 B 計畫），定出涵蓋營運足跡、採購、顧客和產品、健康和福祉等大約 100 道指標。內容鉅細靡遺、領先業界，激勵包括聯合

圖 3-1

聯合利華永續生活計畫

改善 10+ 億人的健康和福祉

截至 2020 年，我們將幫助 10+ 億人口採取行動改善自身的健康和福祉。

環境衝擊減少一半

截至 2030 年，我們的目標是在壯大業務的過程中將製造和使用產品的環境足跡減半。

改善數百萬人口的生計

截至 2030 年，我們在壯大業務時也將改善數百萬人口的生計。

健康和衛生

截至 2020 年，我們將協助 10+ 億人口改善健康和衛生狀況，這將有助於減少腹瀉等危及生命的疾病的發生率。

營養

截至 2020 年，我們將基於全球公認的飲食指南，加倍生產自家產品組合中符合最高營養標準類別的比例。這將有助幾億人口實現更健康的飲食。

溫室氣體

我們的產品生命週期：截至 2030 年，我們將會把貫穿整個產品生命週期的溫室氣體衝擊減半。

水

當我們的產品被使用：截至 2020 年，我們將把消費者使用自家產品的相關用水量減半。

廢棄物

我們的產品：截至 2020 年，我們將把處置自家產品時產生的廢棄物減半。

永續採購

截至 2020 年，我們將 100% 採購永續生產的農業原物料。

職場公平

截至 2020 年，我們將在全公司上下以及延伸的全體供應鏈促進人權。

女性機會

截至 2020 年，我們將為 500 萬名女性賦權。

包容性業務

截至 2020 年，我們將對 550 萬人的生活產生正面影響力。

利華在內的其他業者。

聯合利華永續生活計畫首開先例。它制定出 10 億人口這等規模的更大膽目標和願望，將時限延長為十年，導入脫勾的概念並涵蓋所有品牌及整條價值鏈。它也為整套系統設定幾道目標，而不是單為公司本身。整套計畫遠超過策略或戰術的意涵，英文縮寫 USLP 中的 P 除了指計畫（plan），也可以指涉「哲學（philosophy）」。它本身既是一道願望，也是一種做好準備，迎接快速演化的世界的方式。聯合利華永續生活計畫有必要被視為一種開展業務的方式。

從可量化成果的角度來看，這套計畫成就滿點（參見附欄「聯合利華永續生活計畫的成功之祕」），公司本身也從創造和實施如此廣泛、深入的專案的過程中學到寶貴經驗。讓我們來檢視一下哪些做法奏效、需要什麼元素以求成功，再以後見之明檢討它們將會怎樣改變做法。

哪些做法奏效。聯合利華永續生活計畫推出之初做了兩件重要大事。它對全世界宣告：「我們沒有所有問題的答案」，把公司變得容易親近、具有人性；接著又說：「光是靠我們自己做不來」，因此促成關鍵的合作夥伴關係。

聯合利華永續生活計畫原本被當成導引星，但是具備足夠彈性可以順著業務和世界變化發展。計畫本身不是企業社會責任式的附加做法，而是緊貼著核心業務。以前它是公司策略，現在依舊是，而且牢牢地和成長議程相連。因為它無法和公司分開，要是做不起來，公司也就無法勝出。反之亦然。打從一開始，聯合利華永續生活計畫就被專業諮詢機構資誠聯合會計師事務所（PwC）獨立檢驗，並且被當作透明度、問責制、誠實和信任的工具。計畫本身涵蓋超過 50 項公開指標，而且是嚴苛辯論過程的產物。有些人認為，要是有個閃失，它就成了風險破口。但由於各界對企業的信任度掉到谷底，提高透明度是找回信任的最佳方式。

聯合利華永續生活計畫也很有小強精神。管理階級必須提供事實、測試和證據，說明他們這些以企業目的為導向的倡議是要用來幫助社會，如今已見成效，也已經幫助到公司本身，例如迄今已觸及 13 億人口的健康和衛生計畫。正如前人資主管歐格現在這樣說：「聯合利華永續生活計畫（或波曼）一點也不心軟。」

需要什麼元素才能成功。 從員工到重要的利害關係人都認可是底線。如果一套像聯合利華永續生活計畫這樣的專案目標夠宏大，顯而易見你無法獨力完成，合作夥伴就變得至關重要。一家公司也需要整體信譽才能將它融入品牌或部門，很大程度上得來自一致性。個人領導者和企業都必須具備勇氣做到言出必行，並堅持到底兌現自己的承諾。一旦你知道什麼事情是對的，請找到為它而戰的力量。

關鍵學習。 聯合利華犯過其他業者可以借鏡的錯誤。它在說服利害關係人買單的過程中低估溝通所需的層級和定期性。董事會尤其是重要的內部利害關係人，持續教育他們理解世界的門檻和公司採用的手法必須花費的功夫遠高於預期。聯合利華為了集中精神和注意力，針對永續發展和企業信譽成立單獨的董事委員會；但這麼做比單單在審查或薪酬委員會添加議程反而是更好的選項。時至今

聯合利華永續生活計畫的成功之祕

聯合利華永續生活計畫在 2020 年達成十年里程碑，這時已實現或超越大部分目標，例如：

◆ 免除超過 12 億歐元的成本

◆ 協助 13 億人改善健康和衛生狀況

◆ 製造業電力 100% 使用可再生能源

◆ 製造業能源產生的二氧化碳排放量減少 65%

◆ 全球管理層性別平等：女性占 51%

◆ 農業原物料來自永續採購的比率從 14% 大增至 67%；其中棕櫚油達 99.6%、12 種主要作物達 88%

◆ 每噸產品的用水量減少 49%

◆ 所有工廠的垃圾零填埋 *

* 有關聯合利華永續生活計畫的大量量統計數據，請參閱聯合利華在 2021 年 3 月公布的《2010 年至 2020 年永續生活計畫 10 年進展摘要》（Unilever Sustainable Living Plan 2010 to 2020 Summary of 10 Years' Progress）。

日，隨著報告要求項目增加，董事會審查委員會應該也能勝任非財務報告。進步超快。

就外部來說，聯合利華應該讓股東更積極參與價值創造的相關討論。由於波曼無須每季報告收益，也不提供營運方針，和投資人對話的機會大幅減少。真正展開的對話都比較偏向策略性，但是都必須提出理由，說明為何將企業目的和 ESG 績效與策略和財務成果串連。一般投資人普遍不太理解 ESG 的重要性，加上量化或比較績效的指標付之闕如，因此討論的難度比較高。現在我們已經掌握比較充足的數據，但是在當年，幾乎沒有證據支持 ESG 和價值創造之間的關連性。當你正在推廣一套視獲利為結果而非目標的模式，投資人有必要親身參與並且被教育，否則他們會讓你的日子很難過。聯合利華失去一些初始投資人，花費在吸引張臂擁抱長期模式投資人的時間也多於預期。多數企業依舊是迎合現有的股東基礎，而非尋找更合拍的夥伴。

回頭看，在 ESG 代表的環境、社會和治理中，第一版計畫顯然太強調「環境」，不夠重視社會議程或治理。這樣不夠完整。聯合利華順著時間加強那些領域，最近比如 Covid-19 等重大事件也進一步強化眾人原本意識薄弱的社會契約，以及解決種族和收入差距的需求。

當你對外公開一套宏大的計畫，非政府組織與其他機構都會採取更高的標準檢視並要求你。你帶頭行動就是把自己變成箭靶。多半來說這是好事，因為你會吸引合作夥伴，但要是你錯失某些需要外力協助的目標，比如讓供應鏈脫胎換骨，結果沒有完全達標，非政府組織就會嚴詞批評。有時候，聯合利華跑在非政府組織前方，幾乎就是議題的大砲倡議者。你會希望樂意參與行動的非政府組織加入並互相支持。它也學到，建立廣泛的合作夥伴關係以解決艱鉅挑戰很花時間。

聯合利華永續生活計畫剛推出時，憤世嫉俗者和懷疑論者群起攻擊。2010 年時，永續發展對財務表現的好處還沒有被證實。多年來聯合利華的業績低迷，許多人根本不看好它扛得起這場肩負「目的」的實驗。不過時間證明，聯合利華永續生活計畫賭對了，為公司實現超多成就，就像是為停滯多時的企業帶來亟需的氧氣。它一直就像是以目的為導向的路線圖，除了激發、鼓勵一致性，也提供協助做出更好選擇並推動業務的視角。時至今日，聯合利華變得更成功、韌性更強，而且這套計畫以許多方式直接提供財務及無形的回報。

唯一真正的遺憾是，考慮到全世界現況，聯合利華永續生活計畫並未把企圖心放得更大，因為全世界還是遠遠趕不上需求的程度。許多初始目標是檯面上的賭注或是再也不夠完善。它們不完全算是淨正效益。

我們將在接下來幾章細究聯合利華永續生活計畫，深入探索這些目標如何協助擴展思維，這套計畫如何和利害關係人建立信任感和透明度。

培養真誠、有目的性的領導者

少了全體組織的強力領導團隊，聯合利華永續生活計畫不會成功。早年，波曼請求領導力大師喬治偕同唐納（Jonathan Donner）擬定一套高階主管培訓計畫。後者是聯合利華的領導力和發展副總裁。他們邀請幾位其他幾位領導力專家參與，打造出這套聯合利華永續生活計畫，原是為時一星期的暖身練習，隨後便和 100 位最高階的主管共同啟動。

這套計畫想探索，假設未來十年是一個由波動性、不確定性、複雜性和模糊性組成的世界，企業會需要什麼類型的領導者。它的核心元素是指引高階主管找到各自的人生目的。唐納形容這套專案就像是一趟旅程:「深入、仔細審視自己是什麼樣的人、想要在人生中成就什麼事,而且要怎樣把它轉換成超越自身的宏大志業。」[24]在喬治的幾個關鍵想法中,「熔爐(crucible)」這一項深深吸引他,它指的是影響個人終身道路和領導風格的變革性事件。他們要求學員深度分享讓他們走到今天這一步的個人關鍵時刻。

執行長以身作則很重要。脆弱是誠實和真誠的一部分,拉近人和人之間的距離。波曼分享好幾回個人的關鍵時刻,包括父親身兼二職以確保子女過得更好,結果過勞而死;和 8 名來自全世界的盲胞一起爬上非洲的吉力馬札羅山(Mt. Kilimanjaro),這是他成立基金會的起點,如今在非洲支持超過 25,000 名視力受損的兒童;在印度大城孟買的恐怖攻擊中倖存下來的可怕經歷。隨著執行長敞開心胸,眾人這才變得比較自在,開始說起自己的故事。

他們張臂擁抱透明度。一篇《哈佛商業評論》的個案研究指出,在某一回課程中,「兩位競爭同一個職缺的學員公開分享他們的發展計畫。」[25]這是內建透明度和信任感當作核心價值觀的強力做法。唐納肯定這套專案,因為它快速啟動組織實現企業目的的道路,並促進實現目標所需的信任感和冒險精神。

聯合利華更聘請頂尖獵人頭公司 MWM 安排和每一位高階主管深入訪談,並針對他們的專業背景和志向提供全面反饋。隨著高階主管完成專案並自我反省,他們利用這些全然直白無諱的評估結果,制定出鉅細靡遺的個人發展計畫。他們把對方希望在自己的職涯中獲得什麼、自己是否具備技能或經驗實現目標納入考量。波曼最終讀完幾百份計畫,然後提供每一位他的個人回應。這麼做有助他更深入認識人才，並理解他的延伸團隊想從自己的工作和個人發展獲得什麼。

聯合利華擴大這套為期一星期的計畫，納進全公司最優秀的1,800 名員工。下一波發展則是將組織能量轉化成更具體的行動。聯合利華和幾位領先思想家合作，比如系統方面的麻省理工學院資深講師聖吉（Peter Senge）、領導力方面的埃森哲公司策略變革中心（Accenture Institute for Strategic Change）資深研究員湯瑪斯（Bob Thomas）和企業永續發展的哈佛大學商學院教授韓德森（Rebecca Henderson），協助高階主管將他們的目標從使命化為行動。聯合利華也善用顧問普哈拉（C.K. Prahalad）針對開發中國家完成的「金字塔底層」市場研究。原始構想是由普哈拉和管理學教授哈特（Stuart Hart）共同發想。

隨著時間過去，聯合利華為全體員工提供為期一天半的目標培訓課程，至今已經有超過 6 萬名學員完成這項計畫。人資長奈爾 * 說，學員從中發現自己的目標和熱情、自己的技能落差並希望知道如何管理自己的生理、心理、情緒和精神健康。這些資訊被整合在個人的「成就未來計畫」中。

企業目的是激勵並釋放全體組織潛力的最佳方式，完全始於反身自省並找出人生目的。釋放企業的靈魂必須從裸裎自己做起。

---

* Leena Nair；譯注：2022 年初轉任精品 Chanel 執行長

培養受到啟發且自我要求的員工

　　無論你參加過幾次以執行為目的的靜修營，如果沒有取到全體組織支持，一套像聯合利華永續生活計畫這麼宏觀的專案根本動彈不得。正如奈爾所說：「聯合利華永續生活計畫是因為員工才變得真實，他們將計畫帶進生活中。」計畫的目標永遠是讓整體組織投入朝著同一個方向前進，同時滿足員工對個人意義的需求。隨著年輕員工接管全球勞動力，這種做法變得更重要。

　　瑪氏執行長里德（Grant Reid）曾經談到，Z 世代如何重塑職場並要求透明度。他們想要一個綜觀世界的全方位視角，也想要有產品永續發展的信心。[26] 他們具備創新精神、咄咄逼人，而且很快便將成為一股經濟力量。到了 2030 年，千禧世代將從嬰兒潮世代的父母輩手中接下超過 68 兆美元的遺產。[27]

　　2020 年，勤業眾信針對兩個比較年輕的世代展開全球調查，結果顯示，在所有可能發生的議題中，他們最關切的重點是氣候變遷和保護環境。[28] 這些 M 世代和 Z 世代身為消費者和員工，明確表態他們極度在乎價值觀和永續發展。三分之二受訪者說，他們不會為企業社會責任方面乏善可陳的公司效命。[29] 蓋洛普的研究則是總結：「有一股強烈使命感連結千禧世代和他們的工作。」這項研究發現，如果年輕的員工知道自己的組織為了何事挺身而出，71% 受訪者計畫和它同在。如果他們不清楚企業的使命為何，僅 30% 說會繼續待個幾年。[30] 老一輩員工的目標落差雖然不如年輕世代來得大，但也有一定差距。

　　聯合利華的培訓有助連結個人目的和企業的宏大目標。在企業邁向淨正效益的途中，員工應該理解自家公司的手法以及它的優勢和劣勢。不妨想成是為他們準備一些和親朋好友晚餐聚會席間閒聊的話題，對方可能會問出一些棘手問題：為何你們的包裝要用這麼多塑膠材料？你們的供應鏈有沒有童工或奴工？為何你們不多付一點錢給農夫？為何你們還在用化石燃料？

對想要深度了解後才表態支持的員工來說，為期兩天的課程不會奏效，必須要有前後一致、涉獵廣泛的溝通。十年來，波曼定期在部落格上撰文，反覆強調圍繞著企業目的、合作夥伴關係和業績表現的主題。他定期和新進員工及全公司季會舉辦執行長視訊會議，每次大概都有上萬名員工參加。全國和地方負責人每星期定期舉辦另外 80 場地區季會。高階主管努力抓住機會表揚工作出色的員工，或是暢談聯合利華永續生活計畫，除了慶祝取得進展也強化它的企圖心。

提供員工機會身體力行他們的價值觀打造出一股人才磁吸力。聯合利華每年開放 15,000 個職缺，大約會收到 200 萬封求職信函；提供 600 個研究生實習職位，大概會有 100 萬名學生申請。四分之三的新進員工說，他們進入聯合利華是為了使命。近一年來，聯合利華塑造的熱門雇主形象迅速崛起。在領英，聯合利華是全世界追隨者最多的組織之一，緊接在人氣爆棚的科技龍頭蘋果和 Google 之後。聯合利華在 54 個國家的校園中徵才，被其中 52 個國家列為消費產品業的首選雇主。總體來說，它是 20 個國家中最多人搶破頭爭取的雇主。2010 年代初期，在諸如英國和印度這些核心市場中，聯合利華甚至擠不進所屬產業類別的前十名。

找出個人目的的好處一言難盡。正如美國文豪馬克‧吐溫

（Mark Twain）可能說過的名言：「人的一生中有兩個最重要的大日子，一個是你出生那一天，另一個則是你頓悟那一天。」當我們感覺自己正在變成夢寐以求的那種人，就會油然生出一股歸屬感，人生也因此充滿意義。一份有目的感的工作可以滿足人類的深層需求。

深度參與的回報和風險

除了吸引員工之外，帶有目的感的工作也帶來提高員工參與感的回報。聯合利華人資部主管奈爾說，她的部門可以追溯幾十年前的數據資料，顯示員工樂在工作的比率年年升高。超過 90% 的員工都說他們為公司感到驕傲。放在一個參與率平均僅 15% 的世界來看，這是讓人印象深刻的數字。[31]

韋基斯（Sunny Verghese）創辦總部設於新加坡，市值高達 240 億美元的農業大廠奧蘭，他對員工參與率有獨到的強力觀點。他說，就基礎面來說，你制定培訓課程、提供安全的工作環境和公平的目標滿足眾人需求。往上一個層次的話就是「參與」，眾人擁有更高自主權，而且有機會成為贏家團隊中技能純熟的一分子。但是談到「激勵」眾人的話，韋基斯說，那完全就是另一回事了：「他們需要看到企業目的……所有努力就是為了要有所作為。」這番話無關更高利潤或種植更多可可，反而特別是要為年輕員工找出意義。

奧蘭的企業目的是重新構思全球的農業和糧食系統。它為了延請員工響應使命便舉辦一場練習活動，請求員工重新構思全球農業系統，它不僅可以餵飽 90 億或 100 億人口，而且只會用到當今世界的一小部分資源。超過 18,000 名員工回應這項召喚。在食物鏈的另一部分，全球最大建築、房舍和食物冷藏運輸的氣候解決方案生產商詮宏，邀集旗下 35,000 名員工參加一場名為「可能做法（Operation Possible）」的全球創新腦力激盪活動，目標是找出「阻礙更美好未來的荒謬怪事」並評選出自己最愛的答案。全體員工的首選是「飢餓和浪費食物共存」，而這是他們可以協助解決的嚴峻挑戰。在聯合利華永續生活計畫早期，公司方面也想讓人人加入這趟旅程。計畫推出之際，時任全球對外事務和永續發展負責人維加－佩斯塔納（Miguel Veiga-Pestana）協助動員一場 24 小時的線上全球腦力激盪活動。它將公司內部和外部共 2 萬人集結在一起，針對如何實現聯合利華永續生活計畫的目標提出問題並尋求答案。這是一種把眾人拉進願景的強力做法。多年後，這家公司設計 2020 年後的聯合利華永續生活計畫時再度開放討論，55,000 名員工齊聚一堂。超多員工覺得他們和公司的未來息息相關。

　　這麼高的參與率引發一個有趣的問題，但也是機會：推動內部期望直衝雲霄。進入公司是為了改變世界的員工有時候可能發現，自己做的是一份規律但是不永續的工作，因此大失所望。但是每一份工作都需要有人從系統、淨正效益的角度切入，思考如何幫助世界繁榮。這些備受鼓舞的新進員工施壓公司高層走快一點。

　　員工要求企業多做一點，特別是在氣候方面，這是一股日益壯大而且不可忽視的力量。2020 年之前，全球店商龍頭亞馬遜（Amazon）開始掌握氣候變遷的發言權，在永續發展方面卻一直保持沉默。直到近 9,000 名員工簽名聯署致執行長貝佐斯[*]的公開信，

---

[*] Jeff Bezos；譯注：2021 年 7 月已卸任執行長

羅列一連串要求，比如零排放目標並減少捐款給否認氣候變遷的政客，情勢才整個大轉彎。[32] 其餘則是發起亞馬遜員工氣候正義組織（Amazon Employees for Climate Justice）活動，持續對資方施壓。[33] 如果行動不符合道德準則或規定的價值觀，員工就會轉戰社群媒體，甚至是在記者會上敲碗，呼籲公司站出來。這股趨勢放緩的機率很低，所以，請張臂擁抱你的年輕員工，讓他們拉著你一起邁向未來。

　　如果你正朝著正確的方向前進，員工壓力就不是問題，反而是優勢。對一家試圖加速邁向淨正效益的企業來說，擁有充斥全體組織的激進盟友毋寧是福氣。請善用這一點，並協助催生內部的社會活動人士和創業家，因為他們會要求企業和自己服務全世界。

服務員工，激發他們的人性關懷

　　許多關於員工參與度的討論聚焦在為公司帶來好處，比如更高生產力。不過，要是企業的運作思維是服務這些員工，情況會怎樣？它們將會努力改善員工福祉、創造淨正效益結果，而且會讓他們願意全心全意投入工作。它們將會在他們人生的重要時刻提供協助，舉例來說，為新手父母或其他人身為照顧者提供充裕的休假時間。

　　對所有公司來說，Covid-19危機都是一場大考驗，也是大機會。它們如何處理員工的需求？是把他們當成數字或資產對待，還是值得尊重的一般人？員工、社區和政府都緊盯著企業，看它們是會繼續付款給供應商，或是如何處理裁員議題，像是提供心理健康、貸款、再培訓等諸如此類的協助？有些企業不幸沒熬過 Covid-19 大考驗，這還真是破壞參與度的好方法；有些未曾提供員工足夠的保護裝備，放任他們直接面對風險，其中又以肉類包裝工廠特別不把風險放在眼裡。在危機中制勝的企業則是照顧直接和間接員工，確保供應商和顧客具備某種程度的財務穩定度。把這件事做對的成本並不高。隨著上班族都轉成在家工作，聯合利華密切關心員工的心理健康，確保沒有人深陷孤立或是被拋在腦後。

　　除了這些危機時刻，企業也可以協助員工過好更永續的生活，比如高盛銀行的專案計畫提供所有美國員工在家中改用清潔能源，或是補貼他們改買電動車。[34] 組織也在鼓勵員工成為積極的公民，包括科技大廠惠普（HP）、萊雅、美國時裝零售集團鵬衛齊（Philips-Van-Heusen, PVH）、德國軟體大廠思愛普（SAP）和沃爾瑪等幾百家企業加入去投票（Time to Vote）的倡議活動，在投票日放員工一天假，讓他們善盡公民義務。2020 年，美國休閒服飾集團蓋璞（Gap）旗下成衣品牌老海軍（Old Navy）的員工如果去投票所服務，公司就支付 8 小時工資。[35]

　　隨著愈來愈多人希望自己的聲音被聽到，街頭抗議變得很常見，企業將面臨更多的抉擇時刻。它們會有多樂意支持？ 2021 年初，諮詢顧問龍頭麥肯錫就選錯邊。隨著俄羅斯境內支持反對派領袖納瓦尼（Alexei Navalny）的抗議聲浪日益強大，麥肯錫的莫斯科分公司發送電郵給員工，明言示威行動「將不被獲得批准……。員工應該遠離這類公共區域……請完全避免在任何媒體上公布任何相關貼文……這項行為準則是強制規定。」即使對俄羅斯來說，這種說法也稱得上是西伯利亞等級的超級寒流了，肯定讓員工無力厭世。

相較之下，全球氣候大遊行期間，Patagonia 和美容零售商嵐舒（Lush）加拿大總部關閉門市，讓他們的員工參加這場運動。澳洲企業軟體商艾萊森（Atlassian）甚至還更激進一些，鼓勵員工成為氣候活動人士。共同創辦人坎農－布魯克斯（Mike Cannon-Brookes）寫了一篇超直白部落格文章〈別 OOXX 我們的地球（Don't @#$% the planet）〉，宣布員工每年可以放一星期支薪假去行善、遊行和罷工。

現在企業都很清楚，它們也必須解決自家員工面臨種族歧視之類的系統性問題。在一項調查中，87% 的雇主「計畫在未來三年內採取行動克服障礙，並打造一種有尊嚴的文化。」這個比率是短短幾年內從 59% 升上來。[36]

採取一種他人希望並需要的方式善待對方，或者就力行有些人所稱的白金法則（Platinum Rule），它算是黃金法則的變體，指的是你用自己希望被對待的方式善待他人。問問員工他們想要如何服務社會，然後協助他們發揮淨正效益的影響力。

釋放的魔力

每一家組織都有一則源起故事。不是所有創業家都像利華動爵聚焦健康和福祉那樣清晰明確，不過企業存在總是有它的道理。每個人都有自己的一、兩道目標，即使從來沒有這樣想過。

不過，時機決定一切，這句話說得沒錯。企業有可能做出正確的事，卻是選在錯誤時機。典型個案就是英國石油商碧辟（BP）在 1990 年代後期發起的超越石油（Beyond Petroleum）活動，企圖把

淨正效益策略要點
找到目的，釋放更出色的績效

◆ 追本溯源，理解企業的草創初心和存在的理由，然後發揮企業的
　DNA，更完善服務利害關係人。

◆ 期待理解全世界的需求將會如何演變，以及企業目的可以在哪些
　領域最完善地服務全世界。

◆ 讓組織內部重上軌道，投資培養人才、品牌和創新，加速企業追
　求淨正效益。

◆ 發出正確的訊號，制定推動淨正效益思維的政策及作為。

◆ 協助高階主管成為真正夠格的領袖、言行一致，以身體力行企業
　目的。

◆ 賦能所有員工找到個人目的，與企業目的相連結。

自己定調成未來的能源公司。它的投資幾乎完全持續聚焦化石燃
料，企業文化則是受困在削減成本的模式中。它雖立意良善，卻很
欠缺執行力。多年來我們的朋友克恩（David Crane）領軍美國能源商
NRG，致力推動董事會開始遠離煤炭的轉型計畫。他是對的，而且
著眼長期，但整體組織的文化沒有到位，股東心態也沒有到位，所
以董事會二話不說就推翻這項決議。

　　如果組織已經做好準備，必需的元素也已經到位，那麼確定企
業和個人的目的，並找出雙方之間的連結，就能打造良性循環。這
就是你釋放企業潛能的方式。學界的數據資料證明這種做法愈來愈

強大。一項針對企業目的和財務表現的研究結果顯示，他們定義的
「目的明確程度」和財務和股市表現之間存在明顯的相關性。[37]目
的方面獲評最高分的企業資產報酬率也提升 4%。這份論文的作者之
一是哈佛商學院教授塞拉分（George Serafeim），他發表一系列分析
結果，管理自家原料永續發展議題的企業表現也超越同業。

　　先把硬梆梆的數據擱置一旁，聽聽百思買執行長喬利怎麼說：
「如果你可以把正在探索人生意義的個人和企業目的串連起來，那
麼神奇結果就會發生。」無論是神奇還是實用，把個人、品牌和企業
目的串連起來後，就能創造更強大、更成功、韌性更強的企業，而
且它已經做好準備迎戰眼前的艱難工作。

　　打造淨正效益企業需要勇氣、宏觀思維，也需要深度協作建
立系統。企業和領導團隊扛起目的，就會延展自己的思維並重新定
義可能辦到什麼事。波曼即將離開聯合利華之際，公司方面正和企
業顧問凱勒（Valerie Keller）領軍的新任執行團隊進行重要的目的工
程。有一項成果就是圍繞著指南針策略工具制定的新口號：有目標
的人會茁壯、有使命的品牌會成長，有目的的企業會長久。

4

炸掉邊界

放大思考格局，設定激進的淨正效益目標

好狗不擋路，好人識時務

—— 中國諺語

打破音障、4分鐘內跑完1英里（約1.6公里）、在太空中求生，這些全都看似不可能……然後它們變得司空見慣。1947年，一架飛機加速至接近超音速（即每小時1,223公里）時忽然解體，導致試飛駕駛員身亡。有些科學家擔心，在高速之下飛機無法保全機身。不過就在幾個月後，美國空軍退役准將葉格（Chuck Yeager）駕駛他的Bell X-1 試驗機，飛行速度超過音速基本單位1.0 馬赫（Mach）。[1] 當英國跑者班尼斯特（Roger Bannister）在3分59.4秒跑完1英里，證明人類體能辦得到。一年內，在單一場比賽中，就有3名跑者花不到4分鐘跑完1英里。

超越前人創下的成就障礙需要勇氣和毅力，但是過往的限制擺明了多半是人為想像的結果，想通之後心態就會轉變，接著就有許多人屢創佳績，或者一舉超越。

　　不妨將淨正效益企業的目標設想成 **4 分鐘障礙**，表面看似不可能，但追逐目標的過程讓人興奮；而且一旦障礙被打破，從此便門戶洞開。你看到目標被實現，它就變得可行。零廢棄工廠看似荒謬，但現在是家常便飯；以前綠色能源十分昂貴，但現在比全世界多數地區的化石燃油更便宜；電動車跑上幾百英里原本是科幻小說的情節，但如今正在淘汰內燃機。消滅小兒麻痺的禍害曾被視為癡人說夢，但現在病例數量大減 99.9%。有些高階主管聲稱，大企業內部可以實現性別平等的人才不夠，但還是有聯合利華這樣的少數代表已經做到了。

　　往前走更遠，同時找出不只是消除負向衝擊更要創造正向手印的方式，可能看起來讓人望而生畏，但是實現淨正效益目標不像打破音速這種無關人類繁榮的成就，它對我們的經濟和社會長期蓬勃發展至關重要。我們眼前有艱難任務，比如打造一套循環或甚至再生的經濟；產業和交通脫碳；終結赤貧並建設包容和公正的社會。它們都不是不可能的任務。不過我們需要勇氣相信，單一企業或個人也可以在如此崇高的理想層次取得進步。

　　現在我們轉向打破自身思維和組織內部那道阻止我們實現淨正效益成就的藩籬。不妨這樣想：如果我們止步於眾所周知的商業「四道牆」*，那麼在眾多影響結果中，我們可能實現的目標就是做到「零」而已，比如企業營運實現零廢棄、零二氧化碳和零意外事故。這樣想當然是很好，不過我們若想向上進入淨正效益區域就必須拓展視野。

---

* Four Walls；編按：在企業層面通常指公司或組織的內部營運與管理受到限制，包括財務績效、組織文化、作業流程、人力資源等制約。

拓展你的思維

　　針對氣候變遷這類宏大的議題，我們不能只是許下象徵性的承諾。它們看起來可行或不可行都不是重點，因為我們正在和時間賽跑。不過，企業動手實現我們亟需的系統性變革之前自己必須先換腦袋。它得找出阻礙大格局思考的各自為政思維然後一打破。再也不要想著安全行事或是落入一再遞增的線性思維。雖說打一場不會輸的仗，或是找到所有答案之前避免承諾任何目標，這類做法很誘人，但是我們必須想的是怎麼打贏，因此我們的思考格局不能太小。

　　實現系統性變革的瓶頸既是在於我們自己，也在於實際障礙。遠大的目標將會難以承受，但是會激發全新思維。當聯合利華的衛寶肥皂定下一道目標，打算教育 10 億人口養成健康的洗手習慣，時任品牌全球負責人的辛格（Samir Singh）覺得，這個數字實在大到不可能實現。不過，他說：「它促使我們發揮更多創意思考每一件事。」：和公共健康機構及非政府組織建立合作夥伴關係、釐清如何更有效率地觸及貧窮的農村地區、找出行為變革方面有影響力的創新做法，並且探索最有效又最能在改變習慣後繼續保持的方式，教育兒童和母親衛生的重要性。

　　要是目標沒有讓你渾身不自在，那它就不夠激進，而且別人就很可能擾亂你。我們陷入一種創新的兩難，但不是哈佛商學院教授克里斯汀生（Clayton Christensen）在著作中強調的傳統意義，也就是地位牢固的企業已經為現狀投資太多，辦不到轉向採用新穎的破壞式科技。反之，我們是陷入一種感性的創新困境，就好比說，我們知道供應鏈中侵犯人權的作為不可接受，但我們出於害怕、沒看到其他同業採取行動，或是因為不清楚將會如何影響股東價值，於是跟著按兵不動。

更宏大的目標通常是指從「零」或「全部」開始，拓展視野並敦促最重要的系統性思考。你需要變得更全方位思考，以理解實現目標的所有額外好處或結果。零廢棄工廠通常可見比較漂亮的安全紀錄、經營比較完善，廠內員工的參與度也比較高。一旦你打破舊思維就會看到，自己有能力管理工廠實現零廢棄又省錢的目標。最永續的建築可以節省能源成本，或是生產超越所需的能源，不過它們也讓員工更有生產力、樂在廠內工作；或者若是在醫院的話，協助病患更快康復。有時候這種因果關係似乎違背直覺，在此，神奇字眼是「而且」而非「或者」。

單單著眼利益交換的話，那就代表懶得動腦或是思想過時。第一道要挑戰的障礙就橫亙在雙耳之間。隨著科技進步或新穎製程變得普及，許多大目標根本就無關利益交換。你在眾人的周圍劃下界線就決定他們的思考和作為，如果界線太窄，他們的作為就會和你開放各種可能性帶來的結果截然不同。不過你會需要兩件事先就定位，以協助組織制定淨正效益目標：理解全世界的需求，這是一種由外而內的觀點；更多放大思考格局的自由，指的是實現成功的揮灑空間。

由外而內

對高階主管群來說，不一定都很明白為何公司非得要走向零影響，更別提進入淨正效益領域。畢竟，如果獲取回報或資本的時機正確，就可以做成多快在單一門業務領域削減多少成本的決定。那幹嘛還要走那麼快？

顯然它不只是企業內部的盤算而已，你承擔更宏大的目標是因為，就協助解決資源使用、浪費、氣候變遷等全球問題而言，它們就是適切的規模。差別在於把外部現實帶入企業內部。關鍵概念是把門檻當作思考起點，也就是，地球就算沒有面臨嚴重的衍生後果也不能超過限度，比如溫度上升攝氏 1.5 度或 2 度。

瑞典斯德哥爾摩復原力中心開發一套地球限度模型，一旦出現破口就糟了。清單上的 9 項原始指標涵蓋氣候變遷、生物多樣性減少和物種滅絕、海洋酸化、淡水使用，以及把有毒汙染、塑膠微粒和其他「新實體」引進環境中。主要作者群之一洛史克東（Johann Rockström）談起當今 15 套全球自然系統，其中有幾套正在逼近臨界點。他說，北極海冰消失、南極洲西部冰川滑入海洋和珊瑚礁死亡，有可能已經突破再也無法挽回的臨界點。[2]

諷刺的是，打破企業內部心理障礙的最佳方式就是理解全世界的實體障礙。不過界線確實存在。所有嚴謹的科學都會針對門檻值熱烈辯論，地球限度亦然。確切的數字，或者即使你可以測量出某種精確度，全都有待討論，不過在這些類別中，地球是有限實體，因此自有限制，這個基本概念不容置疑。它應該導引全球所有組織的思考方向。

這就是科學所謂的「由外而內」。不過也應該要進一步了解自然系統和人為系統的範圍，因為企業就是在這裡互動運作。高階主管應該聽取利害關係人針對自己排定的優先事項的直白觀點。聯合利華就利用外部諮詢委員會獲取直率的建議，並提供早期示警系統，這樣領導團隊就可以準備好應對措施和策略。委員會的類型不一，有些聚焦非政府組織或評論家的觀點，其他是策略性協助，另外有些則是深入理解重要的特定主題。舉例來說，除了全球永續發展顧問委員會之外，2000 年聯合利華也建立一個專門的永續農業顧問委員會，日後更擴大層面聚焦所有的永續採購業務。

溫斯頓曾經任職許多這類策略性顧問團體，包括美國博弈業者凱撒娛樂（Caesars Entertainment）、惠普、家用紙品商金百利克拉克（Kimberly-Clark）、詮宏科技和聯合利華北美區。做得好的企業提供機會讓顧問定期拜會高階主管和董事會，佼佼者顯然是最高階的領導團隊親自上陣。時任聯合利華北美區負責人庫索夫（Kees Kruythoff）就主導委員會議。這就是他負責的會議，不是永續長的工作。

永續發展專家波利特（Jonathan Porritt）是聯合利華全球董事會的長期顧問，花費大量時間造訪全球營運據點並回報給波曼。請洗耳恭聽這些董事會的看法，讓他們聊聊外面世界發生什麼事然後拓展你的思維；拿一堆自吹自擂做得好棒棒的投影片封住他們的嘴，其實對你毫無幫助。

對外接觸非政府組織、評論家和支持者也是美事一樁。他們可能會提出一些你應該要請他們協助解決的議題。如果你抱持股東至上的觀點，非政府組織的關切唯有在它影響成本或公共形象時才顯得重要。但是如果你帶著一股真切的渴望，想要理解並協助解決某項議題，所以才找上非政府組織，你有可能會和知識淵博的合作夥伴實現更多創新。再不然你就是得到對方嚴厲的關愛，以強制手段協助你避免犯錯。

印度當地與其他地區流行使用「三角形茶葉包」這種小分量包裝物，因此製造出大量垃圾。當聯合利華發現一種可以拿用過的茶葉包製油的技術時，找上一家非政府組織合作夥伴，商討創新的可能性。對方卻不太熱中，還說：「我們對殘缺的典範資本投資沒興趣。」很嚴苛，但公平。回收塑膠材料被視為無解，只不過是讓壞事變得沒那麼糟，但實際上是逃避真正的問題，也就是這一整套包裝和產品分銷系統。這家非政府組織指出，這門產業需要針對材料和業務模式進行更激進的變革，好無包裝門市。你若從謙遜出發，而且渴望學習，就只會聽到誠實的評價。聯合利華前永續長西布萊特就說，非政府組織幫你在推動內部重上軌道時可以走得更遠。他說：「讓非政府組織加入並營造有建設性的張力……聯合利華的『內部』現在變得更龐大，有更多人才進出，並肩合作、重塑企業。」

所有這一切都和「由內而外」這種比較傳統、普遍的運作思維和策略大不相同，指的是產品或創新其實是被硬塞給顧客，無論它們是否滿足實際需求或是解決更廣泛的挑戰。在動盪的世界中，往內看並為自己和股東們服務，已經成為一種讓自己很快就變得無足輕重的配方。「由外而內」這種視角的精妙之處便是，它把眾人和解決共同挑戰放在核心位置。它是聯合利華永續生活計畫的關鍵推力。

實現成功的揮灑空間

一般人在職場的言行舉止以及他們考慮事項的優先順序是由價

值觀所驅動，不過同樣也受到規則、規範和界線所控制。如果你為他們劃出框架，狹隘定義他們的角色或公司可以承擔的責任，你就無法立足在我們需要的規模上創新。你獎勵犯錯的人就會得到錯誤的結果。

有時候，組織設計會將人們困在框架中或製造障礙。公司內部的不同環節需要前後一致串連，這樣目標才不會互相牴觸。舉例來說，製造業或許會制定最低成本運作的目標，但有可能和回應能力、速度或客製化服務的目標衝突。或者是跨國企業衡量品牌獲利的標準可能全球同步，所以成長目標也普遍適用全球，但是那樣的話就不符合投資新市場或建立品牌需要更多時間的目標。

解方就是提供眾人長線思考的空間。當波曼取消季報收益的營運方針，全公司就得到喘息的空間，拉開和每 90 天就要實現業績的無情壓力之間的距離。如果你知道，管理階層不會要求你為了你在當季做的每一道選擇提出正當理由，你就可以設定更宏大的目標。眾人依舊需要交付成果並達成業績目標，而那會敦促他們為了優先事項的順序做出艱難抉擇，不過最終都會是更妥當的選擇。這是一種微妙的平衡。你要求人人放大思考格局，但也同時明白財務和人力資本有限；你應該立下志向遠大的計畫，但不強求一次到位。

聚焦一套共同的價值觀和企業目的有助管理階層安排優先事項。聯合利華永續生活計畫和指南針這兩大關鍵而且息息相關的策略文件就是指導原則。每一季，工廠經理可能選擇投資於轉換成實現零廢棄的運作方式，反而減少關注當季以最低可能成本生產每一單位產品。品牌部門高階主管可以選擇，最完善投資以目的為導向的社會變革方式。聯合利華確立，種族、多元共融、多元化別族群的權利、公共健康等棘手的社會議題都算是它的優先事項。投資一些行銷預算在洗手專案這類社區計畫隨後也成為一項商業決策，但不是基於慈善或企業社會責任。

　　界線愈少，人人就愈有彈性思考業務發展的方向。當聯合利華的領導階層以更宏觀的方式思考這家公司想要實現什麼目標，也就更傾向於向以使命為導向的 B 型企業採購。

和「聯合利華永續生活計畫」一起打破界線

　　聯合利華永續生活計畫不僅有助重振自家公司，也讓原本活在自己世界的它重新聚焦外部世界。這股靈感來自地球挑戰的現實和全世界所有人的需求。2015 年，聯合國發表永續發展目標，聯合利華的計畫就變得更以全球目標為中心。

　　聯合利華永續生活計畫不是由內而外生成，也不是倚賴共識決流程。波曼毫不含糊地和漢米爾頓（Karen Hamilton）、尼斯這兩位當時的永續發展主管同桌討論。他們蒐集綠色和平組織、世界自然基金會這些外部顧問和非政府組織的觀點；他們也聽取永續農業、生命週期分析、營養和衛生等方面的內部見解。不過大部分內容都是由他們三人小組寫成。他們知道，少部分管理階層將不會認為這套計畫立即可行或切實可取，贏得內部支持得耗時間，而且尼斯說，內部有許多人其實都是「領悟到波曼吃了秤砣鐵了心就是要推行」，才開始認真看待它。[3]

　　聯合利華永續生活計畫的三大目標是，協助 10 億人改善健康和福祉、環境足跡減半並倍增營收以及改善數 10 萬人的生計，都是破舊立新之舉。公司現有幾套以企業目的為導向的計畫，像是衛寶洗手培訓專案，已經落實在幾百萬人身上，雖是卓越成就，距離 10 億人口卻還差得遠。若想達成目標百倍成長，就要拓展眾人的思維。許多子目標都比以往任何時候進步，比如全面永續採購。在企業社會責任大旗之下的幾個公司部門，它顯得更全面，而非立意良善卻和現實脫勾。

　　「零」和「全部」這兩個字眼經常出現在聯合利華永續生活計畫。這些「零」目標有可能無法讓你單獨獲得淨正效益，但肯定會打破界線。你不太可能在缺乏合作夥伴，或是不更加把勁解決系統設計問題的情況下實現那個目標。舉例來說，聯合利華打算實現長期零排放目標，因此研究所有碳來源，將重點聚焦冰淇淋櫃使用的冷卻劑等議題。偕同產業夥伴開發大幅降低全球暖化效應的天然冷卻劑是一套費時多年的專案，但這個時間架構會敦促合作夥伴打破季度思維的界線。

　　聯合利華採用過渡時期的臨時目標，以及多巴胺快感（dopamine hits）式的速效成功，提振自己的信心、促成積極作為並且改變行為和文化。聯合利華創造或修改其他工具，協助將聯合利華永續生活計畫嵌入組織內部；舉例來說，內部碳價系統會向員工發出訊號，讓他們認真看待減排。聯合利華也將大部分成就歸功前行銷主管麥修，他將「品牌目的」融入「品牌大愛之鑰」的設計流程中，好讓行銷人員用來展示產品的核心焦點，以及它為消費者提供的主要好處。（詳情請參閱第 9 章）

　　淨正效益企業將目的放在品牌的核心位置，這是釋放創新的強

力方式。聯合利華永續生活計畫的使命是「把永續生活變成日常」，
促使研發和品牌團隊打破自家產品可以為全世界帶來什麼好處的界
線，不單指功能性好處，更是針對系統性挑戰的巨大好處。舉例來
說，清潔劑品牌多霸道（Domestos）原本專注改善清潔效用的小細
節，但這種做法幾乎無法支撐業務生存，因此將品牌的部分重點轉
向聚焦隨地大小便的健康議題，結果是開啟全新視野。

　　聯合利華永續生活計畫從來就不是一套靜態的 10 年計畫；而
是行走的文件。淨正效益企業需要的目標是要能隨著深入理解門檻
和全世界日益成熟而自行演化。一旦聯合利華將溫室氣體排放量減
半，下一個層次的目標就會變得更激進，也需要繼續將標準定得更
高。隨著理解界線和系統的程度加深，永續發展計畫的願景也陸續
開展。

聯合利華的能源工程

　　除了完成實質性分析，企業若想了解自己對全世界的影響力，
其中一項首要之務就是針對自家全體業務進行生命週期評估。發掘
企業真正的影響力何在會讓人大開眼界，而且有助打破界線。對多
數產業來說，尤其是絕大多數的碳足跡都不受公司直接掌控。聯合
利華的數據看起來和多數消費性產品企業相似，製造或分銷過程的
溫室氣體排放量僅達 4%。[4] 絕大部分都是來自供應鏈，以及消費者
使用產品的階段，主要是洗衣、洗碗或洗澡會用到熱水。

　　打擊森林砍伐是整治上游排放的高槓桿活動，改變消費者使用
能源的努力則是解決下游排放最佳方式，舉例來說，透過創新開發

出可以用冷水清洗的產品。雖說完整的價值鏈工程是終極目標，從全世界的門檻來看，還是要敦促企業管理自己的足跡。這是一門好生意，但是如果聯合利華打算更廣泛地倡導氣候行動，就得言出必行，第一步便是要大幅降低自己的直接排放。

原始版本的聯合利華永續生活計畫設定，將它的現場排放量和它向電網購入電力的相關排放量加總起來，每噸產量要減排 40%。目的是讓公司到了 2020 年時，在每年不增加 1 克二氧化碳的前提下，實現營收翻一倍的目標，這也會讓排放量和預期的業務成長脫勾。

隨著時間過去，聯合利華強化達成目標的野心，將能源目標轉向絕對減少，而非以每噸計算。在 2015 年巴黎氣候會議上，有一批領先全球的企業定出落實營運據點的社區實現碳積極的目標，聯合利華也是其中一員。舉例來說，它購買再生能源，彌補陽光港工廠的電力排放，同時也彌補另一家塑膠吹瓶機工廠的現場排放。它延伸目標，打算在 2030 年實現全公司上下都變成正碳排、採購能源時 100% 都來自再生能源，並且在 2020 年之前消除任何煤炭發電的電力。不過，正如許多企業發現，脫碳過程中有一項嚴苛挑戰，那就是找出管理依舊時興採用煤炭和柴油的工業熱能的方法。

在英國這些已開發市場中，已經看到有人使用沼氣；但是在印度和中國，聯合利華必須協助創辦在地企業，將它們購買食物的田地上剩餘的農業殘留物轉化成顆粒狀或塊狀的生物質。聯合利華也在東非國家肯亞這類陽光充足的地方安裝大量的太陽能發電站，同時關閉柴油發電機。2016 年，它在中東地區的杜拜開辦一家最先進的個人護理工廠，由太陽能提供全廠 25% 的能源需求。[5]

　　十年來，聯合利華變得更有效率，截至 2019 年，降低絕對能源需求達 29%，而且這個比率還在成長中；2008 年至今節省總額達 73,300 萬歐元，顯示你有能力制定絕對目標並超乎期待。它達成 100% 使用再生資源發電的目標，而且在這條完全使用再生能源發電的路上差不多走到一半了。

　　脫碳工程很重要，但現在它是最基本的籌碼，聯合利華最近才定下的目標也已經反映出這個現實。它鎖定，截至 2039 年從供應鏈到終端銷售的所有產品要實現碳中和。你若想取得類似的進展就必須定下改變行為的目標。

勇氣十足但讓人難受的目標

　　聯合利華永續生活計畫推出這些年來，格式被外界無數次仿效。類似架構現身在瑪氏、奧蘭、3M、杜邦和許多其他業者內部，像是三大包羅萬象的使命中改善 10 億人口生計這一項，以及旗下諸多子計畫。

　　瑪氏的「世代永續」（Sustainable in a Generation）計畫讓人印象深刻，擘劃三大焦點領域：健康地球、繁榮人類和營養福祉。[6] 這家糖果和寵物食品龍頭斥資 10 億美元用來對抗氣候變遷，這是幾年後聯合利華推出的新一代聯合利華永續生活計畫也跟進的金額。這一場挾著共享最佳實踐的攻頂競賽催生出三大宏觀願景計畫的數量。

　　並非每一家企業都需要同一套計畫架構，但是都需要某些元素，以採用一系列手法和風格，建構穩健但有時候可能令人發怵的目標。在此我們著眼於有效永續發展目標的五大關鍵面向，它們將引領組織朝向淨正效益發展：讓它們「智慧化」；同時聚焦何事和何種方式；確保它們和科學同時並進或甚至超越；應用在整條價值鏈；並鎖定一個正向的「手印」，也就是正向影響力，主要是和負向影響力的「足跡」反義。

在每一個類別中，我們都將很快地連續提供一些實例。每一家組織多少不一樣，但是有些目標幾乎每家都應該具備。請謹記，如果你們有些目標不會連自己都覺得難受，那就是你們不夠用力推進。印度科技大廠威普羅總裁普林吉說：「要是沒有人嘲笑你們的目標，那就是你們的目標太小了。」[7]

智慧化2.0

在勵志演說家的世界，他們取了一個漂亮的英文首字母縮寫字，以協助設定好的目標：讓它們「智慧化」，所以我們得到以下建議：具體（Specific）、可衡量（Measurable）、可實現（Achievable）、實際可行（Realistic）和有時限（Time-bound）。我們完全認同具體、可衡量（通常是指量化）和有時限，但其他兩個就有點問題。如果實際可行不是代表你已經知道怎麼做的事項，那又是指什麼？但是，除非你套用某些原創構想，否則無法真的知道什麼叫做合理。如果你後退幾步審視整套系統，大轉變有可能比你設想的情況更容易實現。[8]

無論如何，目標應該要遠大，而且大幅受到由外而內的觀點影響。氣候本身不關心到了 2040 年或 2050 年消除碳排放是否實際可行。正如蘋果執行長庫克所說：「如果你定下有點瘋狂的目標，有些神奇事情自然發生……結果總是更好。」[9] 所以且讓我們把縮寫字中的「R」替換成結果導向（results-oriented）。

我們也不愛可實現這個字眼。如果你知道某件事可行，它就不夠遠大。長期以來，企業設定目標都是由下而上、由內而外；問問每個人自認為可以做些什麼，然後設定一個再往前延伸一些的目標。今年你可以削減 10% 的能源嗎？好，那我們就先定在 12%。但是一個看得到明確滑行路徑的目標就不是真正的目標了，而是行動計畫。我們屬意志向遠大（aspirational）、野心勃勃（ambitious）或是大膽無畏（audacious）替換縮寫字中的「A」。努力在 2030 年實現碳中和，或是試圖改善 10 億人的生活。如果你定下遙不可及的遠大目標最終達成 90%，那會怎樣？你還是比制定並實現一個遞增改善進度的目標厲害多了，而且也更振奮人心。

我們還推薦另一個「A」，主要是指絕對（absolute）目標而非相對目標。它們讓組織更清楚看見自己的前進方向。

與其在考慮成長的情況下反覆計算影響力的程度，不如乾脆制定一個總量下修的目標，讓組織自己想清楚要上哪裡找出削減的最佳辦法。還有一個「A」很關鍵：問責制（accountability），誰擁有目標，誰又和它有利害關係？

有個關於縮寫字中的「M」的念頭很快閃過，那就是可否衡量（measurable）：有時候量化目標很合乎情理，但是用來衡量 ESG 代表的環境、社會和治理績效的量化指標還在改進當中。溫斯頓和永續發展顧問高帝（Jeff Gowdy）及諮詢商永續服務（Sustainserv）共同運作 ESG 目標資料庫 www.pivotgoals.com，納入全球前 200 大企業，十年前幾乎沒有企業設定量化的社會或治理目標。許多公司只有含糊不清的意向書，但缺乏具體數字。

　　至今，全球規模最大的企業中，超過 25% 制定以具體數值衡量的社會目標，例如零侵犯人權行為或女性管理層的目標比率。許多新目標也在制定中。由於「黑人的命也是命」運動崛起，美妝和美容產品連鎖商絲芙蘭（Sephora）承諾，自家銷售的產品中，15% 必須向黑人擁有的企業採購。[10] 這家零售商為了實現目標，也重新啟動育成計畫，加速育成歸屬 BIPOC 的小型美容企業主。BIPOC 分別代表黑人（Black）、原住民（Indigenous）和有色人種（People Of Color）。[11] 聯合利華也設定自己的目標，打算每年斥資 20 億歐元和少數族群擁有的供應廠商合作。[12]

　　目標資料庫也顯示，說明中包含「全部」、「零」或「100%」這類文字的目標大幅成長。隨著目標愈來愈宏大，顯然就會出現更多商界耳熟能詳的 BHAG，帶著領導者踏出他們的舒適區。這個英文首字母縮寫字是一句話：巨大（Big）、驚險（Hairy）又大膽（Audacious）的目標（Goal）。不過請試著把「零」目標當作不只是讓人難受而已，它們也代表商機，讓組織更清楚地理解問題，找到可以共事的合作夥伴，並且打造最終可以從零開始進入淨正效益領域的更完善系統。

行動內容 vs. 如何做

　　多數 ESG 目標都會產生特定的結果或「內容」，這樣它們才容易具體描繪。舉例來說，減少 30% 排放量是典型的「環境」目標，意思明確、可以促成行動。關於「社會」的絕佳實例就是澳洲零售商伍沃斯（Woolworths）的收入平等承諾：「公司內部各級同等職位的男性和女性員工之間沒有薪資差距。」這句聲明中沒有任何解釋的迴旋餘地。

成果目標可能聽起來簡單，但依舊會敦促企業打破藩籬。它們釋放組織，改變它的運作方式和合作對象。聯合利華永續生活計畫啟動後，前製造部門永續發展總監唐納吉（Tony Dunnage）接到一個目標，要帶領全球的製造組織邁向零廢棄的目標。他很快就向其他人求助，並請益學界、供應商及公司外部專業人士，共同商議處理多類型廢棄物管道的計畫。一家位於印尼的工廠必須處理某些無毒的污泥，但常規廢棄物系統中無處可以安頓。零廢棄目標迫使企業找到樂意接手的業者，結果最後它變成國際水泥業巨擘拉法基霍爾森（LafargeHolcim）所擁有的水泥工廠的原料。它擁有設施的據點剛好完全和聯合利華在相同地區。這些廢棄物身為製造業的能源來源，足以抵銷化石燃料，減少霍爾森的碳足跡。

2014 年，聯合利華實現所有 242 家工廠都完成零無害廢棄物填埋的工程，比原定時間提早六年，也因此為接下來幾年省下 22,300萬歐元的材料和處置成本。那套做法提供公司餘裕，思考在整條價值鏈中減少浪費的做法，所以它就找了同業和供應商開會，解決產業規模的浪費議題。這些連鎖效應的好處來自從一開始就設定一道大膽成果的目標。

然而，對許多目標來說，僅僅陳述結果遠遠不夠。組織有可能需要一股思考如何實現目標的推動力量。在這些情況下，進度目標就幫得上忙，而且其間的差異很重要。讓我們假設，你定下一個改善健康的個人目標。但聽起來範圍太廣，所以你再定下一個比較具體的目標：「半年內減重 4.5 公斤」。但是你如果沒有排出計畫表，只是把「內容」釘在牆上其實沒多大用處。進度目標可以聚焦鍛鍊體能，像是鎖定每星期跑步 3 次。這麼做相當具體，不過更好的做法其實是像「每個星期天晚上，我都會在行事曆上排出當週的跑步時段」。

當萬豪成為全球第一大飯店集團，便創造一套鉅細靡遺的全新永續發展目標。其間的過程費時超過 1 年，溫斯頓全程為它提供建言。這套名為「360 度服務（Serve 360）」目標涵蓋每一個主要類別的具體進度目標。它在運作時，承諾讓旗下 650 家飯店取得能源和環境設計領導認證（Leadership in Energy and. Environmental Design, LEED）的綠建築認證；比較小的目標則是讓每一家飯店都在自己的官網上放置影響力指標，敦促業主衡量這些指標。通常有助推動改善結果。

飯店產業另一道重要問題是人口販運，往往是整個大產業的問題。一道針對這個主題設定的目標很難擔保什麼成果，所以萬豪就自定目標，100% 培訓自己的員工養成人權和人口販運的意識；也承諾把人權標準內嵌在聘雇和採購政策中。

在重大成果目標之上制定良好的流程目標可以提高成功的機率，並確保你在整個組織中保持一致。

以科學為基礎：最低限度

倘若你的醫師說你得了癌症，需要化療 6 個月才能治癒，你不會說：「我要在 4 個月內做完。或許可以把 6 個月當成延伸目標。」
你也不會說：「我的政黨不支持化療。」在氣候變遷和甚至 Covid-19
疫情方面，科學被政治化了，但是實情和真相才顯得重要。很明
顯，地球診斷說明書都繞著碳打轉。截至 2030 年，全世界需要削減
一半排放量，並在 2050 年或更早之前就要讓它被消失。制定一個速
度低於這個數值的碳目標就等於是參與一場自殺協議。

　　就邏輯來說，把公司帶上科學要求的減排道路，這個目標稱
為科學基礎減量目標（science-based target, SBT）。這些目標是關於做
我們該做的事，而非我們認為自己辦得到的事，或是我們覺得，對
利害關係人來說做到什麼地步也就夠了；而且它們受到由外而內的
知識所驅動：檢視地球限度，然後據此制定你的目標。不過，「科
學基礎」這幾個字無法完全涵蓋需要打破限度的目標範圍。有個範
圍更廣泛的說法是「脈絡基礎」，它涵蓋的目標不只是基於科學提
供的基本門檻。人類的可接受程度有其限制，指的是道德和公平，
這時便會發揮作用，而差別更細微幽微的地理、社會和經濟面向亦
然。舉例來說，水資源目標應該依據流域制定，而且要著眼於可用
總量，並公平配置給社區裡的企業。完整的脈絡包括道德限制，比
如不接受存在於供應鏈的現代奴隸制度。我們談起科學基礎減量目
標時，使用這個字眼代稱，用以指涉更廣泛的科學和道德背景。

　　當我們細究基礎門檻，科學基礎減量目標就不是指延伸的目
標，而是生物物理學和道德層面的最低限度。2010 年代中期，關於
碳的科學基礎減量目標很罕見；時至今日，2,100 家企業已經簽署非
營利組織世界資源研究所（World Resources Institute）的科學基礎減量
目標計畫（Science Based Target Initiative, SBTi），還有幾百家企業承諾

加入國際再生能源倡議 RE100（意指 100% 使用再生能源）。[13] 這些
目標明確推動績效：2015 年至 2020 年，定下經過科學基礎減量目標
計畫批准目標的企業減排 25%，遠超過同一時期全球能源和工業排
放量反倒增加 3.4% 的結果。[14]

　　雖說制定氣候科學基礎減量目標的企業數量成長中，但還是不
夠普遍。在《財星》全球 500 大企業中，僅 30% 定下完全使用再生
能源、碳中和或是科學基礎減量的目標。[15] 不過領導者每天都在提
高標準就是。2020 年初，微軟定下全世界最激進的氣候目標。這
家企業不只想要在 2030 年做到負碳排放（即淨正效益），更打算在
2050 年完全消除創社以來自己在全世界排放的碳量。[16] 微軟的承諾是
要清除自家企業史上的碳排總量，堪稱第一個溯及既往的碳中和目
標。它為了幫助自己達成目標，已經成為碳封存工程最大的投資人
之一。美國規模最大的藍多湖農業合作社（Land O'Lakes）擁有幾千
名會員，協助農民藉由智慧化土地管理手法產製碳信用，微軟正是
第一個買家。[17] 這才是真正的交易。像這樣來自再生農業的碳減排
才是貨真價實的碳減排，而不只是努力抵銷碳或再生能源，兩者的
正統性和價值堪稱天壤之別。

　　聯合利華在某一場定期舉辦的聯合利華永續生活計畫利害關
係人活動中，現任執行長喬安路熱血評論，微軟在碳減排方面的
一連串努力以及它將產生的影響。[18] 企業為彼此帶來驚喜和刺激是
一件很棒的事。Google 循著微軟的腳步前進並走得更遠，宣稱它已
經開始在抵銷自家企業史上的碳排總量，而且不用等到 2050 年，
立刻就生效。[19] Google 簽署購電協議和不盡如人意的再生能源憑證
（renewable energy certificates, RECs），實現這個目標。後者是指，你

在別的地方購買潔淨能源的生產履歷證明，這樣一來，你不是發電者，還是可以宣稱碳減排。不過 Google 也承諾，截至 2030 年，自家設於全球的所有數據中心僅採用現場的再生能源和蓄電池，也就是說，不再做任何形式的再生能源信用額度或抵銷。Google 很清楚，自己目前也還不知道怎麼做才能辦到，但千萬不要打賭 Google 做不到。附帶一提，IBM 也正設法實現，截至 2030 年，使用再生能源比率達成 90% 到 100%，而且不再抵消或封存。[20]

實現碳中和的競賽已經在加速中。世界經濟論壇要求所有成員制定 2050 年淨零排放目標，不過確實做到的企業不多。[21] 領先企業已經在加快步伐。亞馬遜號召超過 100 家大型公司簽署《氣候宣言》（Climate Pledge），截至 2040 年實現淨零碳排。聯合利華鎖定 2039 年，單純是想要讓這場競賽更刺激一點。宜家家居想要在 2030 年成為氣候淨正效益，而且已經讓成長和溫室氣體排放脫勾，營收因此在五年內成長 14%，排放量則是下降 14%。宜家家居產出的風能和太陽能電量已經超過自家營運所需的 32%。[22] 沃爾瑪也正鎖定截至 2040 年實現零碳排放，也已經對外宣稱希望成為再生能源公司。這家年營收達 6,000 億美元的零售大廠承諾，截至 2030 年，「管理或復元」260 萬平方公里海洋和 20 億公畝土地，其中包括採用再生農業實踐做法。[23]

在生物多樣性等領域，設定目標依舊還在起步階段，不過有些組織和企業已經接受量測的挑戰。科學基礎減量目標網絡（Science Based Targets Network, SBTN）正協同自然、聯合利華和拉法基霍爾森之類的企業，根據地球極限的最佳數據，開發一套為自然設定科學基礎減量目標的方法。雖說科學界還在努力中，生物多樣性的捷徑目標可能定為支持生物學家威爾森（E. O. Wilson）的「半個地球計畫」（Half-Earth Project），尋求保護地球一半的陸地和海洋之道。或者也可以看看國際組織商業自然聯盟（Business for Nature），十年來，共有 900 家大企業和主要的非政府組織敦促政府採取扭轉自然損失的政策。

　　諸如微軟和自然這幾家領先者正在超越自身的中立性，消除多於自己產生的碳排放量，或是協助設定全新標準以產生乘數效果。這些淨正效益行動超越科學，也超越四道牆的界線。

　　如果科學不總是那麼明確，或者你不知道自己能否自在地看待某一個激進目標，請考慮轉個方向，看看它會帶給你什麼感覺（參見附欄「目標轉向大考驗」）

讓企業的四道牆倒下

　　即使是鎖定「零」的營運目標也有助於說到做到，但僅限於業務範圍。你若想產生巨大而且可能是淨正效益的影響力，就必須為更大的生命週期碳足跡制定目標。你針對產品設計和交付服務做出的選擇會創造波及整條價值鏈的漣漪效果。舉例來說，蘋果已經承諾在整條價值鏈中實現碳中和，但是同時也針對材料使用制定一個高標準的目標。它為金屬進入電子產品並成為電子廢棄物的線性製造系統深表痛惜，因此希望打造一條封閉式的環狀供應鏈，「挑戰自己，有一天可以終結我們對採礦的依賴。」[24]

　　淨正效益企業需要為供應商和顧客制定激進目標，但是聚焦在哪一方面則是因產業而異。生產耗能產品的企業往下游尋找商機。

目標轉向大考驗

　　你若想了解為何以科學為基礎的目標是最低限度，以及為何「零」或「全部」的目標最合理，只消反向思考你正在考慮的任何目標，然後大聲說出來就是。假設你設定的目標是實現60%的可再生能源，那麼你同時也在致力實現這樣一個目標：「我們40%的能源將產生氣引發候變化的氣體，這將使我們付出更多代價。」到2025年，你的一半產品組合將具有永續屬性的目標則意味著，你的目標也是「我們的一半產品不會對環境或社會影響貢獻任何改善，還可能會使情況變得更糟。」要是你將負責任的投資基金當作一部分的投資組合，是否代表其餘部分可以是不負責任的投資？

　　市值440億美元的詮宏科技是大型的氣候控制設備製造商，承諾在2030年將顧客足跡中的碳排放量減少10億噸。科技大廠也傾向於往下游設定目標，說是它們的產品可以為顧客營運或是為全世界減少排放，遠超過自己直接生產的排放量。它們指出，虛擬會議如何消除代表碳密集的旅行的需求，或是大數據和分析結果如何讓交通或建物更有效率。英國電信集團（BT Group）和戴爾都是這些「賦能」目標的早期採用者，最近西班牙電信（Telefónica）制定目標，截至2025年，將自家顧客的排放量減少10倍。

　　金融業者則有不同的挑戰和機會。它們的辦公室和員工的商務旅遊雖然製造足跡，但實際影響卻遠遠比不上它們資助的企業（不妨想像一下，銀行為一系列能源計畫組合提供融資或是貸款）。這些所謂的「財務碳排放（financed emissions）」是銀行本身直接排放量的 700 倍。有些銀行最終是將煤炭排除在融資業務之外，而且最近多數大型銀行紛紛趕著公告，制定自己的投資組合目標。摩根士丹利（Morgan Stanley）和美國銀行承諾，截至 2050 年實現淨零排放，正如花旗集團執行長范潔恩（Jane Fraser）上任第一天就宣布這麼做了（因為那就是在宣示你的優先事項順序）。[25] 有一個大型投資人聯盟名為淨零資產擁有者聯盟（Net-Zero Asset Owner Alliance, NZAOA），也承諾將它們的 5.5 兆美元放進 2050 年轉成淨零的投資組合中。安聯和自家的執行長貝特（Oliver Bäte）在過程中善盡一部分心力。

　　這些做法都很好，不過從基本門檻的角度來看為時已晚。如果截至 2049 年之前你都在為基礎設施融資，那麼就算 2050 年全球終止日期生效，你還是可以趕在這個日期之前興建使用個幾十年的碳排放設施。有個做得比較好的實例就是澳洲保險商托普（Suncorp），它停止承保原油和天然氣的新投資案，許諾要在 2025 年終止現有的保險專案，並宣誓在 2040 年完全停止投資這門產業。[26] 30 個擁有 5 兆美元資產的大型金主同意，截至 2025 年實現投資組合脫碳目標。諸如此類的目標將會加速轉向清潔能源經濟。

　　供應鏈目標更普遍，跨國企業日益施壓供應商實現科學基礎減量目標。食物大廠是早期採用者，因為工業化農業主導它們的生命週期足跡。美國通用磨坊（General Mills）、家樂氏和金寶湯（Campbell's Soup）全都為它們採購的農場和農業相關企業制定碳的科學基礎減量目標。來自各行各業的其他公司，包括荷商製藥廠葛蘭素史克（GlaxoSmithKline, GSK）、瑞典零售品牌 H&M、施耐德電機和沃爾瑪以及它的「10億噸大挑戰」（Gigaton Challenge）等，都為它們的整條價值鏈制定碳中和目標。或者是，你不用為供應商制定目標，而是敦促它們自己掌握所有權。零售商塔吉特（Target）制定的目標就是，要讓80%的供應商自定科學基礎減量目標。[27]

領先企業正採用創新方式祭出胡蘿蔔和棍子兩面手法，向供應商的生產施加壓力，特別是在氣候方面。雜貨零售商特易購和西班牙桑坦德銀行（Santander）合作，為那些針對氣候議題整體表現強勁的供應商提供優惠融資條款，包括設定激進的目標。[28]在棍子部分，Salesforce針對氣候問題行動為供應商制定嚴格標準，內容看起來就和正式合約一模一樣，所以它們稱為永續發展大展（Sustainability Exhibit）。供應商必須衡量自己整條價值鏈的排放量，並基於「碳中和基礎」提供產品和服務。[29]如果它們辦不到，那就算是「氣候違規」，Salesforce將會向它們收取一筆可觀的「補救費」。就我們所知，這是業界獨創的舉措。那種做法聽起來比較像是大棒子而非小棍子，但是對它們有益就是。

淨正效益價值鏈目標還可以將一家企業完全移出供應鏈之外，變成另一種不同的、更永續的選擇。聯合利華承諾，它的清潔和洗衣產品中的碳成分100%來自非化石燃料來源。它正在追求自己命名的碳彩虹（Carbon Rainbow），也就是多元的碳來源，包括捕獲自二氧化碳、植物、藻類和廢棄物等。[30]

星巴克也致力將自家咖啡飲品的部分供應鏈轉移到更永續的全新來源。有一份針對它的足跡的深度評估顯示，即使它旗下31,000家門市使用能源，在它的生命週期中，碳排放最大占比還是來自供應鏈，更具體來說是牛奶生產商。[31]工業乳製品和產生溫室氣體的乳牛占它的碳足跡達 21%。直到採用再生農業實踐的農場可以大規模生產並供應乳製品之前，星巴克減少供應鏈排放的最佳途徑是減少使用供應鏈中的乳牛。

執行長約翰遜（Kevin Johnson）說：「替代牛奶將是解決方案的一大部分。」星巴克必須讓咖啡客點購不含乳製品的品項，這可不容易。只有少數幾家企業有效改變消費者行為。多年來，瑞典的食品連鎖商大漢堡（Max Burgers）在菜單上增加非肉類選項，成功傳播典型的工業系統中肉類的碳足跡數據。肉類選購量顯著下降。美國健康食品連鎖商麵包籃（Panera）正朝類似方向邁進，承諾菜單上將有一半是植物性產品。[32]

為你的供應商和顧客影響力設定目標是一種強力又有效的方式，讓組織打破它看待自己的界線。當然，你的目標涵蓋的生命週期愈廣泛，你的掌控力就愈低，這會讓它們感覺更不好過。但那是好事。它們會引領你進入全新領域。星巴克可能從沒想過自己需要針對乳牛打嗝這種事採取立場，但你這不就看到了嗎。

更廣泛的正面影響力

思考目標有一套合乎邏輯的進程。從解決你的直接足跡並且言出必行開始。接著就是把你的視野拓展至價值鏈，有可能的話涵蓋到一整個產業。等到那些基礎都就定位，你就可以設定目標，在更廣泛的世界層面打造正面影響力，或者是採用可衡量的方式增加你的「手印」。

聯合利華永續生活計畫在所有層面都善用目標，從減少營運足

跡目標到改善 10 億人口生活的超大手印目標。它也納入當時看來極
不尋常的目標：回收率目標，但不是為了自己，而是為了某些它設
立營運據點的國家。它試圖改善整套體系的回收率。這類目標肯定
會打破界線，促成合作。隨著聯合利華永續生活計畫在持續演進，
便增加更多解決系統問題的淨正效益目標。

手印目標遠遠跑贏科學基礎減量目標，現在正變得更像是企業
目的和永續發展聲明的常客。在環境領域可以看到幾個實例：

◆ **天柏嵐**：截至 2030 年對環境產生淨正效益影響力。執行長也
  談到「付出得多、索取得少」。顯然，我們有志一同。

◆ **克羅格**：在它營運的社區內實現零飢餓｜零廢物（Zero Hunger
  | Zero Waste）。克羅格擁有超過 2,750 家超市，打算截至 2025 年
  捐贈 30 億份餐食，並成立一支 1,000 萬美元的創新基金，用以
  加速減少食物浪費的創新構想。[33]

◆ **開雲**：再生它的整條供應鏈所用面積的 6 倍土地，實現生物多
  樣性的淨正效益影響力。[34]

有一支重要的非政府組織環保團體從社區角度檢視共同的系統
性問題，打出自然正效益（Nature Positive）的旗幟制定「全球自然目
標」，呼籲現在就做到自然棲息地淨零損失，截至 2030 年增加總棲
息地，2050 年則是恢復繁榮的生態系統。

在社會方面，許多企業從人類繁榮的角度對資金和成果提出更
詳盡的承諾。舉例來說：

◆ **亨利‧福特健康系統**（Henry Ford Health System）：消除病患自殺現象。這家健康醫療供應商不單是治療大病小痛，更積極努力改善總部所在地底特律的社區健康和成果。它不單是治療大病小痛，更導入科技提供大眾更快獲得照護服務，並和他們保持聯繫。二年內，自殺率下降 75%，有幾年還降至 0。[35] 其他的健康系統追隨福特的腳步，隨著絕望死亡人數增加，這類計畫或可掀起重要的漣漪效果。

◆ **花旗集團**：打破系統性的種族主義界線，並促進有色人種社區的經濟流動，承諾為此投入超過 10 億美元。[36]

◆ **萬事達**：帶領 10 億人口和 5,000 萬家微型和小型企業進入數位經濟；也將協助 2,500 萬名女性創業家創建自己的事業。執行董事長彭安杰把這份努力視為，Covid-19 疫情過後在全世界重新建設並提升復原力的方式。「如果我們想要實現任何一種長期、永續的方式復原，」他說，「就必須確保人人都參與……這是一個機會……協助整體社會繁榮。」[37]

　　目標也可以是立志放眼全世界。陶氏公司宣誓「重新定義企業在社會的角色，並促進全世界轉型成為循環經濟。」日本車廠豐田（Toyota）則是談到「建立回收再生的社會」，這些聲明都還需要增添細節和指標，但是若能展現行動支持，可能相當鼓舞人心。

以自己為中心，以他人為中心

在一個像現在這樣破壞力強大的世界，改變已是必然。對某些公司來說，誠實審視地球限度對它們的意義可能會撼動企業核心。它們有可能需要進行深度轉型，然後改變自家的業務，以免淪為無足輕重的角色。不過這種轉變有可能也代表一個加入龐大新市場的超大機會。

2006 年，當丹能集團（Danish Oil and Natural Gas, DONG）的領導階層採用由外而內的觀點，審視自家業務並預測可能的未來，他們必定不樂見眼前結果。丹能制定激進的全新目標，不再只是壓倒或炸掉邊界，而是徹底重新思考企業本質，然後做出除舊布新的重大改變，以適應低碳未來。丹能帶著全新願景參加 2009 年全球氣候會議，打算把 85% 的化石燃料轉變為 85% 的綠色能源。接下來十年，它出售資產、更名為沃旭能源（Ørsted），並且打造全世界規模最龐大的離岸風電事業，如今占全球裝機量達 29%。[38] 它實現 85% 的目標，接下來便設定新目標。2006 年至 2025 年為止碳排放將下降 98%，其中，2023 年將完全淘汰煤炭，而且 2032 年時供應鏈將減除 50% 排放量，2040 年則是完全實現價值鏈碳中和。[39]

市場預估沃旭能源的未來價值遠高於石油業龍頭。舉例來說，碧辟的年營收 2,790 億美元，比沃旭能源的 84 億美元高出 33 倍，但值此撰文之際，前者市值 920 億美元，僅是後者 650 億美元的 1.4 倍。[40]

任何一家化石燃油公司做不出沃旭能源的計畫就不是在玩真的。化石燃油企業面臨全球消除碳排放需求的生存威脅，但是你不需要等到平台燒起來這麼戲劇化的一幕才將商業模式轉向淨正效益。2014 年，健康醫療龍頭 CVS 健康（CVS Health）集團旗下大約 8,000 家門市（現在已經上萬家）將雪茄下架。這個舉動大約砍掉 20 億美元營收。從藥妝店出發，重新定位自己成為更廣泛的健康企業，可說是明智的策略舉措，但也可以說是勇氣十足。同理，當美國工業機具大廠英格索蘭（Ingersoll Rand）分割加熱和冷卻業務部門，它就成為獨立企業，更名為詮宏科技並以「氣候公司（很漂亮的雙關語意）」自居。詮宏科技所處的產業的氣候影響規模，比如冷卻事業貢獻全球排放量大約 5%，連同採取行動解決這個問題的機會，都讓人難以抗拒。

在比較小的層面上，幾十年來中型企業克拉克環境（Clarke Environmental）都在生產滅蚊殺蟲劑，直到創辦人的曾孫萊爾（Lyell Clarke）帶領公司進入全新領域。它開發的有機驅蟲劑贏得美國綠色化學挑戰獎（US Green Chemistry Challenge Awards），從此改變企業使命，除了保護公共健康，還要「讓世界各地的社區更宜居、安全又舒適」。

這些舉措都是勇敢、困難的轉型，而且將壓力轉嫁給其他同業，或是鼓勵它們也轉型。芬蘭的納斯特（Neste）走上一條和沃旭能源並行的道路，從煉油廠轉型成為利用廢棄物製成再生能源柴油和噴氣燃料的全球龍頭。2020 年，納斯特的獲利中高達 94% 來自再生能源。[41] 沃旭能源和納斯特的 10 年至 15 年領先優勢應該會讓其他能源業者深感憂心。義大利能源龍頭義大利國家電力集團（Enel）現在已經設定科學基礎減量目標，承諾截至 2030 年或更早將要淘汰煤炭，並在 2050 年實現脫碳。[42]

不需要重新設計完整的商業模式才能迫使其他人改變。領導者

淨正效益策略要點
炸掉邊界，掙開企業營運領域的束縛

◆ 理解形塑世界的基本門檻，包括生物物理或道德門檻，同時評估當世界有了這些限制，它們的業務將如何發展。

◆ 質疑自己真正從事一項什麼樣的產業，而且當前的模式是否適合未來發展。

◆ 消除企業可以在哪些領域努力的嚴格限制，提供員工空間放大思考格局、為長期努力並投資未來。

◆ 設定推動企業朝向淨正效益邁進的激進目標，並且至少要符合以科學為基礎的條件；範圍要涵蓋供應商和消費者；而且要鼓勵公司增加手印，而非只是減少足跡。

◆ 利用反向目標挑戰，藉由提問「我們沒有承諾做哪些事？」重新思考每一個目標，檢視是否為這個目標感到自豪。

可以推動產業面對眼前的燙手山芋，聯合利華就是不厭其煩地這麼做。2014 年，聯合利華停止使用塑膠微粒，比任何自願或強制禁令展開討論早一年。2018 年，它開始施壓臉書和 Google 設法更妥善處理非法和極端主義內容。2020 年，它暫時停止在社群媒體打廣告，隨後包括可口可樂和利惠在內的其他幾家大型廣告商也跟進。[43] 這些和隨後的更多行動，比如產製人權報告、揭露香氛原料、發行綠色債券等，都施壓競爭對手要從基本面實現轉型。

　　所有這些工作都推動變革腳步。第一批開放思維並打破疆界的企業還會做更多、做更大,而且繼續領先,這可是遠比尾隨在後好得多。跑在前方揚起塵土好過跑在後方吃了滿嘴塵土。

　　最長青的企業通常至少轉型自家的核心焦點一次。幾十年來IBM 都只有製造運算機器,但後來演化成以提供科技和諮詢服務為主。瑞典的瓦倫堡(Wallenberg)家族長期以來掌控幾十家企業,有一道信條可以回溯到 1946 年:「從舊時代轉向即將到來的新時代是唯一值得保留的傳統」。

5

敞開心胸

建立信任感和透明度

因為掩蓋的事沒有不顯出來的；隱瞞的事沒有不露出來被人知道的。

——《路加福音》8:17

2015 年 9 月，美國國家環境保護局宣布，汽車集團福斯（Volkswagen, VW）違反《清潔空氣法》（Clean Air Act），並動手腳修改柴油車的程式，在排放測試中作弊，好讓結果看起來像是比加州法律允許的汙染值更低，而且是低很多。在現實世界的駕駛條件下，這些汽車排放的氮氧化物（NOx）是法定限值的 40 倍。[1] 氮氧化物是一種損害人們健康的主要汙染物，每年導致幾百萬人死於空氣汙染。[2] 福斯賣出 50 萬輛這類作假的汽車到美國，在全球則是 1,100 萬輛。[3]

這項稱為「柴油門」（dieselgate）的醜聞爆出當天，福斯的市值狂掉四分之一。隨後便失去全球最大汽車製造商的地位。[4] 福斯的銷量連跌好幾年，還得支付超過 330 億美元罰款。[5] 濫用社會信任感是爛主意，富國銀行或波音也以身試法嘗到苦頭。埃森哲發表的

《利用信任感促進利潤增長》（The Bottom Line on Trust）研究針對這種行為的破壞力計算出結果。[6] 它鎖定「競爭敏捷性」的三股驅動力為 7,000 家企業評分：業務增長、盈利能力以及永續發展能力和信任感。單就信任感而言，埃森哲驚訝地發現：「不成比例地影響公司的競爭力和底線」。

　　每一次降低競爭力得分的「信任感事件」也會嚴重影響營收和收益，在某些產業損失高達 20%。由於建立信任感需要時間，但失去只要幾秒鐘，這些數字應該會讓任何領導者憂心。

　　如果一家企業出包，終究會現形。福斯醜聞讓人驚訝是因為這家車廠已經逍遙法外七年。在講究高度透明化的現代，員工走到哪裡都帶著相機並隨時貼在社群媒體上，企業不太可能再有隱藏天大祕密的能耐。

信任感下降、透明度上升

　　引人注目的醜聞經常發生，導致企業的信任感積弱不振。只是說，幾十年來全體機構的信任感都是一路下降。2021 年愛德曼全球信任度晴雨表（2021 Edelman Trust Barometer）調查中，全球受訪者有 73% 表示信任科學家，但僅 48% 信任執行長、41% 信任政府領導人。[7] 缺乏信任感讓每個人都付出金錢代價；因為信任感低、律師費就花得多。它有礙協作、有損效率。低信任感影響員工，反之亦然。為高信任感的組織效命的員工中，76% 更敬業，50% 更有生產力而且更忠誠。他們的倦怠感比一般人低 40%，病假天數減少 13%。[8]

　　危機時期，信任感變得更關鍵。Covid-19 疫情爆發後，81% 的消費者認為，有信任感的品牌是否做出正確的事成為破壞交易成功的因素。[9] 愛德曼總結，主要的利害關係人信得過，就是提供企業更多放手經營的自由。請謹記，聯合利華置身惡意收購企圖期間獲得的非政府組織支持，它們是基於信任感才這麼做。

　　微軟執行長納德拉曾說過：「我們的商業模式取決一件事，而且就那麼一件事，那就是全世界都信任科技。」[10] 我們需要更深度的協作，以解決全世界最巨大的挑戰，信任感為我們提供更深度協作的基礎，它是淨正效益企業的命脈。它是企業擁有的最珍貴資產。

　　所有這些數據透露更重大的真相。和信任感共存讓我們更幸福；困在不信任感的情緒中則會導致恐懼、憤怒和疏遠。現代生活立足於社會凝聚力和「我們」而非「我」的意識。缺少信任感當作繁榮基礎，沒有社會可以興旺昌盛。不過信任感的驅動力是什麼？開放心胸。

透明度上升中

　　巴菲特（Warren Buffett）很愛說一句老話：「潮水退了，才知道誰沒有穿褲子。」[11] 在一個要求事事都要求開放的世界裡，潮水永遠在往後退。如果你好好處理自家或合作夥伴的營運問題，你就是秉持真誠、一致的方式尋求解決方案，那麼你就是發展得很順遂，而且透明度不構成威脅。但是假使有些事情的發展和你陳述的價值觀及目標不一致，比如供應鏈爆發違反人權事件，一旦潮水退去就尷尬了。

　　信任感和透明度是多方利害關係人模式的潤滑油。如果你枯坐在會議上，視非政府組織為敵人、所有企業都是競爭對手，你會保持靜默。你不會分享太多，以免冒險被處罰或失去任何自家擁有的優勢。執行長一般來說都會擔心開放過頭，因為他們的法務、公關或對外溝通部門會祭出聲譽下滑或法律責任來嚇唬他們。後者在美國尤其是天大的恐懼。但那只是藉口。祕而不宣不是好策略，反而會更難建立信任感，也會讓企業錯失公開分享自家挑戰帶來的連結和學習的機會。

　　無論如何，透明度都會找上你。員工、顧客、社區和投資人正在挑戰企業，就他們代表的立場和服務的對象提出尖銳的問題。如今，三分之二股東決議要和 ESG 議題掛勾。[12] ESG 績效政變得愈來愈透明：2021 年，標普全球評級（S&P Global）針對 9,200 家企業公布它的 ESG 分數，這是它用來為道瓊永續指數（Dow Jones Sustainability Indices, DJSI）挑選企業成分股的依據。[13] 投資界龍頭貝萊德也說，它期待企業揭露碳排放和溫室氣體減量目標。[14]

　　在食品和消費產品領域，問題落在「潔淨標章」運動的大旗之下。消費者想要知道更多有關他們購買的產品和內含成分，指的是沒有人為的或不必要，而且化學名稱落落長的元素。這是推動有機食物風潮快速成長的部分原因。但「潔淨標章」理念可以超越食物層次，身為千禧和 Z 世代的年輕員工和消費者格外如此。他們想要更多有關自己購買或使用的每一樣事物的資訊。舉例來說，私人財富銀行家的年輕客戶現在都會有效要求對全球產生正向影響力的「潔淨型」投資組合。

　　透明度上升是因為科技大幅躍進，人人手握可拍照的手機，諸如區塊鏈等新工具可以追蹤每一件事。所有惡行都可以像病毒一樣急速傳播。我們之中大約有一半的人都常在星巴克門市裡面晃來晃去，但是當一位星巴克門市經理看到兩名有色人種這麼做就打電話報警，整段過程還被拍成影片上傳網路，才幾天時間就被點閱 800 萬次。手握行動手機的每個人都是審查員。

信任感的支柱就是透明度，它們本身就是強力組合，可以推動淨正效益發揮作用，還能創造商譽和無形價值。40 年前，標普 500 大中，80% 以上企業的價值都涵蓋在有形的硬資產裡面，像是工廠、建築物、投資人等；如今，情況反過來了：無形資產占總體超過 90%。[15]

無形資產一向很難估量，但企業做得愈來愈好，包括為品牌價值、顧客忠誠度、員工參與感和信任感訂定數字。特別是依循淨正效益路徑的企業應該持續將這種價值傳達給金融市場，並明確將無形資產和它的價值創造模型連結起來。

建立信任感

荷蘭有一句古諺的意思大概是「信任感是雙腳走出來，一坐上馬背就飛速離開」。建立信任感需要時間、一致性和謙遜。企業無法清楚劃分，只在公共層面和自家業務方面值得信賴。潛藏在吃水線下方發生的事情更重要。你不能只是高談闊論信任感，還得對外證明並贏得信任感。你得虛懷若谷地說：「我不知道該怎麼做。你可以幫我嗎？」你得抱著玻璃心分享不管用的經驗。對自己可能做錯的事保持開放心胸，試著服務他人並將對方的需求放得更前面，並盡你所能做正確的事。大家會欣賞這種作為並信任你。信任感和企業目的一樣，經常是由下往上、一項專案接著一項專案、一道選擇接著一道選擇建立起來。讓我們看看，企業若想建立信任感，我們認為應該張臂擁抱的五大路徑。

1. 分享你的計畫、成功和失敗

　　聯合利華永續生活計畫是重振這家公司並推著它踏上淨正效益路徑的藍圖。不過它也是強大的透明度工具。打從第一天起，這套涵蓋 3 個宏大目標、7 個子類別（後來變成 9 個），以及超過 50 個獨立目標的詳細計畫就公諸於世，接受大眾批評、指教和所有建議。附上詳盡數字公諸於世催生出問責制，這一點至關重要。它為組織點火助攻；一旦目標定出來，就再也不是自願性了。

　　最具挑戰性的目標之一就是，截至 2020 年，聯合利華承諾要實現百分之百採購永續農業來源。幾千種產品中就有幾百種成分，所以真可說是艱鉅的任務。多數來源不具備各界所接受的「永續」定義。把目標定出來讓聯合利華對外尋求幫助，並在尋求答案時賦予可信度。

　　多年來，聯合利華永續採購開發全球總監維斯（Jan Kees Vis）致力打造永續農業的標準和規範。針對棘手的議題，他一向需要同行、社區和非政府組織的信任感。他說，聯合利華的承諾幫助固定每個人站穩腳跟。「我可以指著聯合利華永續生活計畫，」維斯說，「告訴供應商和合作夥伴，『不是只有我這樣說……這是我的目標之一，我的政策就是呼籲公平對待工人和更完善的土地管理實踐……如果你懷疑我們不是玩真的，我還可以帶著我的執行長來這裡再說一遍。』」[16] 你公開制定出標準，就能趕在非政府組織要你和合作夥伴負責任之前，自己做得更好。

目標的規模同樣會建立關係。當你說：「我們希望 10 億人改善他們的健康習慣。」你顯然是放大思考格局，而且不可能靠自己就辦到。當你說：「我們沒有所有問題的答案。」就為自己帶來可信度。這種傲慢和謙虛的結合吸引非政府組織、擁有新技術的創業家和主動的政府領導人和你並肩共事。聯合利華前供應鏈長西吉斯蒙迪（Pier Luigi Sigismondi）說：「當你公開說出自己需要幫助，電郵將會有如雪片般向你飛來，要求加入這場運動。」

聯合利華為了保持透明度和信任感，公布由資誠審查的聯合利華永續生活計畫進度報告，提供每一道目標綠、紅、黃色記號，並附帶解釋哪些項目沒有發揮作用。舉例來說，最困難的目標一向就是減少消費者使用產品期間的碳足跡。使用肥皂和洗髮精必需用到的熱水能源，約莫占據全公司價值鏈碳足跡的三分之二。即使聯合利華加強產品創新，也從未解決洗一個長長的熱水澡這種人類行為的問題。保持積極態度很重要。做到誠實，但也提供希望和樂觀心態。向前邁進的最好方式就是公開討論這類挑戰，並互相分享哪些方法見效。

聯合利華永續生活計畫層級的透明度現在比較正常，但十年前可不是這樣。在英特飛、宜家家居和馬莎百貨等早期領先者之外，幾乎沒有企業公布具體、激進的目標，多數都不曾估算過自己的足跡。這種層級的開放程度讓許多領導者感到不舒服。一股老派思維的強勁潮流依舊存在，內心總有一個聲音響起：「不要對市場透露太多，因為你要不是會被追究責任，就是會被他們追著跑。」

但是實情恰恰相反。保持開放往往會讓那些原本唱反調對著你放冷箭的人變成合作夥伴。

2. 告訴眾人他們想知道的事，絕不退縮

你的顧客或社區希望了解你的業務或產品，這一點不是取決於你。可以肯定的是他們的要求只會繼續高漲，因此，張臂擁抱透明度是一道放手的過程。淨正效益企業採用的心態是，公司實際上不屬於它們，而是屬於所有利害關係人。

聯合利華一向努力地主動分享其他人沒有的東西。舉例來說，它很早就把自家的稅則貼在網上（基於公平稅收以支持社會的信念），並發表一般都被歸類為機密的營運數據。聯合利華公開分享供應鏈上 1,800 家棕櫚油工廠名單，包括緯度、經度和企業名稱。在西布萊特擔任永續長任內，那種透明度創造值得銘記的時刻。

他曾在一場和原住民族群團體會面時，聽到一名來自南美洲國家哥倫比亞的女性發言，控訴一家棕櫚油公司正在破壞她的社區。西布萊特列出一張工廠位置圖，這名女性十分驚訝，指出：「就在那裡，卡塔黑納 * 附近。那裡就是我的社區，那家公司就是毒害並殺害我的人民的黑心企業。」聯合利華馬上就可以調查那一家特定供應商。西布萊特說：「這是尖銳又人性化的作為，彰顯透明度的力

---

* Cartagena；譯注：哥倫比亞西北部加勒比海海岸的一座海港城市

量。」它也找出一家聯合利華需要對方協助改變或切割遠離的供應商。

營運透明度只是一種開放形式。想想你的主要利害關係人希望知道什麼，或是很快就會希望知道什麼。舉例來說，潛在和現有的員工可能想要知道薪酬公平程度的相關資訊。他們可以連上評論企業的網站玻璃門（Glassdoor）搜尋薪資數據，這樣一來，公司就很難維持性別或種族的薪資差距。

就投資人部分，他們日益要求 ESG 指標，並披露重大的永續發展風險。全球資產管理龍頭貝萊德執行長芬克要求所有公司「報告必須和氣候相關財務揭露建議（TCFD）和國際組織永續會計準則委員會（Sustainability Accounting Standards Board, SASB）的建議一致，它涵蓋更廣泛的重大永續發展要素。」[17] 他在 2021 年時指出，永續會計準則委員會的披露 1 年內就成長 363%。

消費者也要求更多，他們想知道每一樣產品的內含成分。聯合利華首開先例，分享產品標籤上列為「香味」的相關資訊，這可不是單一元素，有可能內含幾十種化學物質。子成分總是會隱瞞著消費者。聯合利華查看旗下 1,000 多種產品，找出每一種構成香水超過百萬分之一百的化學物質，附上成分作用解釋，然後在官網上公告。消費者可以上網找到細節，或是使用手機 app 智慧標籤（Smart-Label）掃描條碼，就能在購物時獲得完整清單。[18]

美國非政府組織環境工作組織（Environmental Working Group，EWG）積極倡導保護人類健康並減少化學品接觸，公開讚揚聯合利華。創辦人庫克（Ken Cook）稱許它提高透明度，並且「打破芳香化學製品的黑匣子」。[19] 一開始，諸如美國的國際香精香料公司

（International Flavors & Fragrances，IFF）、瑞士的奇華頓（Givaudan）和芬美意（Firmenich），以及德國的馨萊絲（Symrise）等主要香精供應商都抱持謹慎態度。它們的重要知識產權都涵蓋在香料和香精裡面。不過聯合利華前研發長布蘭查（David Blanchard）說，它們確實明白消費者都是衝著透明度來，展現主動態度才明智之舉。布蘭查說，這輛火車正要啟程，一旦你開始提供消費者資訊，「透明度幾乎就變成勢不可擋。」

麵包籃是發展最快的食品連鎖商之一，已經將開放性放入品牌的核心。它的「食材承諾」聚焦「透明」、「負責任飼養」和「清潔」等字眼。麵包籃定義後者是「不含人工防腐劑、甜味劑或增味劑和色素」。它發表一套獨有的「絕對禁止清單」（No No List）成分，強調「絕對不會出現在我們的食品儲藏室。」麵包籃說，它的承諾「完全關乎信任」。[20] 同理，2020年，聯合利華宣布新目標，在包裝上「傳達我們銷售的每樣產品的碳足跡」，當你販售7萬種產品，這是不能等閒視之的任務。[21]

企業顧客也要求更多有關它們的供應鏈足跡的資訊，而且這可能是提供給它們的競爭優勢。總部位於新加坡的農產商奧蘭發表一項名為 AtSource 的數據產品，提供顧客90個永續發展指標的資訊，比如碳足跡、廢棄物、農夫數量、多元化等不一而足，涵蓋所有它販售的原物料和成分。奧蘭有了 AtSource 之後，正協助食品企業寫下以數據為基礎的真實故事，好說給顧客們聽。

如果你無法提供顧客數據，它們可能就會乾脆繞過你了。全球森林監測地圖為了追蹤森砍伐現況，蒐集大量森林和棕櫚樹人造林的衛星影像。聯合利華則是引進一家掌握地理空間人工智慧技術的小公司笛卡爾實驗室（Descartes Labs），以更完善應用衛星圖像找出有問題的區域。[22] 無論有沒有棕櫚油供應商協助，它都朝著自家供應鏈森林砍伐的實時圖像邁進。

　　數據驅動的透明度正徹底改變商界。有了更完善的資訊，加上獨立的外部單位評價企業的營運狀況，就能實現可信任標籤，進而向顧客保證官方說法的真實性。多年來，聯合利華販售的茶葉是經由各界尊敬的非政府機構雨林聯盟（Rainforest Alliance）認證過。認證雖非完美，但提供消費者背景故事，外加某種查看產品製造過程的透明視角。大眾購買某樣產品時便有更強大的信心認定它是好貨。

3. 將社區的需求放在自己之前

　　經營執照不是一張書面文件，但感覺很真實。要是社區不信任你，但你又獲准在當地做生意，實際情況將會變得很困難。當個好管家意味著將自己服務對方福祉的承諾公開給大眾知道。在颶風來襲或流行病疫情爆發等危機時刻協助社區，讓他們知道你在他們身邊。這一點很重要。不過那是建立持久信任感的長期工作。

　　企業和品牌透過企業目的追求利潤，就可以進入社區並協助它們繁榮，這是開展業務的正常環節。先從提出這個問題開始：「我們如何以自家的產品和技術為你們提供最完善協助？」而不是問對方：「我們要如何從這些人身上賺錢？」如果你真的有心想要在某個國家投資並建立長久關係和長青企業，社區可以分辨其中的差異。

　　放眼全世界，許多聯合利華的品牌都執行協助社區繁榮發展的專案。德國和希臘的衛生品牌 Lysoform 和 Klinex 在歐洲為學校提供清潔用品，以及保持安全和健康的教學素材。在希臘和義大利，它們實現幾年內成功接觸 1,000 萬人的目標。聯合利華印尼分公司每年也為幾百萬名兒童開辦衛生計畫，衣索比亞分公司的洗手專案則是對抗致死的痢疾和砂眼災禍。後者是不乾淨的雙手揉眼引起的一種疾病，嚴重者可導致失明。聯合利華的品牌致力解決一連串挑戰：陽光洗滌劑執行一項在奈及利亞村莊建設供水站的專案，其他好些品牌則是致力協助小農戶繁榮的農村計畫。淨正效益企業無論在哪裡經營都會提升社區。

這些倡議都有助促成聯合利華永續生活計畫實現改善 10 億人生活的總體目標。不過社區知道，這樣做對聯合利華本身的業務也有好處。舉例來說，更聚焦衛生和健康可以為白速得（Pepsodent）牙膏和康寶湯品的口味組合帶來更高銷量。這些計畫幾乎總是有品牌撐腰，用的是聯合利華的清潔或淨水產品。重要的是真心誠意。正如某一位在越南工作的高階主管所說：「他們從我們努力做的事情中看到誠意。」你真誠希望提供幫助並坦言對自家的業務的好處就能建立信任感。

這些好處多數都是絕對真實。「衛生生活」（Living Hygiene）平台是聯合利華永續生活計畫成長目標的一環，設定野心強烈的目標：推動一個停滯不前的品牌擴大一倍全球規模。帶領那項工程的珂珂芳努（Doina Cocoveanu）說，他們做到規模不只翻一倍，但不是出於任何單一原因。新市場和創新（有些受到企業目的驅動，但並非全部）釋放成長。[23] 它們不倚賴帶有企業目的的計畫當作單一驅動力，而是放手業務自由開展，以誠實地服務社區。保持淨正效益不需要僅僅聚焦在受到目的驅使的倡議行動，它們是正常業務組合的重要環節，但不是全部。

除了其他目標之外，長年和政府合作、在各國投資並協助人們改善健康和衛生，已經建立起信任感。這是一種做生意的哲學，不是一系列的一次性專案。

4. 對值得信賴的批評者保持透明

找到知識豐富的批評者並邀請他們加入。這樣會建立隨著價值成長的信任感，是學習你需要改進哪些地方的最好做法。領先企業都是有系統地這麼做。荷蘭永續發展投資人協會（The Dutch Association of Investors for Sustainable Development, VBDO）致力讓資本市場更永續，拿退休基金當作標準，衡量它們身為負責任投資人的績效。當執行董事拉絲克維姿（Angélique Laskewitz）被問到，什麼事讓領導者變得更優秀，她說他們保持心胸開放。幾家在它們的排名中最高的機構會邀請它們和工會擔任關鍵的利害關係人，並公開提問：「你如何看待我們的永續投資政策？」[24]

這樣做可能很痛苦，但企業應該邀請有建設性的批評者共商最棘手的議題，包括現代奴隸制和童工的人權悲劇。2011 年，聯合利華要求國際非政府組織樂施會（Oxfam）審查它的營運和供應鏈中的勞工條件，讓它在這段期間盡情探索。聯合利華形同一本攤在桌面上的書。樂施會選擇越南當作評估四大主要問題的適當個案：結社自由和集體談判、生活工資、工時和契約工。聯合利華律師團擔憂公司會因此惹上法律麻煩，董事會也對提供外界攻擊的素材感到不安。但聯合利華的領導團隊覺得冒這個險很值得。站上前線並且更開放其實會讓非政府組織比較不可能扯後腿；如果你做得好，它們需要你繼續設定前進的步伐。透明度不是關乎每件事都正確，而是主動開放心胸，踏上改進之路。

樂施會總結，理論上聯合利華擬定充分的政策，但現實中仍存在重大問題，比如雖然支付的工資高於最低標準，但是仍低於生活工資。這份報告協助非政府組織更全面理解情況，比如聯合利華處理複雜的次要承包商是否遇到困難這種人人都會遇到的問題，而且讓其他企業對外開放時反而比較安全。

從那時起，聯合利華制定一項目標，截至 2020 年，旗下 169,000 名直接員工的薪水都不會低於生活工資。聯合利華有效達成這項目標後，便在 2021 年做出供應鏈承諾。截至 2030 年，它將要求任何「提供我們商品或服務」的組織支付生活工資。[25] 這些努力是由幾年前原始的透明度工作所啟動。

越南報告是在 2013 年公布，同年爆發商業史上最大悲劇之一，孟加拉的拉那廣場（Rana Plaza）製衣廠倒塌。這起導致 1,100 名工人死亡的駭人事件敲醒全世界，正視為我們製造成衣和電子產品的勞工工作條件惡劣的現況。企業開始更密切關注這個議題，聯合利華也更聚焦聯合利華永續生活計畫的社會層面。

聯合利華將樂施會報告當作思考基礎，2015 年首創業界先例，發表適用全公司的人權報告。它透明公開自己設於 190 個國家的營業據點，但各處的人權規範、法律和觀點都不相同。這一點很誠實，正是必要之舉。正如國際工會聯盟祕書長布洛告訴我們，一家企業唯有誠實面對這些議題才是玩真的。「我們看過通篇都是好消息的人權報告，」布洛說，「光憑這一點就知道它們在說謊。」那些明白「知道自己在盡職調查人權和勞工問題上不夠盡善盡美的企業，反而會請求我們其他人協助解決這個問題，而非試圖掩蓋。」[26]

　　2013 年以來，聯合利華都是由整合社會永續發展的全球副總裁瑪努班絲領導社會永續發展和人權議程。她相信，第一份報告對取得任何進展至關重要。她說：「透明度是關鍵要素，而且是助推器……它使我能夠發言。」人權報告提供她和聯合利華攜手非政府組織及社區共同解決棘手議題的可信度。備受推崇的哈佛大學人權和國際事務教授魯格（John Ruggie）為聯合國擬定人權指導原則，被通稱為魯格原則（Ruggie Principles），如果聯合利華不曾借由魯格的協助完成艱難的工作，這些議題是會被多認真看待？*

　　這份報告也大幅提升聯合利華內部自在討論這些議題的程度。瑪努班絲不希望它只對少數人權專家發表，而是希望公司內部每個人或任何利害關係人都讀過、理解並詢問：「那我能做什麼？」隨著聯合利華更熟悉這些議題，隨後便採取行動，比如改善工作環境、強化集會結社權利並改進投訴流程，更全面逮獲各種濫用行為。在多數地區，員工沒有簡易的溝通交流機制，像是匿名投訴熱線或是定期和稽核員面談。聯合利華也敦促國際消費品產業組織消費品論壇（Consumer Goods Forum）緊盯棕櫚油供應鏈、養蝦產業的勞動和人權狀況。它針對消除強迫勞動的議題，在延展的供應鏈中培訓超過 1,000 家企業。

---

* 譯注：2011 年 6 月《指導原則》通過聯合國決議，之後魯格便和包括殼牌、聯合利華在內的荷蘭企業試行「人權盡職調查」流程

　　跨國企業背負宏大目標，自吹自捧做好事的公司則是會得到更多關注。當酸言酸語出現，釐清你正在和誰打交道很重要。（參見附欄「認識你的批評者」）你需要幫得上忙的組織，即使它們看你不順眼，但是不夠純正的批評者就不會帶著真心說真話。有些人想要解決問題，但其他人只想要打倒你。找出對的合作夥伴，和他們建立信任感，然後並肩幹一番大事業。

5. 心中存疑時，就做正確的事

　　Covid-19疫情肆虐期間，有些企業做出惡劣選擇。包括聖伯利（Sainsbury's）、特易購和沃爾瑪旗下艾斯達（Asda）在內的幾家英國超市，一邊拿政府的全球大流行病稅收減免，一邊卻支付股東可觀股利，結果大受撻伐。結果是現在他們都在償還稅金。[27]政府提供企業貸款協助維持生計。在美國，有一項意圖協助小企業的專案被超額認購，因為有幾十家大型上市企業從中搶了幾百萬美元，而且其中許多家根本是手握充裕現金。[28]還有一票企業的高階主管自肥，放幾千名員工無薪假的同時發給自己巨額獎金。

　　現在，把那些行動拿來對比宜家家居的處理手法。有些政府提供企業資金支付放無薪假的勞工最少80%的薪水。當宜家家居的業務恢復得比預期更快，便宣布將還錢給美國和歐洲8國政府。[29]這就是做正確的事。讓人欣慰的是，是唯一在疫情期間這樣做的企業，多數公司都試圖為共好做出貢獻。

　　法國精品巨人LVMH集團生產洗手液、蘋果生產口罩；福特、奇異和3M製造呼吸器。醫療保健和生物醫學大廠美敦力為了協助

認識你的批評者

許多利害關係人針對他們認為你動得不夠快的議題尋求取得進展，例如海洋塑膠廢料、氣候變遷、再生能源或是包容性問題。不過批評的用處天差地別。當你的公司面對一些評判時，第一步就是搞清楚自己正在和誰對話：

◆ 真正掛心又知識豐富的批評者會提出真正關切的議題，並指出你可能在哪些部分沒做好，比如找出更完善的做法，改善農產品標準或農場工人的工作環境。請洗耳恭聽這些人說的話。

◆ 當企業說自己辦不到某件事時，懷疑論者會挑戰你，大呼你是做表面工夫維持環保形象的洗綠企業或用力反擊你。他們可能是帶著解決方案坐上談判桌，用來處理系統的複雜性和意想不到的後果。如果你不要表現出防禦姿態，他們會讓你變得更好。

◆ 絕對論者是發聲的少數，他們聚焦單一議題，有時候只想聽到簡單答案。舉例來說，它們可能希望企業完全棄用棕櫚油，但這樣會讓幾百萬人頓時陷入貧窮。或者有些人要求零動物測試，但是中國和俄羅斯的法律要求包裝消費品公司完成動物測試。企業可以採取更多措施解決這類問題，並從進入這些地區的市場改變法律。要是絕對論者可以在務實地踏上實現目標的道路，他們就幫得上忙。

◆ 憤世嫉俗者相信企業本身永遠是問題、假設你一開口就是在說謊，而且只看到公司犯錯就驟下評斷。他們通常都會放棄協助找出可行解方的責任，心思封閉又幫不上忙，所以別花時間企圖取悅他們了。你只要朝著淨正效益的方向前進，就能讓他們很難繼續堅持自己的反對意見。

這些企業生產它們從來沒碰過的產品，釋出其中一款攜帶式呼吸器的設計規格和軟體密碼。[30] 就聯合利華這部分來說，除了轉移產品線製造醫療設備，也改造東非國家肯亞和坦尚尼亞的茶園，從學校轉成臨時醫院。這些公司做出道德選擇，將大眾的立即需求放在當前的商業目標之上，並讓社區知道它們是什麼樣的企業。

　　企業愈來愈常被要求，針對自己在全世界如何運作，以及它們代表什麼立場做出選擇。利害關係人都在看，公司做出正確或錯誤決定的機會也愈來愈普遍。隨著 2020 年中抗議種族平等和警察殘暴行徑的活動橫掃美國，IBM 執行長克里希納（Arvind Krishna）呼籲各國政府打擊系統性的種族主義。它停止出售臉部辨識軟體給警察或其他安全機構，因為這款產品存在固有的種族偏見，而且更容易錯誤判讀有色人種。[31] 微軟和亞馬遜很快就加入 IBM。這些科技大廠放棄可能很有賺頭的顧客，轉而支持種族平等。再次證明，這就是做正確的事。

　　愈多公司做正確的事，各界的期望就變得愈高。一套像聯合利華永續生活計畫這麼公開的專案，利害關係人經常期待，聯合利華解決每一個以任何方式影響到他們業務的環境或社會問題，包括需要留意的供應鏈黑暗角落。那是超高標準，但同時來說，至少找出問題並不難。許多非政府和工會都知道出了什麼事。

　　甚至在聯合利華的人權報告發現問題之前，利害關係人就明確告訴它們供應鏈有問題。國際食品聯盟是代表農業和飯店業 1,000 萬名勞工聯合工會，歐斯華擔任祕書長。2000 年代後期，國際食品聯盟發起一場反對聯合利華的活動，因為後者位於巴基斯坦的製茶工廠擁有 800 名員工，卻只有 22 個全職工作，其他人都是臨時工、低工資又沒有工作保障的計日契約工。國際食品聯盟玩了點文字遊戲，將這場運動稱為 Casual-T＊。

　　波曼將減少全集團臨時工當成宏大成就的一環，偕同歐斯華在巴基斯坦制定出一套解方，即是打造幾百個提供福利的永久職缺。然而，他們在發表整套計畫前走訪社區，請教當地人需要的是更少但更好的工作，還是更多合約型態的職位。工人都選擇穩定。第一天，新聘勞工就帶著家人來和他們一起慶祝。

　　正如我們常見的結局，對聯合利華來說，事實證明這種淨正效益的解方更好。當你把人名放上薪資單上，就會得到更好的經濟成果。你不必三不五時聘用契約工。員工也會更敬業；他們自覺是公司的一分子。聯合利華不需要在倫敦聘請高薪員工管理和公司起衝突的勞工案件，進而省下一筆錢，用來在工廠聘雇更多工人。

　　由於多年來工會都本著誠信工作，而且信任感已然建立，現在它協助聯合利華在問題爆發之前就先一步找出來並修復。歐斯華提高它對物流問題的意識。西歐的大型貨運車隊通常在立陶宛、保加利亞和波蘭等東歐國家註冊，但是那些地區的工作標準低劣、工資微薄。司機們都生活在比較昂貴的西歐國家，每個月輪班時間超長卻只賺 300 至 400 美元。當這類報導出現，高階主管應該要探索、深思自己的本心，設想一下：「要是我以前走上不同的道路，今天是我幹這份工作的話會怎樣？」

　　不過同理心只是起頭。就這種情況來說沒有什麼容易的解方。它們無法單單只是解雇黑心商人，歐斯華說，因為這個問題在整塊

＊ 譯注：念法同 casualty（受害者），又和茶（tea）諧音

歐洲大陸都很猖獗。他在幹這份工作時看過太多，不過他說：「我從沒想過我會處理西歐的系統性人權議題。」聯合利華和國際食品聯盟正在打造一個聯盟體，拉進飲料和包裝消費品公司，想要改善這些卡車司機的生活。這項工程正在進行中，不過稱得上是一個解決企業長期漠視的情況的絕佳實例。如果你不做正確的事，一旦隱藏的問題冒出來，就很難和社會保持信任感。

它們總是會冒出來。

在事件發生的房間裡

如果你獲得別人信賴，就能在重要對話場合中占得一席之地。2013 年，聯合國開始制定永續發展目標，這是 2000 年千禧年發展目標（Millennium Development Goals, MDGs）的升級版，在整個過程中民營企業都沒有顯著的發言權。各國政府和聯合國代表都不信任跨國企業。不過有些政府知道，它們必須把企業帶上談判桌，因為少了人人參與的話，我們的世界根本不可能實現永續發展目標。[32]

英國和荷蘭政府將波曼列為候選人，因為它們信賴他。聯合利華曾經和聯合國兒童基金會轄下的世界糧食計畫署（World Food Programme）共同制定千禧年發展目標，過去也和兩位聯合國前祕書長安南（Kofi Annan）及潘基文共事過。聯合利華已經打出可信度，會把更宏大的全世界需求放在第一順位，而非僅僅追求自身利益。在永續發展目標的工作團隊中，波曼變成民營企業的唯一商界代表。那幾回的第一次會面氣氛都有點緊張，所有人的眼光都轉向這

位生意人，希望他為資本主義的原罪負責。不過工作關係日漸改
善，而且聯合利華在世界發展的儀表板中始終保持在前排。對波曼
和聯合利華來說，這是決定性的時刻。

聯合利華接觸到關於全球發展領域的最新想法，並定期和國
家元首接觸。聯合利華搶先一步看到永續發展目標、理解它們的願
景和力量並開始內化它們。它是第一家在年報中討論這些目標的企
業。不過影響是雙向的。在幾項以企業目的為導向的最宏觀倡議
中，有一項專為兒童設計以協助他們避開致命疾病的洗手專案。在
幾次推動之下，洗手這個指標被排進永續發展目標的最後清單。對
公共健康和聯合利華的業務來說都有好處。

在制定永續發展目標的兩年半中，聯合利華創造超高商譽。
始於信任感，終能創造更多成就。許多國家就和聯合國一樣信任聯
合利華並提供獨特權限。當英國政府成立改善自身供應鏈的人權委
員會，邀請成員包括紅十字會（Red Cross）、樂施會、國際特赦組
織、學者……，還有聯合利華領導全公司人權工作的高階主管瑪努
班絲。她曾和英國政府合力制定《現代奴役法案》（Modern Slavery
Act），而且是當時團隊裡面唯一的民營企業代表。同理，衣索比亞
針對如何對抗 Covid-19 舉辦全國論壇（National Forum）時，聯合利華
也是唯一受邀的企業。

長期以來，聯合利華一向經營和政府的信任感關係。1950 年
代，印度脫離英國獨立後，不允許外國企業持有印度子公司的多數
股權。但聯合利華在這個國家長期耕耘，並擁有在地的資深員工，
因此得到特別豁免權，至今仍繼續持有印度斯坦聯合利華的多數控
制權。[33]

淨正效益策略要點
建立信任感

◆ 永遠都從透明度開始,對想要完成的事情抱持開放態度。

◆ 主動邀請社會共同參與,而非坐等他人上門討教或踢館。

◆ 和利害關係人合作為社會制定共同目標。

◆ 公布進度報告,公開討論成功和失敗,這代表企業在尋求協助。

◆ 當進入新市場或展開合夥關係時,從可以為利害關係人、而非為自己做些什麼開始。

◆ 挺身而出、大聲支持自身的價值觀,尤其是當遇到艱難時刻;企業有勇氣發出自己的聲音。

不過有時候,置身重大對話正在開展的房間裡可能是憂喜參半。政府和非政府組織可能期待你付出遠多於同業。搶先一步是好事,但是如果你處於劣勢就不是那麼好了。不過,這一類會議都會出現有趣的轉折,對那些不在會議室的利害關係人來說,情況反而變得更明朗。批評者可以端出領導者為榜樣,針對其他領域的人請教為何不多做一點。這樣會讓戰場變得公平,也讓落後一方動起來。

隨著信任感建立,長期的批評者有可能轉向你尋求協助。多年來,儘管綠色和平曾經許多次反對聯合利華,雙方仍建立了堅實的關係。綠色和平前執行董事奈杜曾經落入一個可怕情境,亟需援助。曾有幾十名綠色和平活動人士企圖登上俄羅斯的石油平台,結果都被逮捕還被指控犯下海盜罪，結果面臨 15 年監禁。[34] 奈杜動用所有人脈關係想要讓他們獲釋，並經常在這段磨難時期找波曼商議。波曼直接和俄羅斯領袖對話，並動用在俄羅斯的深厚關係協助活動人士獲釋。奈杜說他看不出來聯合利華可以從冒險得罪別人的過程中獲得任何直接好處。這家企業冒的險是，和領導一個成長市場的政治領袖漸行漸遠。

　　綠色和平即使高度讚揚聯合利華協助它在俄羅斯發生的危機，但同時依舊針對它看到的問題施壓這家企業，比如在印度茶葉中使用殺蟲劑。這有助雙方建立有生產力又相互尊重的關係。奈杜評論，綠色和平和聯合利華從俄羅斯經驗建立起來的信任感協助雙方「共同為彼此都同意的事情努力，並針對彼此不同意的事情持續對話」。[35] 民營企業和民間社會的關係顯然有挑戰性並持續緊張。不過這樣的關係也有益處、富有成效而且有必要。沒有什麼需要改變的重要大事可以單獨被改變。謙遜、誠實以及把他人放在第一順位都可以建立信任感。敞開心胸，成功的合作夥伴關係的潛力將有如指數暴衝一般成長。

6

1+1=11

打造有綜效、有乘數效果的合作夥伴關係

要想走得快，一個人走。要想走得遠，大家一起走。

——非洲諺語

　　在緊急情況下，當眾人需要提桶裝水救火，或是搬沙包擋洪水，可能就會自動站成一線傳遞重物，排出一條「接力人龍」。這樣遠比人人各自拖著一桶水快多了，正是合作產出非直接回報的典型例子。我們對協作的乘數效果的簡稱是「1+1=11」。我們若想對抗衝著環境和社會而來的挑戰，就需要快速拓展源自合作夥伴關係的生產力。沒有企業可以獨力在全體產業或全世界面臨的問題中取得有效進展。唯有一門產業或地區齊心協力，才能改變標準做法或成本架構，比如發展節能技術、再生能源或是永續生產的棕櫚油。淨正效益企業的某些目標若少了協助將無法實現。舉例來說，想要讓某些材料做到設施零浪費可能很困難。你或許可以自己想出一半解方，但之後會需要找到其他可以應用這種材料的公司或價值鏈合作夥伴，共同分擔打造回收基礎建設的重擔。

　　當聯合利華交付前製造部門永續發展總監唐納吉一項任務，讓全集團200多座工廠實現零浪費，唐納吉的老闆問他：「你需要多少預算？多少人力和多少顧問？」唐納吉說，他的回答令老闆感到驚詫不已：「我不需要任何人力或預算……我需要的是合作夥伴關係。」[1]

　　對抗氣候變遷時，協作的必要性最迫在眉睫。大企業幾乎全都在努力削減自家直接和間接（來自電網）的碳排放，也就是所謂《溫室氣體盤查議定書》（Greenhouse Gas Protocol）的範疇1和範疇2。不過真正突破來自承擔供應商和顧客排放的責任，並且團結起來一起解決。這一階段稱為範疇3。在多數產業，範疇3構成價值鏈排放相當大一部分。

　　淨正效益企業因為採用多方利害關係人模式，自然會在共享利益的參與者生態系統中尋找聯盟。這種網絡應該在一路成長的過程中納入同行、供應商、非政府組織和政府。不僅是有些議題很難獨力解決；而是我們的挑戰太錯縱複雜，不可能一次只解決一道問題。合作夥伴關係將無可避免相互重疊，敦促系統思考。永續發展目標涵蓋17個行動領域，刻意設計成可以在系統內相互作用並彼此強化。合作夥伴關係是永續發展目標的第17項目標，少了它，就不可能實現其他16項。

　　永續發展目標是為全體人類設計的合作夥伴關係；它們涉及多元世代、以目標為核心，致力確保沒有人被拋在腦後。截至2030年，永續發展目標據估將在全球僅四大產業就創造12兆美元產值、38,000萬個職缺，張臂擁抱這個商機的企業將會蓬勃發展。[2]這是史上最巨大的商機，正等著被釋出。

　　正如可能是愛因斯坦這位智者所說，我們在解決問題時，不能
採用當初創造它們的相同水準的思維。建立高層次、變革性的合作
夥伴關係的時機已經到來。

合作夥伴關係的兩大核心類型

　　本章和下一章探索兩大類型的協作（參見表 6-1）。我們劃出區
別，一邊是可以經由部分利害關係人解決，而且可以在我們當前體
系內優化結果的問題；另一邊則需要特別是以政府為首的所有參與
者合力改變系統的問題。

　　想想競爭對手和它們共享的供應商，圍繞著回收包裝的主題創
新材料。這項努力將會嘉惠業內所有人。那是第一類，也是我們所
稱 1+1=11 的合作夥伴關係，因為它會產生乘數效果。企業無需政
府大力支持就可以在這類議題取得進展，不過這不代表只有商業合
作；你有可能需要學界或非政府組織提供技術觀點。這些合作夥伴
關係往往是要解決競爭對手共享的機會或風險，舉例來說，產業供
應鏈的人權議題就是每個人的問題。廣義來說，這種協作聚焦擴大
解決方案規模的行動。

　　相較之下，系統層級的合作夥伴關係會發揮作用，改變潛藏的
基本動能。再次舉包裝議題為例，淨正效益企業將會超前一步，和
同行合作開發新材料。它將偕同政府倡導並設計出更完善的政策，
以打造循環經濟、改變消費者習慣、消除特定用途的塑膠產品，並
支持公共－民間融資，進而資助全新的回收基礎建設。這些都是結

表 6-1

兩種合作夥伴關係的規模

1+1=11 的合作夥伴關係	系統層級的合作夥伴關係
隨系統擴展	改變系統
可能需要競爭對手完成更多工作	需要更多政策、金融領域等參與者
解決共同的產業風險	創造更大的共好
在地化區域或供應鏈	完整系統
某些民間社會夥伴	系統內的所有參與者
行動（多「做」）	行動和倡導（多「說」）

構和商業模式改變的類型，可以從長遠的角度解決包裝問題。系統層級的合作夥伴關係需要三大社會參與者共襄盛舉：民營企業、政府和民間社會。我們稱之為三人才能跳探戈。重新設定系統的努力比較落在倡導層面，主要是如此，但不完全是，因為有時候行動自己就會顯示，從政策面向來看什麼事才有必要。

讓「探戈」合作夥伴關係發生，取決於第一步就要證實 1+1=11 聯盟成功。除非你對產業或價值鏈亮出正向、可量測的改變，否則所有利害關係人和你展開更宏大對話時很難認真看待這件事。

沒有分類可以做到完全明確。真實世界很混亂，因此做法有可能糾結成一團。你可以從一套產業計畫做起，再拓展移到一套更宏大的系統上。但是我們深耕合作夥伴關係之前，會希望快速探索一家公司開展的各種倡議組合，並提供一些淨正效益企業的成果組合看起來是什麼模樣的概念。

今日和未來的倡議組合

　　思考一下企業在永續發展的旗幟下致力完成的計畫或倡議。總的來說，那些倡議將產生一些影響，減少負面結果或改善正面結果。把你在各項倡議得到的總體成效想成一座金字塔（參見圖6-1）。

　　第一批成果顯示在底部，通常是從內部做起，努力在企業的四道牆內搞定自己的足跡。舉例來說，你可能先減少使用能源以削減碳排放。即使諸如零廢棄這類目標迫使你放大思考格局並炸掉邊界（參見第4章），影響仍受到公司自身足跡所限。這是一項至關重要的工作，淨正效益企業明白，問題都是從自己內部開始。你必須先讓內部重上軌道，才能在談判桌上掙得一席之地。

　　在這道基礎上，我們展現出的合作夥伴關係是，拓展這項工程超越公司本身，從價值鏈開始。對多數產業來說，企業對環境和社會影響主要是落在範疇3排放，所以影響的潛力更巨大。順著金字塔向上移動，這項工程進一步拓展成為部門層級的專案計畫，潛在的正效應影響也在成長。然而，現實中這些產業合作夥伴關係的進度可能不如預期。太多企業不樂意承擔超越自身營運範疇的責任。或者是價值鏈合作夥伴關係依舊帶有交易意味，而且聚焦為每個人抽取出最低成本。淨正效益企業掌握更廣泛的所有權並尋求更宏大的勝利，它們明白合作夥伴關係的強大威力。

　　金字塔頂端正是完整系統變革協作發生的地方。這部分我們留待第7章討論。我們描繪出這種形狀的金字塔是為了指出方向性，當今多數工作都落在內部底層。一個單一運作良好的經濟部門合作夥伴關係，可以做到減少整體產業的影響，相較之下各自獨立工作

圖 6-1
當今的倡議組合和影響力

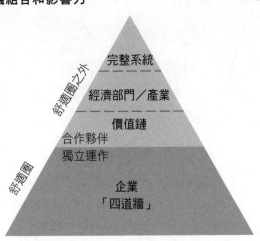

的成果則顯得相形見絀，但更廣泛的合作仍然很少見。企業也對踏出舒適區，進入這些合作夥伴關係抱持某種謹慎的態度。於是，當今的倡議組合都偏重更容易管理、影響更小的概念，使得金字塔底部很沉重。

然而，淨正效益企業的組合看起來打從根本上完全不同（參見圖 6-2）。企業受到目標和對當務之急的理解所驅動會努力向上移動。它們會建立擴及整條價值鏈、經濟部門或整套系統的強大聯盟，以釋出更大的價值。在這幕未來情境中，當今的四道牆努力（顯示在大金字塔旁邊那塊小小陰影的三角形）依舊是以科學為基礎，具有全面性，就比如 100% 使用再生能源，不過比起整條價值鏈、經濟部門和系統的合作夥伴關係實現的成果來說，全體影響很微小。

圖 6-2
未來的倡議組合和影響力

信任感｜透明度｜結合目標｜成功所需時間

隨著你擴大規模，就會有更多源自所有利害關係人的影響力和興趣，不過需要更大勇氣、承諾並投入精力和專注力才能走到這一步。成功孕育成功，放大格局的思維來自擁有成功運作的強大 1+1=11 合作夥伴關係。

合作夥伴關係的挑戰

淨正效益成果的潛力很大，值得努力爭取，但是合作夥伴關係具有挑戰性，特別是當參與者組合日漸擴大。範疇愈大就愈複雜，而且你可能遇到的障礙及失敗率就愈高。企業聯盟的數量年年成長，但粗估 60% 至 70% 都失敗。[3] 像聯合利華這樣大型的協作者見證過許多失敗。合作夥伴關係可能出於許多原因表現不如預期。

願景和目標不一致。即使具備問題已然存在的共識，各家組織還是可能各懷不同的動機進入會議室。多芬前全球品牌執行副總裁邁爾斯（Steve Miles）說：「你需要一個利益交會點，但不要期待文氏圖（Venn diagram）完美重疊，和非政府組織合作時那是不可能發生的事。」⁴聯合利華可能聚焦商品的永續採購、涵蓋多元的環境和社會面向，但是諸如樂施會之類的非政府組織可能集中火力在生計和體面的工資。雖然並非互不相容，但也不完全相同。

每一方都沒有帶著明確理解或針對某事凝聚共識就坐上談判桌。在聯合國，聯合利華和能源商 NRG 建立充滿希望的合作夥伴關係，其實沒有按照計畫進行。原本目標是建立一種全新類型的企業關係，以橫跨北美的多元設施提供清潔能源計畫的策略性組合。不過兩家公司都沒有著手組織執行那道目標，而且各自都認為另一方具備自己缺乏的能耐。所以它們回到使用一次性再生能源的專案計畫，分別在每一處據點進行談判。同理，就另一段合作夥伴關係來說，聯合利華和非政府組織聰明人在原則方面意見一致，卻發現雙方的規模並不同步。聰明人是和小農及合作社合作，但是聯合利華需要找到更大量級的永續採購解方。

商業價值定義不明或缺乏指標。從傳統、短期、股東最大化的心態來看，合作夥伴關係很難賦予價值，尤其是整套系統這種類型。當今的食品公司可能花錢以期符合比較健康的指導原則，比如減少用鹽、油脂和糖。短期觀點會覺得這麼做不值得，但是這項投資可以在持續成長的健康食品市場獲得回報。還有一套「共好」的主張，因為不健康的社會不會繁榮。還有，少了完善的衡量標準，協作可能就少了用來調整自身路線的頻繁反饋循環。

文化挑戰。企業高階主管可能發現，很難同時在一張談判桌上和競爭對手、非政府組織以及政府打交道。領導者需要新技能，像是傾聽、找出共同點以及說服他人投入時間和資源。永續長經常得為這項工作做好充分準備，必須在自家企業內部制定「矩陣」才能完成任何工作。

聯合利華儘管取得這麼多成功，也是經歷過足以證明所有上述這些障礙存在的失敗經驗。在一次大型協作中，聯合利華、億滋、帝斯曼、全球促進營養聯盟（Global Alliance for Improved Nutrition）和世界糧食計畫署共同發起五年倡議，希望解決兒童營養不良的問題。這項計畫是更龐大的多方利害關係人平台雷射光束專案（Project Laser Beam）其中一環，每一家企業出資 2,500 萬美元，因此資金充裕，而且合作夥伴各個經驗老道。不過它沒有產出持久的改進成果。這項計畫的設計方式是由上而下、放眼全球，因此不夠聚焦，在地方社區層面的協調也不夠。計畫沒有提供可靠的指標和產出辦法，因此缺乏反饋循環。不過在多數情況下，目標不一致就是會削弱努力的成效。

合作夥伴關係可能淪為七嘴八舌的空談大會，缺乏規模和影響力。然而，淨正效益企業會釋放這些合作夥伴關係的力量；它會少做，但總是做大，以提升影響力。如果做得好，便印證做得少反而成效大。穩健、持久的合作夥伴關係也帶來長期承諾，它們深植於企業內部，而不是受到個別高階主管支持。我們清除障礙後就可以轉向實現更重要績效的道路。我們可以跳過這些障礙，還可以找到值得學習的精采實例，雖然數量不及我們所需，但都是貨真價實的成功。

實現 1+1=11

在此我們不會聚焦良好合作夥伴關係的一般元素，理論上它們是挑戰的反面，因此不難釐清。這些協作的差異不在於如何管理，而是總體目標和方法。它們是用來服務更廣大的利益並協助合作夥伴本身，而且具有影響力、規模和持久力。

我們迅速瀏覽一下，採用六大方法和各式各樣、規模擴增的夥伴建立淨正效益合作夥伴關係的實例：

1. 在你的價值鏈中
2. 在你的產業中
3. 跨不同經濟部門
4. 和民間社會
5. 和政府（非系統）
6. 在多方利害關係人團體中（非系統）

這些發展路線都不是一成不變，而且一種既定的合作夥伴關係在整個生命週期內也可能採用好幾種方式運作。不過，從找出你們試圖解決的共同問題，以及誰應該加入做起會很有幫助。在此，目標是立足更深層次發揮作用，而非僅是「減少排放」或「減少我方供應商的人權問題」。

　　我們試圖採用附帶可以具體指出追蹤紀錄和成果的實例，以顯示承諾和一致性隨著時間過去的變化。讓我們看看這六大方法。

1. 在你的價值鏈中找夥伴

　　你在自身營運安全的前提下邁出的第一步就是，直接接觸你的價值鏈並建立真誠的合作夥伴關係。這是拓展所有權意識的起點，因為淨正效益企業不會外包自己的生命週期責任。考慮到價值鏈中的總體足跡大得多，這可說是直接釋放價值的最大一步。如果你和供應商及顧客在信任感和合作方面做得更完善，往往可以省下大筆資金或是增加更多收入。

　　如果你採用短期、利潤最大化的觀點看待業務，會認為供應商純粹就是功能性的代名詞，也就是說，它們只是盡可能壓低成本來服務你的公司，所以你才能夠賺到高毛利並取悅你的投資人。這種描述確實是有誇大成分，只有少數公司才會這麼冷漠地和長年一起做生意的供應商保持距離。不過這是許多產業時興的模式，舉例來說，時尚產業就會為了省那麼一分錢立刻更換供應商。有很長一段時間，聯合利華的供應商都覺得雙方的關係純粹是交易性質，這話說得沒錯，因為它的買家有都有傳統的削減成本的心態。聯合利華省到錢了，卻失去更大的價值。

　　改寫腳本並服務供應商，最終將有助雙方服務價值鏈終端的顧客或公民。那是創造淨正效益成效所需要的真實改變。你們一起把餅做大，而不是各以不同方式分食這塊餅。聯合利華永續生活計畫發展早期，聯合利華制定讓人不安的目標，並明確表示它無法獨力辦到。它刻意把合作夥伴關係當成基石，發表一套名為「合夥一起贏（Partner to Win）」的全新計畫，和供應商建立更強大的連結。聯合利華供應鏈長安格（Marc Engel）說：「我們希望供應商對這趟旅程感到興奮，並加入我們。」[5] 聯合利華也需要重大的產品創新，以縮減足跡並達成聯合利華永續生活計畫目標。聯合利華就像所有的包裝消費品公司一樣，因為創新收到滿滿讚譽，不過多數時候是供應商創造全新成分並發明全新的產品優勢。

聯合利華可以實施並擴大這些新穎構想，但它的大部分創新來自供應商研發。

聯合利華發表聯合利華永續生活計畫之前，供應商不曾視它為創新機器，沒有提過新穎構想。真是損失超大機會。一旦你是重量級顧客，安格說：「就等於是為供應商支付一部分研發費用，所以問題就變成，是你還是別人享受到好處？」[6]

合夥一起贏的目標是要變成值得信賴的首選客戶，以及主要供應商的首選創新合作夥伴。安格承認，一開始他覺得怪不自在的。不過波曼帶著安格出遠門拜會 4 家主要供應商，體驗不帶策略意味的關係是什麼感覺。新計畫要求，前 100 大提供聯合利華顯著的投入資源占比的供應商，開發一套為期五年的聯合業務計畫。聯合利華將維繫關鍵供應商關係的責任交給全集團職階前 50 位的高階主管，而非所有採購相關部門。波曼負責 2 家供應商，其中之一是重量級的德國化工大廠巴斯夫（BASF）；研發長分到 2 家；除臭劑產品負責人 3 家，依此類推。聯合利華藉由合夥一起贏打造出堅實的溝通橋樑，然後隨著供應商愈來愈積極提出它們的新構想而帶來回報。這張採用供應商最頂尖技術解決社會需求的聯合創新清單現在變長了。在缺水地區協助人們這個單一類別中，聯合利華推出更快殺死細菌的肥皂、只要沖洗一次的衣物柔軟精以及乾洗髮產品。它也和永續發展領導廠商諾維信*用酵素換掉洗滌劑中某些化學物質。全新配方也能洗淨衣物，但溫度較低，從使用產品階段就能減少碳排放的角度來說，堪稱一大勝利。

　　更深化的關係以矛盾的方式產出回報：如果你只看價格，是不會得到最低價的。聽起來荒謬，但是唯有你和供應商合作，協調創新的投資並改善整體成本結構，而不是一味執迷每單位成本，你才能真正得到更好的價格。所以，不要聚焦數字，而是共同創造價值；不要聚焦交易，而是你們服務的顧客。一如既往，沒有深厚的信任感，別想密切合作、共享儲備實力。

　　Salesforce 執行長貝尼奧夫曾說過一則故事，講的是顧客和供應商之間有意義的連結。他在著作《開拓者》（Trailblazer）中描述，Salesforce 的大客戶嘉吉（Cargill）是美國最大民營企業，執行長麥克倫南（David MacLennan）有一次來拜訪他。兩人走出貝尼奧夫的辦公室時，看到十幾個人穿上寫著開拓者的公司 T 恤。麥克倫南便問：「那些人是你的員工嗎？」貝尼奧夫回答：「不是，他們是你的員工……不過他們使用我們的技術，所以成為我們這個家庭的一分子。」[7]

　　淨正效益企業和創新供應商合作，開發並測試可以減少足跡或改善生活的新技術。雖說蘋果正朝向實現營運無碳化的目標，卻也

---

* Novozymes；譯注：總部位於丹麥的全球最大微生物科技產品製造商

在自家的價值鏈中尋找減少碳排放的解決方案。在一次吸睛的行動中，它和美國鋁業（Alcoa）、澳洲的力拓（Rio Tinto）這兩大礦業龍頭結盟，削減冶煉鋁礦的排放量。金屬是全世界回收率最高的材料之一，但產出新的鋁產品超級耗能，排放的碳量約占全球總量 1%，也占蘋果製造產品足跡的四分之一。[8]

這三家公司成立的合資企業愛樂土（ELYSIS）開發出一種只會排放氧氣的無碳冶煉技術。論規模，它們期待它藉由更高的生產力降低 15% 營運成本。蘋果注資這家公司 1,300 萬美元，提供技術支援，隨後也在 2019 年底買進愛樂土生產的第一批鋁材。[9] 蘋果的環境、政策和社會倡議副總裁傑克森（Lisa Jackson）說：「130 多年來，鋁料一直都是採用同一種方法產製……情況即將改變。」[10] 蘋果並未在全球使用鋁材方面產生影響力（想想就知道，畢竟汽車、瓶罐和建築業都要用到），但是它的規模大到足以讓品牌說話並展示足以證明的概念，有助吸引其他鋁材買家加入。這一幕已經發生，德國車廠奧迪（Audi）正拿愛樂土的零碳鋁材套用在新型電動跑車的輪胎上。[11] 隨著勢頭日益壯大，這家合資企業可以改變產業朝向大規模減碳前進，成為蘋果貢獻的巨大淨正效益，也成為世界的轉捩點。

隨著你承擔更多發揮影響力的責任，並找出方法在價值鏈中增加自己的手印，你會需要更多這一類的關係。它們釋出超大價值、打造韌性，並且提升透明度、可溯性和信任感。正如我們先前所說，在 Covid-19 疫情最初的封城期間，聯合利華投資信任感，撥出 5 億歐元支持它的供應商並為顧客提供信貸。[12] 這就是淨正效益融資。

2. 在你的產業中找夥伴

　　隨著你擴大格局和你的責任觀，可以清楚看到，你和同業共享許多攜手合作將會帶來好處的挑戰。這些議題或許不太可能自己獨力解決，出於成本太高，或是因為可能把每個人都拖下水，所以需要提升至產業層面解決。舉例來說，諸如成衣業的奴工或科技業的電子廢棄物等議題，要是一家競爭對手看起來不妙，它們整體都跟著不妙。反之亦然。淨正效益企業積極和同業合作，改變產業常規、減少綜合衝擊並大幅改善成果和產業形象。

　　企業面對共同挑戰和機會時不該獨善其身。就好比說，只有一家食品公司解決西非可可亞產區的童工問題，這樣是能帶來什麼好處？這項議題更適合大家以一種「先並肩合作後競爭」的方式共同搞定。同理，當默沙東協助嬌生製造 Covid-19 疫苗以加速普及時，也是把全世界和整體產業置於自身之前，有助一個備受批評的產業贏得讚譽。[13] 淨正效益企業理解，儘管業績壓力罩頂，我們不應該拿人類的未來你爭我奪。

　　將主要幾家同行聚集在一起可以降低全體努力的風險和成本，對致力普遍削減成本的產業來說，這不完全是新鮮事，所以何不也針對永續發展計畫這樣做？每一家公司的費用最終會減少，但系統則會變得強健。如果同業很快就跟上的話，淨正效益企業樂於領頭並注資更完善的解決方案，不過這樣有助創造一種急迫感和行動感，也有助理解這件事不是可有可無的選項。把一大票企業集合在一起，正如陶氏公司前執行長利偉誠所說：「你就得到速度和規模。」

淨正效益策略要點
最大化價值鏈影響力

◆ 為全體的價值鏈影響力扛起責任，評估協作潛力最強大的領域。

◆ 視供應商為合作夥伴和家人，而非大宗商品的低成本供應商，並且尋求共同創造價值而非轉移價值。

◆ 藉由一致的目標和誘因，與供應商及顧客打造信任感及透明度，在某些情況下可能必須毫無保留。

◆ 確認阻礙產業發展的重大挑戰，以及改善生計或是測試新科技的巨大商機。

◆ 將企業用心服務的公民當成起點和終點。

　　產業協作的數量正迎頭趕上，而且各有多元目標。讓我們看看幾項經濟部門範疇協作可以實現的目標。這些努力可以帶來廣泛的影響力，並讓公司為將來更龐大的系統和淨正效益工程做好準備：

　　執行全產業的營運改善。各產業聯盟可以找出從戰術層面大幅改善經濟部門運作的方式，其實機會俯拾皆是。波曼在 2009 年協助創建消費品論壇，它曾號召過 400 家總和營收 4 兆美元的消費品零售商和製造商。在消費品論壇問世前，這門產業偶爾會合作，但做法都不太聚焦。它們持續針對食物浪費、人權和強迫勞動、健康和福祉、包裝品以及避免砍伐森林等議題展開協作。這支團體不是每次都能發揮潛力，因為有些成員心態過於保守，或是卡在棘手的議題動彈不得。有這麼一個 55 名成員手腳施展不開的董事會，討論人權或其他複雜議題有可能像是拔牙一般苦不堪言。

　　不過，談到和效率及節省成本的明確連結時，對話就變得比較順暢。經濟部門在改善跨不同公司營運方面已經累積大量扎實的成功經驗。舉例來說，合作夥伴標準化全球運輸托盤的尺寸。就產業脈絡而言，全球大約有 100 億個托盤，多於人口總量。[14] 幾十億堆產品進出卡車、倉庫和商店的過程中，效率低下就慢慢被凸顯。有了少量的標準托盤尺寸，履約中心可以加快動作、公司卡車的裝載量提升 58%、顯著減少燃油和碳排放。[15] 消費品論壇成員共同開發、同意並執行這些標準化做法。個別公司和整體產業都獲得好處。

　　著手處理影響最大的經濟部門。由英國能源轉型委員會（Energy Transition Commission）、美國跨學科專家組織洛磯山研究所（Rocky Mountain Institute, RMI）、非營利性企業聯盟我們玩真的（We Mean Business）和世界經濟論壇領軍的可能任務合作夥伴關係（Mission Possible Partnership），正在召集高能源密集產業部門的公司：鋁業、航空業、水泥和混凝土業、化學製品業、航運業、鋼鐵業和卡車運輸業。它的目標是技術性破壞，並開發出轉型成為低碳世界的產業路線圖。

　　共享最佳實踐。糧食和農業占據全球 40% 的陸地面積、用掉 70% 的淡水，而且製造高達三分之一的溫室氣體排放量。[16] 消費品論壇發起一個解決食物浪費的聯盟體，法國跨品牌禮券商索迪斯（Sodexo）執行長馬歇爾（Denis Machuel）形容是「食品業最重要的一場氣候行動」。[17] 因為這門產業未來必須養活更多人，因此我們的未來取決於這門產業把事情做對了。世界企業永續發展委員會主席韋基斯是總部設於新加坡的農業大廠奧蘭國際執行長，為糧食供應商創辦全球企業化農業聯盟（Global Agribusiness Alliance, GAA），它們的目標是共享降低營運衝擊、管理土壤及利用土地（這可能導向碳封存）、改善生計、保護水資源並消滅食物浪費的最佳實踐。韋基斯說，重點在於開發更具體的行動路線，因為企業做得好，不是出於精熟理論和模型，而是執行到位。

重量級玩家紛紛就定位是因為動機同時帶有胡蘿蔔和棍子，前者是指集體工作成效更高；正如韋基斯所說，它們避免「討厭的大型企業化農業公司碎念……就像討厭的製藥大廠或能源大廠一樣。」韋基斯清楚看見眼前的挑戰。「我們置身一個高度競爭的產業，所以除非全世界差不多就要燒垮了，否則絕不會站在一起。」他一語道破現況。這句話也賦予「亟待變革的浴火平台」新意。

點燃引爆點。波曼偕同聯合利華前高階主管西布萊特、庫索夫，以及變革領導力專家凱勒，共同創辦共益組織 IMAGINE，以催化更多產業合作夥伴關係。他們號召至少占全體價值鏈 25% 的關鍵多數，聚焦實現產業轉型，進而點燃引爆點。一個初始目標是市值高達 2.5 億美元的時尚產業怪獸，它在水和材料浪費方面留下巨大的環境足跡，因為 73% 的衣服最終被丟進垃圾掩埋場或焚化爐，快時尚產業的成長也帶來嚴重的過度消費問題。[18]

IMAGINE 協助開雲集團執行長亨利・皮諾領導的《時尚公約》，這是為業者設計的路徑，用以管理氣候、生物多樣性和海洋這三大

挑戰的共同衝擊。全體成員同意採用以科學為基礎的碳減排做法，
以求符合全球攝氏 1.5 度目標，亦即截至 2030 年排放量減半、2050
年淨零排放，其中包括截至 2030 年實現 100% 使用再生能源。生物
多樣性計畫涵蓋承諾研究棉花再生的方法；海洋工程則是聚焦消除
一次性的塑膠品和微纖維汙染。沒有哪一家公司可以獨力完成這項
工作。

承諾遵守行為準則和實踐標準。標準很冷感，但比較完善的標
準和數據可以大幅改善環保和社會成果。十年前，永續成衣聯盟制
定希格指數（Higg Index），這是一套協助品牌和零售商持續衡量公
司或產品永續發展表現的工具；同理，資訊和通信科技產業的負責
任商業同盟（Responsible Business Coalition）承諾，成員對自身及一級
供應商實施共同的行為準則，並和包括《世界人權宣言》（Universal
Declaration of Human Rights）在內的多元標準綁在一起。[19] 大型行動設
備供應商的聯盟體也承諾，要制定以科學為基礎的聯合溫室氣體減
排目標。[20] 這些承諾都可以推動一門產業朝向淨正效益邁進。顯然，
意圖和標準不是結果。不過一旦標準在企業營運過程中推動具體變
革，它們會帶來整體產業足跡大幅減少的成果。多數標準並非鎖定
淨正效益成果，卻能吸引產業參與，隨後也讓公司敞開心胸放大思
考格局。

趕在新問題惡化之前就搞定它們。隨著潔淨科技的使用率有
如指數一般暴衝，這些產業的規模，連同自身的環境或社會問題也
隨之變得更大。舉例來說，隨著風力發電進步，比較老舊的渦輪機

就得淘汰。它們很難回收,因此處理這些長度直比足球場的葉片選擇不多。生產這些讓葉片變得更長、更強的材料廠商歐文斯・康寧(Owens Corning)估計,兩年內將有 25 萬噸葉片需要一套報廢解決方案。它正為這項產品的生命週期扛起責任,偕同加入美國複合材料製造商協會(American Composite Manufacturers Association)的同業找出解決方案,像是延長這些葉片的使用壽命,或是剝離金屬並把它們做成包裝業與其他用途需要的顆粒物。它們共同努力找出可以擴大規模的解決方案。

測試或加速全新商業模式。在一場挑戰常規的創新測試中,由廢棄物回收商泰拉環保(TerraCycle)領軍的循環(Loop)計畫,正和各方業者合作,包括美容與身體護理產品商美體小舖(Body Shop)和誠實公司(Honest Company)、雀巢、寶僑、家庭清潔用品商利潔時(Reckitt Benckiser, RB)和聯合利華等包裝消費品龍頭,以及家樂福(Carrefour)、克羅格和沃博聯(Walgreens Boots Alliance, WBA)等零售商。這項計畫將消費者最愛的品牌裝在可重覆使用的容器裡,當他們用完洗髮精、吃完冰淇淋或其他產品,循環就會回收容器,清潔空瓶、空罐然後重新裝滿。它可能成功也可能失敗,但值得一試。

3. 跨經濟部門找夥伴

一旦經濟部門內的產業參與者對並肩合作感到很自在,就可以擴大努力,與其他面臨類似問題的產業部門合作,舉例來說,它們可能共享一部分供應鏈。這些都是一部分最巨大、最有影響力的 1+1=11 合作夥伴關係。它們有助企業克服以往規模效率低下的問題。

　　動盪世界的壓力正在把不尋常的同伴聚在一起。Covid-19 疫情促使各行各業的公司共同解決問題。最初在病毒崛起那段期間，全球顯然亟需更多醫療設備，而且動作要快。聯合利華加入英國呼吸器挑戰協會（Ventilator Challenge UK Consortium），整合資源並迅速生產更多呼吸器。合作夥伴包括法國航太商空中巴士（Airbus）、福特、好幾支一級方程式賽車（Formula 1）的車隊、英國車廠勞斯萊斯（Rolls-Royce）和德國工業設備大廠西門子（Siemens），微軟則是提供資訊科技支援。這是一段短期的合作夥伴關係，但是其他類似的合作夥伴關係可能會持續許多年。

　　有一個最經得起時間考驗而且成功的共同努力成果，它把跨經濟部門的產業同業和供應商兜在一起，外加非政府組織召集人提供關鍵協助，共同研究全新的冷卻技術。那就是縱橫產業界超過一百年的冷卻劑，氟氯碳化物（CFCs）和全氟碳化物（HFCs），這些化學物質破壞氣候甚鉅。它們有很強的全球暖化潛勢（global warming potential, GWP），意思是它們比數量相近的二氧化碳捕獲更多熱量，在 20 年間就暴增 11,000 倍。有些也會破壞臭氧層。[21]

　　1990 年代，有幾家公司著手研究更完善的解決方案。2004 年，綠色和平組織攜手可口可樂、麥當勞（McDonald's）和聯合利華共同成立「冷卻劑，自然！（Refrigerants, Naturally!）」這支團體，如今百事公司和機能性飲料商紅牛（Red Bull）也成為核心夥伴。它主要聚焦冷凍櫃和自動販賣機，和化學製品供應商合作，為替代品創造充

淨正效益策略要點
改變自己的產業

◆ 領先產業的合作夥伴關係，以處理最巨大的共同障礙和商機，協助促進世界繁榮。

◆ 取得關鍵多數，大約占產業產量的 25% 或更多，以共同努力並創造轉變的引爆點。

◆ 少為誰博得信譽而操心，或是如何就相關議題你爭我奪，要專注更廣泛的解決方案。

◆ 確認足以為人人節省金錢、資源和碳足跡的營運轉型方法。

◆ 制定共同標準，像是如何最妥善衡量永續發展的績效，或是以科學為基礎的目標，好讓個別成員和整體產業都可以努力爭取達成。

裕的市場需求。諷刺的是，新選項包括碳氫化合物和二氧化碳本身，就定義來說，它們對臭氧的影響為 0，而且全球暖化潛勢數值是 1。[22] 這些工程都得花時間，因此經過十年把規模做大之後，2017 年合作夥伴才停止採購帶有氟碳化合物的機器。2014 年，可口可樂使用新技術設備的數量達到第 100 萬台，總的來說，這家集團已經讓超過 700 萬台設備上線服務。[23]

回顧讓這段合作夥伴關係產生成效的要素，當時在綠色和平工作的拉金（Amy Larkin）評論，她所屬的非政府組織一開始先和幾家領導企業合作。它們推動這項技術前進，「然後，我們一起推動一個市值高達幾兆美元的產業（它們也具備施壓政府改變全球監管標準的影響力，冒險進入三人才能跳探戈的領域）。」[24] 正是這種乘數效果促成 1+1=11 的結果，她又說，這幾家企業團結起來，將在 20 年內減少全球溫室氣體排放量，達到讓人眼睛一亮的 1.5%。從一家想出點子的非政府組織出發，直到大規模實施新技術，這種進步來自找到正確的跨經濟部門組合共襄盛舉。

　　這是一個數家企業合作結盟，協助定義何謂「無須擔心先並肩合作後競爭」（Don't worry about what's precompetitive）的成功實例（參見附欄說明）。當年，沒有人在勸說解釋怎麼冷藏汽水或冰淇淋才好。但當消費者更清楚意識到現在個人購物涉及的環境和社會層面，解決共同挑戰的壓力就變得更大了。特別是，包裝和塑膠是迫在眉睫的議題，有一些創新的合作夥伴關係正在尋找新模式。

　　烈酒龍頭帝亞吉歐最近和紙瓶有限公司（Pulpex Limited）這家小型永續包裝商建立新的飲料業合作夥伴關係。[25] 它們邀請百事公司和聯合利華測試一種以紙漿為基礎的非塑膠容器。這是聰明的協作方式，因為這幾家公司多數各在不同領域開展業務，分別是酒精飲料、非酒精飲和消費者包裝產品。這樣可以在避開直接競爭的情況下擴大規模。

　　零售商和包裝消費品公司都在實驗各種大幅減少或甚至消滅塑膠包裝的做法。英國的連鎖超市艾斯達（已被沃爾瑪收編）、莫里森（Morrison）與其他 30 家零售商聯手在門市提供無包裝選項。[26] 消費者自己從放置穀物和堅果、洗滌劑、洗髮精和許多其他產品的箱子裡取出來裝袋、裝瓶。在印尼，聯合利華和一家無包裝商店合作，提供 11 個品牌的產品，比如翠絲蜜（TRESemmé）洗髮精，或

無須擔心先並肩合作後競爭

競爭同業若想大規模解決問題，就需要並肩合作。不過很難說哪些議題屬於先並肩合作，哪些則是可以提供你後續競爭優勢。當冷卻劑聯盟體聚在一起時，沒有人在競爭如何冷卻自家機器。但是情況不一樣了。事實上，有些消費者購物時可能買單關於產品如何製造或分銷的全套故事。

但無論如何，並肩合作應該是預設選項。退一步捫心自問，這是一個會讓經濟部門裡各行各業人人看起來很糟糕的問題嗎？這是我們無法獨力解決的問題嗎？或者是從種族平等這樣的社會議題出發思考，就這麼一個品牌成為業界冠軍，其實根本是沒什麼幫助的結果。張臂擁抱透明度。你應該儘量不隱瞞有關共同挑戰的獨家資訊，要是你這麼做了，可能會看到一些短期利多，但永遠得不到為所有人解決問題的 1+1＝11 好處。

請從信任感做起，為社區和產業做正確的事，然後再來擔心如何從中掌握優勢。一旦你減少共同障礙就會發現，不是所有企業都同步做好迅速採取行動的準備。如果你已經建立一家和企業目的同步、和員工共享使命的淨正效益企業，你的公司就會更迅速行動而且更快獲得好處。

是衛寶和多芬肥皂等，都裝在外觀看起來像氣泡水機的容器裡。[27] 長期以來，包裝的形狀和外觀一向是品牌的形象，但說到底，它不是產品的目的。況且，無法重覆使用的獨特包裝製造汙染，根本是淨負效益（net negative）。

淨正效益策略要點

解決跨經濟部門產業的問題

◆ 確認跨產業的關鍵挑戰，並形成更廣泛的聯盟體解決這些挑戰，例如足以提供沃土的重大議題包括教育、聯合採購能源、人權、勞動法和氣候變遷等。

◆ 集結看似不可能的產業，進而開發全新的商業模式。

◆ 考慮將它們對利害關係人的責任延伸超越自身的產業足跡。

　　所有這些努力都可能宣告失敗，或是可能減少的總體衝擊不如預期。寄回可以重覆使用的瓶罐然後清洗乾淨，或是打造使用 100% 回收包裝材料更穩固的回收基礎建設，以降低衝擊，哪一種做法比較好？只有一種真正的方法可以找出答案：在真實世界中測試、衡量並共享結果。這些合作夥伴關係都是寶貴的學習經驗，即使三不五時犯錯，但只要我們快點失敗、在失敗中前進，我們就能再起身繼續前進。

4. 和民間社會搭檔成夥伴

　　多數大企業都和民間社會組織建立基本的合作夥伴關係，像是聯合勸募協會（United Way）的年度募款活動，或是支持發展中市場的某一項事業，或是執行長的興趣專案。許多都是企業社會責任

風格的倡議，本質上是和事業相關的行銷活動。它們和捐款沒什麼
兩樣，不是真正的協作。一家企業可以砸下一些錢卻只貢獻少許力
量，畢竟倡議本身並不需要太多人力資源或規劃。充其量，計畫會
連結品牌，但和整體的企業策略相差甚遠。

　　企業常常迴避和學者、非政府機構或慈善團體這些民營企業以
外的利害關係人建立更深入的合作夥伴關係。不過淨正效益企業尋
求民間社會夥伴，讓自家企業變得更有成效、韌性更強。它們重視
合作夥伴的專業知識、熱情、解決問題的能力以及和社區建立的緊
密關係，因而敞開心胸接受對方。在這些更厚實的協作中，利害關
係人不只是捐錢場所或會議召集人；它們是執行計畫的要角。

　　聯合利華和所有企業一樣，一開始都是從比較正統、稍嫌粗
淺的企業社會責任風格工作做起。如今它已經累積出「百花齊放」
的非政府組織參與史，而且到處散播慈善肥料，鮮少協作。所有這
一切都是立意良善，但沒有產出必要性的影響力。約莫是波曼進入
聯合利華的同一時間，現任的永續長瑪莫（Rebecca Marmot）也來到
公司，擔起全球的宣傳、政策和合作夥伴要角。她蒐集聯合利華的
慈善和有關品牌的合作夥伴計畫資訊時，數量之大讓她驚詫。她
說：「當我們建立 4,000 個不同的合作夥伴關係時，根本就算到懵
了。」[28]

　　她的分內工作就是把這一切都搞清楚，波曼也敦促她這麼做。
他們很快就集中來自世界各地和數百個品牌的努力，都聚焦健康和
衛生、食品和營養以及生計這幾大關鍵主題。接著，他們只鎖定五
家全球性的非政府組織，建立更深入、更策略性的關係：樂施會、
國際人口服務（Population Services International, PSI）、拯救兒童（Save

the Children）、聯合國兒童基金會和世界糧食計畫署。一旦把中心建
立起來，他們就可以去中心化，不過要從策略層面著手，讓當地市
場客製化並善用更廣泛的關係。這麼龐大的工作是全球一起動員，
以期最大化影響力，不過他們保留 25% 的合作夥伴預算，打算用在
地方倡議。

這種聚焦的合作關係模式有助聯合利華開展更龐大、更多協調
性的工作，確保全球和在地市場彼此強化努力並和業務緊密連動。
一套名為「完美村落」（Perfect Villages）的計畫是和幾家非政府組織
並肩合作，協助當地社區更全面發展。它們和學校合作改善教育、
協助在地企業取得小額信貸、努力改善當地基礎建設等。

十年來，聯合利華和聯合國兒童基金會針對「洗淨（WASH，
縮寫字分別代表水〔water〕、公共衛生〔sanitation〕和個人衛生
〔hygiene〕）」議題展開卓有成效的協作，並和關鍵品牌共同推展
多元的重大倡議，比如衛寶的洗手專案和多霸道提供安全衛生設施
的努力，結果是讓 3,000 萬人可以使用廁所。現任聯合利華家庭清潔
用品副總裁畢佛（Charlie Beevor）在和聯合國兒童基金會合作早期致
力運作多霸道，他說，這項計畫直接連結品牌的目的，把它「和影
響 23 億人口的棘手社會問題串接起來。」[29] 這一則為改善公共衛生
而奮鬥的故事，已經成為產品內涵不可或缺的一部分；畢佛說，這
項使命已經被驕傲又顯眼地在大約 27,000 萬個多霸道包裹上亮相。
瑪莫也明確指出這道連結有多重要，她說：「如果你真的想改變業
務的運作方式，那麼肯定你需要主流化這種思考方式，將它融入業
務的絕對核心，而非繼續認定（合作夥伴關係）是兩碼子事。」[30]

當非政府組織和企業尊重彼此是團隊夥伴，就可以提升彼此的

水準。非政府組織經常參加股東大會，針對關注的問題施壓管理階層。當非政府組織進入聯合利華的年會時，波曼喜歡在他能力所及的範圍表態，他的公司已經規劃好，針對非政府組織倡導的某項議題走得更遠。這一招是要迫使非政府組織稍後對同一門產業中的其他企業發揮槓桿能力，好讓每個人都動得快一點。和非政府組織建立良好關係至關重要。在波曼掌舵十年間，沒有非政府組織嚴詞攻擊他或聯合利華，無論是綠色和平、國際特赦組織或國際透明組織（Transparency International）。並不是因為聯合利華盡善盡美，而是關乎建立關係、夥伴情誼、信任感和不斷突破界線的渴望。

　　非政府組織在地方提供商業信譽，但淨正效益企業也必須打造更深入、直接的社區關係，在多數開發中國家的社區中，那往往意味著和真正的掌權者合作：女性。聯合利華越南分公司在當地執行一套計畫，教育孩童牙齒衛生知識。它們找了教育部和衛生部合作，將牙科的宣導卡車開進校園，免費為學童檢查牙齒。不過，它們若想讓孩童和家庭參與，就需要當地婦女協會支持，其中規模最大的協會甚至坐擁 100 萬名會員。這項倡議在它們的支持下取得巨大成功。十年多來，這項計畫惠及 700 萬名孩童。十歲以下孩童的蛀牙發生率從 60% 驟減至 12%。

　　夏克堤（Shakti）專案是另一套聯合利華和女性合作改善社區的成功計畫。這套計畫以不同的名稱在許多國家推行，但是印度的規模最大。聯合利華在更多農村社區和當地女性合作，聚焦處境不利的對象。它教育她們如何開店販售少量聯合利華的產品。這套計畫也顯著帶來商業利益，讓它的配銷管道深入偏遠村落。夏克堤已經壯大規模，十年間翻 2 倍，現在已經是主流業務的一部分，為印度斯坦聯合利華的營收做出可觀貢獻。不過它對 136,000 名印度婦女的經濟和社會影響更顯著。正如印度斯坦聯合利華總裁梅塔（Sanjiv Mehta）所說：「她們在村落和家庭的地位上升，而且提升家庭收入達 25%。」[31] 很難想像有什麼淨正效益雙贏結局比這個更棒。

即使和營收並沒有直接連結，聯合利華也幫助自己營運的社區變得豐富。它在印度阿薩姆邦（Assam）有一座茶園（後來賣掉了），並在當地開辦唯一一家身障學校，就設在工廠旁邊。多數企業會放大這個故事，在年報中大寫特寫，但淨正效益企業認定，只是一種正常的做生意手法。

5. 和政府單位搭檔成夥伴（非系統）

最具挑戰性的合作夥伴關係往往是和政府打交道那一種，但考慮到它們的影響力和規模，這些協作可以帶來最強大的影響力。我們還不是在討論真正系統層面的變革，這部分留待第 7 章闡述，此刻是要聚焦協助社區發展，並為所有人改善商業營運環境的機會。

企業帶來一系列協助政府提升成效的技術和能力，尤其是發展中國家。面對政府時採取協作態度，而非正常的敵對口吻，可以引領淨正效益企業致力解決讓人驚訝的議題。聯合利華協助越南政府發展退休金制度和股權計畫，這樣一來它就可以提供各地員工同樣的福利。聯合利華協助許多政府建立對抗假貨危害的能耐和知識，因為它們會侵蝕企業和社區的收入。它甚至在哥倫比亞、奈及利亞、越南、孟加拉、巴基斯坦與其他地區培訓稅務檢查員。它們協助這些國家打造、執行和規律執行更完善的稅收制度，不僅有效

淨正效益策略要點
和民間社會建立成功的合作夥伴關係

◆ 和非政府組織及社區展開策略性合作，不單是做慈善的企業社會
責任倡議事業，更要讓這些合作夥伴關係成為長期策略不可或缺
的組成部分。

◆ 將這些努力內嵌在民間社會組織的業務中，聚焦它們的非政府組
織和社區工作重點，放在可以透過自家業務和品牌最有效改善福
祉的領域。

◆ 將民間社會組織視為平等的合作夥伴，並珍惜其為人民發聲的主
張。

率、擴大稅基、徵收更多欠款（這樣國家就可以投資在發展工作），
並為跨國企業打造一個公平、可預測的商業戰場。

其他企業的員工經常詢問聯合利華，為何它要接手這類政府
該做的基本工作。答案是好處多多。成為優良稅收夥伴就可以爭取
當局的信任，讓所有的政府合作夥伴關係發揮生產力。它開啟關於
其他監管問題的對話，比如建立回收系統，以實現包裝和廢棄物目
標，或是創造為營養和微量營養計畫創造誘因。聯合利華發現，因
為它和這些政府單位在稅收之類的戰術議題上持續保持關係，所以
雙方針對許多策略性議題展開合作也很有成效。

淨正效益企業導入它們在其他國家完成的最佳實踐來解決問
題。舉例來說，跨國的消費產品大廠主要都已放棄動物測試的做

淨正效益策略要點
和政府單位展開有生產力的合作

◆ 善用知識和技能協助政府發展能力，進而為所有人改善商業營運環境。

◆ 尋找需要被整頓成公平競爭而且政府願意積極參與的領域。

◆ 不要背棄自己也不認同的政府，而是要試圖結盟為夥伴並改善公民的福祉。

◆ 理解何謂短期和政治操作，對比哪些事情才需要長期關注。

法，唯獨中國和俄羅斯這兩處讓人煩心的產品銷售地區仍有此要求。聯合利華在這兩國努力改變政策，改以引進替代的測試技術，現在已經拯救幾百萬隻動物了。這種做法也將善待動物組織（People for the Ethical Treatment of Animals, PETA）這家強力的批評機構轉變成盟友。想一下，對善待動物組織來說，和中國或俄羅斯政府展開有建設性的對話將是多麼困難的工作。一家在這些國家建立重要業務的公司竟能提出它無法解決的棘手問題。這家非政府組織的零殘忍標籤具有吸客的威力，現在它允許聯合利華的多芬、清妍（Simple）和聖艾芙（St. Ives）這幾支個人護理品牌使用。這就是表象的價值所帶來的真正價值。

在某些情況下，堅守自己的道德底線可能頗具挑戰性。許多國家的貪汙盛行，有些領導者和政府對境內公民做出可怕的事情。和這類政策弊端叢生的政府共事很複雜，但本質上，有些事情不

帶政治色彩。當印度總統莫迪（Narendra Modi）發起清潔印度運動
（Swachh Bharat Mission），其中一個關鍵目標就是要讓每一個家庭都
擁有廁所。對聯合利華和聯合國兒童基金會來說，這是一個拓展它
們的公共衛生計畫的機會。提供每一名印度人一間廁所不是政治議
題，跨國企業看著領導人來來去去，無論誰掌權，淨正效益企業都
會找出一種方式，推動事情朝著正確方向前進。

　　聯合利華屢戰屢勝嗎？倒也不是。2017 年，上一任美國總統正
打算帶領全國退出巴黎氣候協定，保羅和時任永續長西布萊特建議
政府要留在全球協定中。他們獲准參見總統千金和女婿。我們都知
道最後結局如何。有時候你搞定了，但有時候搞不定。

6. 和多方利害關係人團體搭檔成夥伴（非系統）

　　規模最龐大也最複雜的 1+1=11 合作夥伴關係，將每個人都帶到
談判桌上，包括同業、供應商和顧客、政府、非政府組織、學界和
金融界。這是魔法可能發生的時刻，但也是七八嘴八舌可能搞砸的
時刻。很難取得平衡。我們看到的協作是改善並擴大當前體系內管
用的做法……但還不到重新設定整套系統的地步。

　　聯合利華發現，多方利害關係人在製茶產業可以帶來高度成
效。這是一門龐大的生意，但背後是由全球超過 900 萬名小型茶農
支撐。[32] 東非是重要來源，肯亞和盧安達就各有 50 萬、4 萬名茶農
（在盧安達是第三大雇主）。[33] 聯合利華身為重量級買家，一百年來
在這個區域一向是存在感很強的企業，這些社區是否繁榮會直接反
映在公司身上。邁向更永續的農業實踐之道，比如管理土壤健康度

或減少使用殺蟲劑，會提高生計、生產力和茶葉品質。不過做到這一步要花上好幾年。茶農需要財務支援或買家保證，才願意轉向更好的實踐做法。

在盧安達，聯合利華和國家政府、專注非洲的蘇格蘭公益創投伍德基金會（Wood Foundation）、荷蘭非政府組織永續貿易倡議（Initiatief Duurzame Handel, IDH）及英國國際發展部（Department for International Development）合作，開發一處新茶園。聯合利華承諾四年投入 3,000 萬美元，在尼亞古魯省（Nyaruguru）這個全國最貧困的地區之一開發農地和一座製茶中心。[34] 伍德基金會稱呼這項舉措是「耐心資本（patient capital）」

協作為上萬人提供生計，包括茶農、工廠工人以及提供諸如學校這類支持機構的人員；也針對有效善用資源、如何打造抵禦乾旱和氣候變遷的復原力等提供技術支援和培訓。聯合利華也為工人家庭建造清潔用水基礎建設。這套計畫在單一供應鏈和區域中創造經濟、環境和社會發展良性循環，這就是 1+1=11 的結果。聯合利華需要非政府組織和當地政府合作，才能促成此事發生，但是這種情況是可以無需同行相助。在盧安達創造全新生產者和消費者是「金字塔底層」市場發展的出色實例，這正是顧問普哈拉帶給聯合利華的策略。

創造性的多利害關係人合作夥伴關係可以填補社區發展中的巨大鴻溝。例如，缺乏安全管理的衛生系統使數十億人無法繁榮。在許多社區，如果有衛生設施，他們會處理污水再放回水道。他們錯失捕獲營養物質的機會，這些營養物質可以作為肥料、燃料和能源的原料（厭氧消化將廢物轉化為有價值的沼氣）。

淨正效益策略要點
和多方利害關係人團體打交道

◆ 領導多方利害關係人協作，無論情況多複雜，邀請所有被需要的
參與者共襄盛舉。

◆ 全面審視自身的營運和社群，找出改善福祉的差距和機會。

◆ 探索創新的商業和融資模式，採用新方法解決社會問題。

　　全球廁所聯合會（Toilet Board Coalition, TBC）偕同創辦組織芬美意、金百利克拉克、日本衛浴生產商驪住（LIXIL）、塔塔信託（Tata Trusts）、聯合利華和法國水資源管理商威立雅（Veolia），連同聯合國轄下幾家機構和世界銀行（World Bank）在內的 50 個利害關係人合作夥伴，試圖打造一個以營利為目標的公共衛生解決方案市場，進而擺平這個問題。「公共衛生經濟」的理論這麼說：如果它們釋放以前廢棄物系統中不受重視的資產，就能靠自己而非靠政府打造出更多的公共衛生的基礎建設。正如全球廁所聯合會前執行董事希克斯（Cheryl Hicks）所說：「我們若想為所有人提供公共衛生設施，就應該聚焦系統所能產生的價值，而非只關關注交付服務所需的成本。」[35]

　　全球廁所聯合會是擁有變廢為寶的創新、剛起步企業的加速器，比如捕捉資源流數據的智慧型馬桶。在合作夥伴關係中的跨國企業擔任顧問、顧客、投資人和夥伴的角色，可以協助這些新公司

成長茁壯。把人權視為商業主張看似不對，但很務實：政府和社區缺乏為幾十億人口彌補鴻溝的資源，最快取得公共衛生技術並擴張規模的方式就是變廢為寶，然後再善用商業和市場的力量。這些做法不是像開採業慣用從窮困社區獲取價值的伎倆；它們反而是打造大幅改善健康和生活品質的永久性基礎建設。從所有面向來看都可以說是淨正效益。

希望解決我們最龐大問題的多方利害關係人協作的數量正急遽增加。想想特別是以水資源為首的實例，關鍵時刻少了所有玩家參與，根本不可能把事情做對。無論這些協作成功或失敗，都值得我們密切關注並從中學到教訓：

◆ 世界銀行主辦 2030 水資源小組（2030 Water Resources Group），召集百威英博集團（AB InBev）、可口可樂、雀巢、百事公司和聯合利華等大型飲料商，偕同民間社會合作夥伴共同開發地區和在地水資源管理策略。

◆ 藝康執行董事長貝克發起水聯盟（Water Coalition），以期加速聯合國贊助的執行長水資源指令（CEO Water Mandate）。貝克說，成員們致力「反映以科學為基礎的攝氏 1.5 度碳目標」的水資源管理、透明度和新目標。在壓力沉重的流域，它們的目標是截至 2030 年減少 50% 用水量，2050 年則是減少 100% 或是「更新」。藝康和大自然保護協會（The Nature Conservancy）當前合作的工程已經證明，在保護流域方面，「你可以不用花大錢就做出巨大改變。」[36]

◆ 全球電池聯盟（Global Battery Alliance）集結來自企業、政府、

聯合國轄下組織、非政府組織和專業合作夥伴等 70 家機構，確保全世界需要電動車產業實現的大規模碳減排真的會發生。

◆ 零排放聯盟（Getting to Zero Coalition）串連比如丹麥的馬士基（Maersk）這類大型海運商、大宗商品和產品製造商、銀行、港口和非政府組織，截至 2050 年將航運產生的溫室氣體減少 50%。

四處可見力量和韌性

可供選擇的合作關係夥伴遠比以往任何時候還要多，從哪裡著手反而很困難。我們可以很有信心地說，在大多數規模龐大的工程中都看得到少數幾家關鍵組織，看看世界企業永續發展委員會、我們玩真的（或是諸如對環境負責的經濟體聯盟〔Coalition for Environmentally Responsible Economies, CERES〕、氣候組織〔The Climate Group〕等成員組織）、聯合國全球盟約（UN Global Compact）之類聯合國轄下機構，或者像是世界銀行等其他多邊組織。加入幾個合作夥伴關係算不上什麼高風險，重要的是不要太貪心以至於分身乏術，不過對你來說，一個團體是否算是以行動為導向，或是你還沒準備好就一路猛衝，其實你很快就會知道。

這些團體讓領導力在更安全的環境中發揮作用。領先全體半步、掌握節奏可以創造優勢，但你不會想要跑太遠，不然就有可能因為運作不順暢承受所有非難。你可以集結眾人之力推倒藩籬。一旦眾志成城，大家就會變得更勇敢，創造波曼的共益組織 IMAGINE 所稱「有勇氣的集合體」。

　　這就是合作夥伴關係帶來的諸多好處之一。總的來說，它們為成員打造韌性。沒有什麼事可以保護企業免於承受所有可能結果的影響，畢竟，技術上來說全球流行病是可以預見的事，但諸如飯店這些產業是不可能做好充分準備。不過齊心合作意味著找到盟友，傳說中的那艘船就會一鼓作氣地衝破暴風圈。一等到海面風平浪靜，這個團體就可以快速地划向淨正效益的未來。

7

三人才能跳探戈

系統層面的重新設定和淨正效益倡導

每當我遇到搞不定的問題，總是乾脆把它搞得更大。

——美國第 34 任總統艾森豪（Dwight D. Eisenhower）

在印度被英國統治的年代，殖民政府擔心首都德里蛇出沒，因此懸賞眼鏡蛇屍。這一招似乎奏效，蛇屍暴增，但街上還是到處蛇出沒，原來是民眾養蛇賺錢。當政府停止送錢，養蛇人放出他們的蛇，結果街上蛇滿為患。

這一則講述意外後果的故事可能是虛構傳說，卻以一種簡單的方式顯示，系統愈複雜就愈可能出現意外。[1] 舉例來說，在交通規劃方面，當城市建造更多道路以期紓解壅塞，交通打結的結果最終仍會捲土重來，而且往往更嚴重。除了車流量和速度都提升，也會讓更多民眾搬離市中心更遠，然後就有更多郊區、更多人、更多車。[2] 此處的重點不是在為反監管說話，而是需要共好的規範，這樣才能保護無法自保的對象，包括氣候、權力被剝奪的人與其他物種等。但是政府自行其是制定政策，沒有考慮反饋循環或是讓人人都可以提供建議，經常帶來不算理想的結果。同理，如果企業藉由影響力或行賄一手掌控議程，個人利益可能占上風。單邊行動完全不適合解決當今最棘手的問題。

要是社區和企業採取不同的手法解決交通壅塞問題，那會怎樣？集結所有利害關係人一起努力，或許它們會倡導更多系統化的解決方案，而不是興建更多道路。比較理想的政策組合可能包括一些誘因，像是負擔得起的市中心住屋、連結郊區的輕軌、遠距辦公彈性變大並收取交通壅塞費。隨著我們的挑戰變得愈來愈大、愈來愈錯綜複雜，我們需要放大格局思考。

再回頭想想永續發展計畫，它列出我們必須齊力解決的重大挑戰清單。每一門產業或價值鏈中的 1+1=11 合作夥伴關係都不足以解決這麼多議題。我們無法一次就一家公司或甚至一門產業處理諸如氣候變遷、糧食安全、全球流行病、不平等、生物多樣性或是網路安全的全球挑戰。這些議題不分國界，需要前所未有的集體行動才能解決。

大格局的解決方案需要公部門、民營企業和民間社會這三大社會支柱共襄盛舉，齊心合作跳完複雜的探戈舞曲。人人都坐上談判桌發言，我們才能將整套體系轉化成所有人的福祉。這種做法的積極影響潛力遠大於單獨行動。歷史上，我們仰賴政府和多邊機構主動倡議，但在國家和國際環境日益嚴峻的情況下，我們期待領先企業挺身而出，協助減少政治行動對同業和政府帶來的風險。這是淨正效益企業的終極任務。

圖謀私利的遊說走到盡頭

　　多數反商的憤世嫉俗者打從心底認定的企業都是建立在傳統的遊說基礎上。飲料公司抵抗回收空瓶的基礎費用帳單；農業公司針對玉米用來生產燃料乙醇而非食品，要求大額補貼；化石燃油企業砸下天價金額，說服立法單位開放它們只花小錢就有權探索更多的公有土地。

　　我們贏得社會不信任。

　　基本上企業採用兩種影響力工具創造它們想要的成果：行賄和遊說，其間差別在於兩者是說得好聽或難聽而已。行賄是在一條法律制定後，私下付錢給立法者或公務人員，因此被認定是違法；遊說則是在任何法規制定前就先付錢給立法者，確保法規最後是依照遊說者想要的方式制定，某種程度上算是合法行徑。美國把本質上不受限制的企業捐贈形式這種行為合法化。企業每年總計斥資 35 億美元遊說美國政府。[3] 在美國，資金流可能更龐大，但圖謀私利的遊說隨處可見，企業領導人走訪世界各國首都，倡導對自己有幫助的法規。政策制定不是出於行賄就是圖謀私利的遊說，以便保護那些口袋最肥厚的族群的利益；它們不服務共好也不保護民主。

　　就算是這樣，遊說本身沒有錯。它就只是一項工具，不是所有當前的宣傳都是出於惡意。企業有時候是對抗立意良善的地區法規，這樣它們才可以朝著全國標準努力。或者更重要的是，它們主動和政府合作，推動正確法規就定位。舉例來說，聯合利華主動倡議取消動物測試，以及全球打擊假貨的必要性。在歐洲，它推動實施循環經濟架構。有時候，企業尋求更簡單的立法、更少障礙或統一可以符合社會目標並幫助企業的法規,這種做法是對的。淨正效益企業明白,制定更完善的立法解決我們的重大問題,有可能會需要它們尋求超越自身狹隘利益的解決方案。

　　企業的龐大政治權力來自它的規模或說採購力量,而且不會被消失。我們的目標是增加一種具有終極力量的道德力量元素,並將整個過程轉向更好的結果。我們建議一種新形式影響力、淨正效益倡導,也就是廣泛結盟,開啟有關服務每個人利益的政策對話。以往經營政府關係都採用單向、「只要說不」的手法,為的是尋求避開所有法規,現在正是終結這種手法的時刻,轉向另一種手法,尋求打造繁榮世界的共享機會。企業絕對應該主動;形塑規則而非坐等規則形塑你,這才是聰明之舉。但是絕對不要自私地試圖拿繁榮的未來當作維持現狀的代價。

　　明智的利害關係人體認到這種緊張關係,會希望值得信賴的企業扮演主動、正向的角色。國際食品聯盟是大型的農業和飯店產業聯合工會,祕書長歐斯華說:「我們以前常抱怨企業的政治影響力太大,但現在針對環境和人權之類的重要議題惠改說,拜託出個力⋯⋯重點是我們信得過它們。」

　　雖說企業和政府之間總是需要建立積極的單邊關係,我們應該集結政府、非政府組織以及勞工,更頻繁倡議更大規模的討論。如果大企業偕同世界自然基金會之類的環保非政府組織前去拜會立法者,便是發出一道訊號。對其他企業來說,共襄盛舉就會更安全;對公開表態的政治人物來說也更安全,即使這項行動會和某個關鍵選區衝突。

　　這就是我們在政治進程中「降低風險」的做法。

　　建立這種心態的方式之一就是，在打點政府關係時應用我們淨正效益核心原則，然後看看會產生什麼變化。舉例來說，承擔責任並擁有全球影響力的企業將會協助形塑法規，提供循環模式的誘因，進而接受擴大的生產商責任。具備長期遠見的領導者根據原則和更遠大的政策目標行事，不要被目標和政客總是來來去去的政治週期的時間框架卡住。

　　企業和政府需要彼此。國家大可簽署氣候協議，但少了企業切實執行，它們也無法實現目標。企業設定企圖心強大的碳減排目標，但若少了推動電網轉向再生能源的政策也是白忙一場。

　　淨正效益企業不會把政府視為一連串都只會對戰一次的對手；而是看成一段持續互動關係的夥伴，齊心邁向共同目標和更美好未來。而且如果它們夠聰明，就會主動參與民間社會，確保所需的合法性。畢竟，企業領袖不是投票選出來的。

「公－私」合作夥伴關係的挑戰

　　當企業提出自身需求，並闡述將對政治人物有何回報時，帶有真實合作夥伴關係的淨正效益倡議感覺起來就是和傳統遊說的官腔官調不一樣。在這種新模式，企業將會把國家、地區或社區需求放在首位，尋求為所有人解決問題的政策。企業和政府之間的聯盟體已經不容易，再加入民間社會還會更複雜，不過終究是會變得更強健。無論立意有多良善，途中總是會遇到障礙，需要雙方做好準備安全過關。

力量。企業領袖將會試圖影響他們無法一味蠻幹的各種情況。他們都不是被選出來的,多數也沒有權力。其實是和同業及非政府組織共謀大業的聯盟體為這份努力提供可信度。

速度。儘管商業缺點多多、官僚處處,但往往採取行動的速度更快。政府在制衡方面總是效率低下;立法更是得經過深思熟慮。

組織。許多在政府單位做事的人都是各自為政,而且並非總是採行多方利害關係人模式。政府部長可能不會常常發言,還可能互爭有限預算,但是請全方位接近他們,這樣就能搞定更多工作。企業和非政府組織常常都是同樣地孤立無援。

無知。終身在政壇打滾或是服務民間社會的人可能不理解民間產業。反之亦然。企業人不完全明白政治世界與置身其中的壓力。雙方都可能太過天真。

目標。企業通常尋求具體成果和明確性。政治人物可能只想著連任,所以讓他的選民認為他正在為他們服務,這才是第一重要大事,而非有利共好的有效政策。當選官員如果跑太快可能會受到懲罰,這就是降低風險可以為企業領袖和政界人士提供掩護的原因。

相互依存。雙方都缺乏系統性思維。舉例來說,試想一下,就算產業針對關稅展開遊說,而且認定它們就是需要這麼做,但是關稅還是三天兩頭出現可怕錯誤。鋼鐵業者可能很愛可以阻擋外國鋼材的關稅藩籬，但是此外也會有價格上漲，以及經濟降溫時主要鋼材買家砍單的情況。

政黨。 直到最近，企業幾乎一致避免和某個政黨劃上等號，而是樂於捐款給所有政黨。理論上，企業應該主張有必要實施的最佳政策，並和任何想要完成這項工作的對象合作。不過在某些情況下，支持某項政策或原則並不代表支持政黨。舉例來說，在當今的美國國會，幾乎沒有共和黨員曾經投票贊成氣候或環保行動，假裝氣候、不平等和民主的相關對話在兩邊都取得同樣成效是徒勞之舉。

金錢和貪汙。 在政治中金錢隨處可見。即使你胸懷國家的最大利益踏進政壇，有些官員根本就不在乎，還會追問他們能拿到什麼好處。你找不到簡單答案，不過加入範圍廣泛的聯盟體有所幫助，因為它會為人人創造為共好而奮鬥的壓力。

有了這些挑戰和差異，缺乏信任會成為絆腳石也就不足為奇。這就是囚徒困境：誰會本著合作的精神踏出第一步？考慮到各界對民營企業意圖的合理懷疑，置身商界的我們可能必須率先遞出橄欖枝。偕同多方利害關係人和並肩合作的真誠渴望前去接洽政府，你將踏上淨正效益的道路。

系統變革之路

此處的重點聚焦和社會的三大支柱協作（參見表 7-1）。這些屬於商界、非政府組織和政府的探戈將鎖定重設更龐大的系統。在此我們找出四大核心終極目標，它們結合倡導（多「說」）和行動（多「做」），將帶來真正的改變。

我們將檢視致力實現以下目標的合作夥伴關係：

◆ 鼓勵政策制定者放大思考格局，連同積極倡導氣候變遷等企業坐視不管的議題

◆ 指導政策產出淨正效益成果，例如提供對環境更友善的包裝和回收方式的誘因，或是加速具體的氣候變遷立法程序

◆ 採用支持經濟成長並打造全新產業或擴大商業生態系的方式，透過公－私合作夥伴關係協助國家繁榮發展

◆ 處理最大的社會問題，比如高度複雜的棕櫚油生產體系，因為它牽連氣候變遷、不平等和多數其他重要的全球挑戰

這些目標提供創造這幾類合作夥伴關係的指導方針，並讓所有利害關係人聚焦正確成果。對多數企業來說，這些都是新的協作關係，尤其是美國境內企業。不過對企業和社會來說，回報十分豐碩。

表 7-1
兩種合作夥伴關係的規模

1+1=11 的合作夥伴關係	系統層級的合作夥伴關係
隨系統擴展	改變系統
可能需要競爭對手完成更多工作	需要更多政策、金融領域等參與者
解決共同的產業風險	創造更大的共好
在地化區域或供應鏈	完整系統
某些民間社會夥伴	系統內的所有參與者
行動（多「做」）	行動和倡導（多「說」）

積極的集體倡導

　　就取得氣候變遷領域的進展來說，企業支持不可或缺。巴黎氣候協定於 2015 年達成，很大程度是因為出席會議的企業和執行長數量創下空前紀錄。它們有志一同要求看到進展。

　　非政府組織對環境負責的經濟體聯盟穿梭在 1,600 家企業中，協調出一套《氣候宣言》（Climate Declaration），諸如金融之類的特定產業也發表支持聲明。[4] 企業有充分理由積極行動。世界上有許多地區開徵某種形式的碳稅，但都不統一。全球四分之一排放都被納入一套定價機制了。[5] 由於沒有企業喜歡在許多不同的監管環境中營運，呼籲統一政策自有道理。

　　2017 年 6 月，時任美國總統宣布將帶領全國退出《巴黎協定》，實際上這項舉動會讓這個全世界最龐大的經濟體成為唯一的抵抗者，因此許多企業紛紛發聲。這項消息宣布之前的狂熱期間，波曼和陶氏時任執行長利偉誠倉促號召一批執行長出面發言。決定出爐的當天上午，它們召集的 30 家跨國企業在《華爾街日報》以整版廣告的形式發表公開信，敦促總統讓美國留在協定中。它們說，《巴黎協定》將會創造全新的清潔科技職缺、降低企業和社區面臨的風險並強化全國競爭力。3M、安聯、美國銀行、花旗、可口可樂、迪士尼（Disney）、陶氏、杜邦、奇異、嬌生、摩根大通銀行（JP Morgan Chase）和聯合利華等大品牌的執行長都在這幅廣告上簽名背書。

幾天後，世界自然基金會、氣候聯結（Climate Nexus）和對環境負責的經濟體聯盟號召幾百家企業，組成另一個聯盟體，公開宣示：「我們還在（We are still in，後來它和另一支承諾運動合併為『美國全都在』（America is all in）。」現在簽署單位數量大約是 2,300 家企業、400 所大學、300 座城市和 1,000 個信仰團體。美國退出《巴黎協定》後，這些執行長和地方首長在參與全球氣候談判方面發揮重要作用。

在 2019 年氣候會議上，波曼和利偉誠再次找來這些執行長共同發聲，而且有更龐大的團體以壓倒性的氣勢要求重新加入《巴黎協定》。對環境負責的經濟體聯盟政府關係副總裁凱莉（Anne Kelly）說，讓兩位執行長這麼努力推動是「貨真價實改變賽局的做法，也是成功不可或缺的一部分。」[6] 在最後，80 家大型企業執行長簽署《為巴黎團結》（United for Paris）聲明，加入某些重要的新元素：這項聲明承認，氣候危機不單是環境危機，也是人類和不平等的危機，而且簽署方包括美國勞工聯盟暨產業組織總會（American Federation of Labor and Congress of Industrial Organizations, AFL-CIO）這個代表 1,250 萬

淨正效益策略要點

集體公開發聲

◆ 領導針對大規模行動做出承諾的公開聲明，並利用對同行的影響力讓其他人加入。

◆ 利用公開承諾吸引更多利害相關人參與討論，並借助淨正效益宣傳向政府施壓。

名勞工的聯盟體。

　　對政策制定者來說，這是一則強力訊息，可以看到資方和勞方聚在一起。這道聲明承諾，企業支持「尊重勞工權利的勞動力公平讓渡……藉由勞工和他們的工會對話。」這句話極不尋常。國際工會聯盟祕書長布洛說，美國企業通常反對勞工權利政策，「那就是為何企業和美國勞工聯盟及工會組織（同時）簽名背書是超重要的大事。」[7]在 Covid-19 疫情期間，歐盟企業、立法者和活動人士組成的大型聯盟體挺身而出，強力聲援以清潔經濟、保護生物多樣性和農業系統轉型為重點的綠色復甦。[8]列名的執行長涵蓋歐洲最有前瞻眼光的領導人，像是達能前執行長范易謀（Emanuel Faber）、萊雅的安鞏（Jean-Paul Agon）和宜家家居的布洛丁。另一個聯盟體商業自然聯盟集結 700 家大企業和和主要的非政府組織，「呼籲全球政府現在就採取政策，扭轉這十年來大自然的損失。」[9]

　　當然，這些公開聲明都只是文字，不能視同行動和可以衡量結果的變革。不過它們承諾，企業將會支持正確政策，等於是提供員工與其他的利害關係人用來究責的彈藥。它也讓建立更具體的合作夥伴關係變得更容易，這一切凝都聚出從「說」到「做」的氣勢。舉例來說，《巴黎協定》簽訂後六年間，超過 2,000 家企業簽署以科學為基礎的碳減排目標，同時有幾百家企業承諾 100% 使用再生能源。

　　就氣候議題而言，許多地區的商界都領先政府，尤其是在美國，企業公開推進碳減排和使用再生能源，政府反而倒退嚕。如果任何執行長還是畏畏縮縮不敢表態發言，不妨想想愛德曼公布的一項調查顯示，86% 受訪者正在尋找引領氣候變遷和種族正義等議題的執行長。[10]

引導政策朝向淨正效益成果

　　聯合利華推出的聯合利華永續生活計畫內含宏偉、艱鉅、大膽的目標，顯然，若沒有和政府及民間社會齊力合作，許多目標都不可能實現。聯合利華積極讓許多利害關係人建立更深層次的關係並倡導變革。時任全球對外事務和永續發展負責人維加－佩斯塔納領導公司在布魯塞爾運作。他的目標是和歐盟領導者針對他們的優先事項展開接觸，比如提高歐洲的競爭力和參與討論打造綠色經濟等新崛起的議題。

　　聯合利華把制定政策的程序視為漏斗。在最頂端，隨著官員開始留意諸如氣候變遷等議題，他們會討論廣泛的政策選項。漏斗會慢慢收窄聚焦特定事項，比如碳稅，然後進一步縮小到定價和機制等。討論還在頂端階段時，沒半個人有概念要做些什麼，維加－佩斯塔納就會率領高階主管拜會政策制定者。他說：「早期展開對話時，你不能過分強調有一個像波曼這樣的執行長或其他資深領導者有多麼重要。」

聯合利華在自己具備特定知識的領域提供歐盟協助：糧食安全和供應鏈、禁伐森林和氣候變遷、個人和公共衛生、賦權女性、循環經濟等。高階主管協助歐盟官員理解，政策可能如何影響商業和市場。政策制定者經常對聯合利華接觸他們的方式感到驚訝。其他企業通常一上門就是抱怨立法或是要求降低稅率，但是正如其中一名政府官員解釋：「聯合利華主動提出如何協助歐洲的構想。」那種真誠的做法建立起可信度，並贏得在政策發展和實施階段強力發聲的權利。特別是在氣候領域，淨正效益企業應該支持一系列既定或是有潛力的法規和政府行動（參見附欄「企業應該捍衛的氣候政策」）。

憤世嫉世者會說，這聽起來像是同一套老掉牙圖謀私利的遊說。不盡然。差異在於淨正效益企業的倡導不單是自利；它推動讓系統更永續的變革。倡導改善社會也協助企業實現自家目標的政策沒有錯。

聯合利華俄羅斯分公司提供一個取得平衡很好的實例。聯合利華為了減少產品足跡並討好消費者，希望在包裝部分增加使用消費後回收再生（postconsumer recycled, PCR）的材料。然而，俄羅斯欠缺回收基礎建設。時任聯合利華在當地的企業事務和永續事業副總裁巴蒂娜（Irina Bakhtina）和回收及零售業者合作，建立自己的基礎設施。一年內，聯合利華推出一套 100% 使用消費後回收再生瓶罐的

企業應該捍衛的氣候政策

　　最有生產力的氣候政策將會彌補市場失靈問題、為低碳產品設定高標準，並協助撥出每年將升溫控制在攝氏1.5度所需的1.5兆至2兆美元款項。我們建議條列優先順序並倡導以下觀念：

降低經濟的碳和材料密集度

- 設定快速上漲的碳價格，同時補貼大規模從化石燃料轉型成為潔淨科技和低碳的生產方式
- 深入研究並資助提高材料捕獲（亦即回收、再利用、修復），進而鼓勵循環經濟

擴大

- 釋出公共資本，吸引更多民間投資進入潔淨科技

重新想像食物和土地利用

- 反轉錯誤的農業政策，並為農民提供誘因，讓他們轉向再生農業
- 減少食物浪費

尋找以自然為基礎的解決方案

- 為自然資本定價，並保護比如濕地之類的土地，以期阻止碳排放

零碳行動力

- 在特定期限（例如挪威是2025年）淘汰內燃機引擎，並為各種規格的電動車提供大量誘因

復原力、零碳建築環境

◆ 為建築、供暖和冷卻系統設定高性能標準

◆ 為公共運輸和混合用途的建築提供誘因

◆ 為適應和規劃城市的復原力提供資金

保護大眾

◆ 確保綠色轉型期間被取代的工人有再學習新技能和培訓的機會

◆ 倡導氣候正義和弱勢族群的權利

透明度

◆ 要求氣候風險評估，並和氣候相關財務揭露專案小組（Climate-Related Financial Disclosures, TCFD）保持同步

◆ 測量產品等級的碳足跡，並在包裝和標籤上印出數據

美妝和個人護理產品組合。

　　與此同時，巴蒂娜試圖改善當地阻礙進步的政策。聯合利華希望贏回挹注銷售和品牌價值的投資，但她沒有找上政府，要求針對聯合利華打造的回收基礎建設提供特別的稅收減免。然而，她真心想改變俄羅斯法規鼓勵選擇使用材料的方式。俄羅斯針對「延伸生產者責任」（Extended Producer Responsibility, EPR）有相關立法規定，會針對製造商使用的每一噸塑膠收取費用。這筆費用適用所有物料，包括聚氯乙烯（Polyvinylchloride, PVC）這種無法回收的塑膠，以及聯合利華的消費後回收再生包裝所需的可回收塑膠。

　　巴蒂娜和聖彼德堡國立大學共同合作，制定一套基於塑膠種類

而非重量的詳細版本收費公式。容易回收的材料收費遠低於最終進入垃圾掩埋場的塑膠。這些誘因將會推動企業採用更多可以回收的材料，提供消費後回收再生包裝業者更多加工原料，並為每個人降低更好材料的成本。

在為你的企業特別要求減稅，和為所有回收內容包裝業者要求降低稅率之間存在巨大的差異。前者有助股東，但會將資金從國內抽出；後者提高圍繞著塑膠和包裝打造循環業務的誘因，一邊降低材料要求和碳排放，一邊也創造工作機會。

遺憾的是，許多企業喜歡引導政策往相反方向走，遠離淨正效益成果。在 Covid-19 疫情爆發之初，一支代表最大的化學和化石燃油企業的遊說團體努力改變美國－肯亞的貿易協議，取消廢棄物相關限制，因為它們著眼於生產更多塑膠。這將會大幅提升非洲全境的塑膠用量。許多同一批企業簽署加入消除塑膠廢物聯盟（Alliance to End Plastic Waste）。[11] 這是偽善的絕佳定義，因為透明度將一如往常有助將真相攤在陽光下。

聯合利華就像任何企業一樣，常常是在身為交易團體一分子時，遇到遊說結果無法匹配公司定下服務共好的目標。不過如果是出於理念差異太大，淨正效益企業就會選擇脫離協會，像是聯合利華離開美國商會（US Chamber of Commerce）、歐洲商業組織（Business Europe）和美國立法交流委員會（American Legislative Exchange Council），它們都不情願解決氣候變遷，不然就是積極努力反對進步。

聯合利華在俄羅斯和中國完成的工作最充分代表企業本身和它想要成為什麼樣的企業。舉例來說，它採取這種方式重新設定系統許多次，協助政府制定更好的做法阻止生產假貨；打造更一致的

淨正效益策略要點
引導政策邁向共好

◆ 在法律成為白紙黑字之前，先和政策制定者打交道並共同努力，
而非事後抱怨或遊說改變。
◆ 主動提出解決方案，而不是坐等肯定會成真的監管行動到來。
◆ 提倡為共同的問題提供更廣泛的解決方案，即使它們最初是對公
司有利，最後也會讓每個人都受益。

稅收政策吸引外國投資；改善政府和企業的效率；並且支持英國的
《現代奴役法案》等法律。

聯合利華經常因為自家的政策領導力受到認可。它努力在俄
羅斯和中國減少動物測試要求，動物權利組織「善待動物組織」命
名聯合利華與其他領先企業是「致力於監管變革」的企業，包括個
人護理產品商雅芳（Avon）和衛生護理產品商高露潔公司（Colgate-
Palmolive）。[12]

協助國家發展和繁榮

企業若想成功，它們設立營業據點的國家和社區也需要蓬勃發
展。少了經濟發展和保護自然資源，人類福祉就受到影響。持續貧
困不利商業發展。

你的企業聚焦滿足社區和國家的需求，就可能創造淨正效益影

響力並最充分協助它們發展。絕對不要一味追求自身利益而妥協。
我們提供一些實例，說明淨正效益企業可以和設立據點的地區合作
並從旁協助。

投資政府建設發展。聯合利華衣索比亞分公司和當地政府簽署
「合作備忘錄」，在全國建立設施、發展工業園區並為供應鏈採購
更多當地商品。它建造一座最先進的口腔護理產品工廠，在一個只
有 3% 至 5% 人口定期刷牙的國家，這是冒險的長期賭注。聯合利華
也投資學校的專案計畫，鼓勵口腔衛生並改善營養，而且在霍亂爆
發期間提供免費產品。互惠互利的關係推動成長並得到回報。它投
資五年後開始賺錢，這個全球成長速度第八名的國家每年貢獻 1 億
美元營收。

聯合利華印尼分公司在北蘇門答臘的偏遠地區做了一個類似
的選擇，開發一處將棕櫚油分成固體和液體成分的大型「分餾」裝
置。它斥資 15,000 萬美元，並和政府合作興建地方基礎建設和港口
容量。聯合利華印尼分公司董事總經理巴許（Hemant Baksh）說，這
項計畫也有意協助工廠周邊的 3 萬名小農轉向更永續的做法。這是
多管齊下的手法，涵蓋改變政策以協助地區繁榮。這項工程證明，
它們可以在這個國家生產更永續、可溯源的棕櫚油。地方政府看到
這些承諾都受到激勵，著手改變立法或監管手法，好讓企業更容易
在當地投資。

打造產業生態系統。一項投資創造漣漪效應並凸顯政策和經濟
需求。在西非國家象牙海岸，聯合利華想要在當地生產沙拉醬，但

是缺少供應鏈。它和政府合作，為取得雞蛋擴大養雞業，因此創造新的就業機會。然後，它看到瓶罐供應不足，找上政府及其他產業合作，在當地生產更永續的玻璃材料。

在哥倫比亞，聯合利華協助緩解政府和哥倫比亞革命武裝力量（Fuerzas Armadas Revolucionarias de Colombia, FARC）叛軍之間的緊張關係，其中有許多人砍伐森林用來種植古柯進而製造古柯鹼，或是非法採礦。它應時任總統桑托斯（Juan Manuel Santos）要求，提出創造更多經濟活動和就業機會的計畫，這一步讓叛亂分子重新融入社會，並提供更多穩定性，也免去森林濫伐。

在俄羅斯，聯合利華協助成立外國投資諮詢委員會（Foreign Investment Advisory Council），集結超過 50 家跨國企業，努力和政府一起創造健康的投資環境。一般高階主管經常會來這裡和國家領導人開會，要求鬆綁法規或暢談它們需要什麼；反之，聯合利華會詢問，它們可以做些什麼，幫助俄羅斯的經濟和產業繁榮。

解決共同的問題。 在中東，聯合利華和政府合作執行海水淡化專案，協助降低水資源短缺程度。它在一些全球人均消費率最高的地區推動改變消費者用水習慣的運動。它有從這項工程獲得好處嗎？有，但不是以一種容易衡量的方式。不過，對銷售牙膏、洗髮精和肥皂的企業來說，讓更多人獲取負擔得起的水就是好事。它也協助競爭對手，但是如果沒有實現系統性改善水資源的取得方式，每一家公司都會受到影響（參見附欄「水工程」說明）。

成為好朋友、好夥伴。 在緊急關頭以盟友之姿現身，既是人道

水工程

　　水就是生命。在許多地方，水不夠用，或是品質低劣危及健康。對消費產品企業來說，確保這種共享資源人人可得至關重要。印度斯坦聯合利華總裁梅塔描述，在典型的一天中水如何流動：刷牙、1 杯茶或咖啡、沖澡、洗衣、喝湯、洗碗盤。聯合利華生產的產品每一步都非要有水不可。*

　　印度斯坦聯合利華合乎邏輯地選擇水當作一種多品牌的企業倡議。梅塔說，印度的水質在 122 個國家中排名第 120 位。全國 60% 地區的可用性已經達到「危急」狀態。印度斯坦聯合利華攜手二十家非政府組織合作夥伴，還有中央及地方政府，深入超過 11,000 座村莊，協助改善水資源基礎建設，並就穀物和水資源管理培訓農夫。總的來說，印度斯坦聯合利華創造 1.3 兆公升的潛在可用水量，組以提供所有印度成年人一整年的飲用水。

　　在孟加拉，聯合利華的淨水器品牌 Pureit 和聯合國發展計畫（UN Development Program）共同改善水資源可取得性。它們運作一套水資源管理計畫「創新挑戰」（Innovation Challenge），在農村社區培訓女性成為「水資源英雄」。聯合利華和銀行圈合作夥伴提供所有人小額貸款，讓他們可以購買 Pureit 淨水器。這不是一支為了賺錢而成立的品牌，但也不應該就此賠錢。它在當地推出是為了要為社會創造價值，並建立公司品牌。當一門業務是在保護對聯合利華的眾多產品來說至關重要的自然資源時，把壓低毛利當作更龐大的淨正效益投資組合的一部分是合理做法。

* 2020 年 10 月 21 日，作者採訪梅塔（聯合利華）。

行為，也是一門好生意。這就是建立真實關係的時候。在永續商業史上，有一個關鍵時刻是來自天然災害。2005 年，卡崔娜颶風襲擊美國城市紐奧良，沃爾瑪時任執行長史考特（Lee Scott）觀察到，它的企業緊急動員，將水和救生用品帶進城中，做得比政府的行動更成功。他開始採取不同方式思考自家企業在社會中的角色。沃爾瑪開始和非政府組織及員工合作，減少對環境和社會的衝擊。它的規模，連同隨後對供應商施加改善績效的壓力，大力推了全球企業永續發展一把。聯合利華也提高它的救災參與度，部分行動是透過旗下品牌凡士林（Vaseline）和非政府組織直接救濟（Direct Relief）建立的合作夥伴關係，在緊急情況發生時為醫療保健專業人員提供重要的醫療用品。

當災難來襲，沒有什麼事比高階主管親自抵達現場表態支援更重要。2011 年 3 月 11 日東日本大地震導致海嘯發生、引發核能電廠熔毀後，多數外國人都離開日本，波曼和妻子金（Kim）卻是第一批走訪日本福島的外國人之一。波曼接任聯合利華執行長之前幾星期，也發現自己置身險境。當時他下榻印度知名的泰姬瑪哈飯店（Taj Mahal Palace Hotel），在和公司高階主管及當地領袖晚宴期間，恐怖分子闖進並挾持飯店好幾天。雖然晚宴賓客全都倖免於難，但飯店內許多其他人卻沒那麼幸運。六個月後，波曼堅持重返德里，在同一家飯店完整主持晚宴，但這一次企業領袖反過來服務挽救過他們生命的優秀員工。這顯示出聯合利華對重要且聲名卓著的市場的承諾，以及大眾對知名地標復興的支持。你做的事而非你說的話才重要。

淨正效益策略要點
幫助國家繁榮

◆ 一旦事情發展不如預期，或是對自身企業沒有任何直接幫助，請
以值得信賴的夥伴之姿挺身而出。

◆ 加入國家的組成結構中，而非僅是尋找機會將資金轉出當地。

　　和你工作的社區交朋友不是在做慈善。這是正確的善舉，但也
可以發展業務。它創信任感和善意，讓企業本身和國家以及它們的
發展議程同步。成為東道國的好夥伴意味著長期參與。聯合利華衣
索比亞分公司董事總經理克萊納貝內（Tim Kleinebenne）定期和想聽
取市場建議的其他跨國企業人士會面。他們會問他：「我怎樣才能
把錢匯出衣索比亞？」如果有人這樣想的話，就應該去別處發展。
這是一趟漫長旅程，也是對新市場的承諾。克萊納貝內說，聯合利
華「獲得衣索比亞政府認可，它們知道我們是支持國家發展的誠實
玩家。[13] 對企業來說，協助國家成功是好事。繁榮的國家會擴張，
並獎賞協助它們走到那一步的朋友和合作夥伴。

應付最巨大的問題：棕櫚油的挑戰

　　中國和美國是全球前兩大經濟體，就邏輯而言，也是前兩大溫
室氣體排放國。但是接下來的兩個排放大國並不是第三名的經濟體

日本和第四名的德國。這份榮耀屬於巴西和印尼，因為它們砍伐並焚燒大量樹木，釋放出天量二氧化碳。[14] 砍伐樹林產生的溫室氣體排放量約占全球的五分之一。[15] 砍伐樹林的驅動因素很複雜，不過主要原因是為農業清出空地，巴西是為了種黃豆和棉花，印尼則是棕櫚油，它供應全球 58% 的棕櫚油，馬來西亞則是 26%。[16]

棕櫚油是許多產品中的成分，比如肥皂、洗髮精、餅乾、麵包和麵糰、冰淇淋、口紅等。基本上它就是一張聯合利華的產品清單，這也是它成為全球第一大買家的原因。不過棕櫚油不只出現在消費產品中，進入歐洲的棕櫚油中大約有一半都當作生質柴油流入汽車的油箱裡。這意味著運輸產業和食物在爭奪土地。[17]

印尼的棕櫚油種植面積占據 1,600 萬公頃，約莫英國國土的三分之二，但 1990 年僅 100 萬公頃。[18] 大部分成長來自焚燒原始森林。棕櫚油的問題於是和每一個大問題都脫不了關係。不平等和貧困迫使人們砍伐森林求生，砍伐森林則助長氣候變遷和破壞生物多樣性。停止砍伐森林超級困難，唯有受到生產者、購買者、政府、社區和金融機構組成的完整系統支持才能實現。多年努力屢試屢敗後，這個產業終於取得進展。

幾十年來，許多非政府組織都將行動主義聚焦這個問題，但熱帶雨林行動網（Rainforest Action Network）和綠色和平組織格外關注。整個 1990 年代和 2000 年代，它們衝著聯合利華、雀巢和它們的同業，以及諸如嘉吉、豐益國際（Wilmar）等農業龍頭策劃積極活動。綠色和平的活動人士裝扮成猩猩，象徵棲息地受到破壞威脅的物種。它在 2007 年和 2008 年發表兩份措辭激烈的報告，將一整個產業和猖獗的森林砍伐掛勾，聯合利華尤其是禍首。

　　聯合利華不是沒有意識到這個問題。2004 年，它和世界自然基金會合力成立永續棕櫚油圓桌會議（Roundtable on Sustainable Palm Oil, RSPO），但是 2007 年，根據聯合利華時任永續長尼斯的說法：「我們沒有真的意識到，我們正在協助推動砍伐森林和氣候變遷……我們相信，氣候變遷主要是石油大廠殼牌（Shell）、埃克森、汽車廠福特或通用的問題，不是聯合利華。」[19] 對尼斯來說，抗議活動是「改變一生的時刻」；對這家公司和他個人而言，維持當前的採購做法變得站不住腳。[20] 他回想起來，公司當時應該更積極面對這件事。

　　當時，英國綠色和平組織負責人索文從未見過聯合利華的管理階層。但是波曼接任執行長後，和尼斯很快地就和索文建立起穩固的工作關係，雙方定期會面。至今索文還會說，尼斯上電視承認聯合利華不太楚自家用的棕櫚油來自何處時，態度全然開放。尼斯說：「技術上，我們所有的供應商都違反永續棕櫚油圓桌會議的標準或是印尼法律。」[21] 這種層級的透明度建立信任庫，提供聯合利華一旦事情出包可以免受質疑的好處。

　　索文鼓勵聯合利華「提出挑戰」，因此它採取一道極不尋常的步驟，取消和一家未達標準的大型供應商的合約。索文比喻此舉為「地震波」。[22] 熱帶雨林行動網發表聲明，讚許聯合利華的領導作用，並敦促其他企業有樣學樣。[23] 聯合利華身為合夥一起贏的一分子，將大型生產商聚攏在新加坡舉行閉門會議，讓它們簽署一紙暫停砍伐森林的協議。在 2010 年全球氣候大會，聯合利華更積極推動所有消費品論壇成員承諾，截至 2020 年終止砍伐棕櫚樹林。2014 年《紐約森林宣言》（New York Declaration on Forests）是另一項重大聲明，然而，當它公布自己的 5 年計畫回顧時，做出「進步有限」的結論。或者正如索文更一針見血地說，它是一場失敗。[24]

　　非政府組織繼續向企業施壓，要求停止和價值鏈中素行不良的業者合作。要求企業停止使用棕櫚油很容易，但是，然後呢？棕櫚油產業在全球 17 個國家雇用幾百萬名工人，單單是印尼和馬來西亞就有 450 萬人。[25] 全世界淨正效益的觀點涵蓋改善家計，所以裁減幾百萬份工作將是錯誤走向。從氣候觀點來看，抵制或轉向其他油品可能會適得其反。負責世界經濟論壇子機構全球公共財中心的沃雷說，退出將使得「大批農夫頓失生計，後果有可能更糟。」[26] 人們在有限選擇之下有可能為了獲取木材、燃料或農作物砍伐更多森林。

　　事情走到現在這個地步，好壞參半。聯合利華和多數大型同業幾乎都是從永續棕櫚油圓桌會議認證的特定種植園獲得棕櫚油。儘管有困難，還是走了這麼遠。不過砍伐森林還在繼續。棕櫚產業的結構是個大問題。成千上萬的小農必須求取自己的最大利益才能生存。就需求面來說，大型包裝消費品公司不掌控市場，即使是龍頭聯合利華也僅採購全球供應量的 3%。印度和中國是前兩大購買國，這兩國的許多買家似乎漠不關心。它們只想要最低價格，也不管認證。

　　唯一的解方是結合更廣泛的聯盟體和更完善的執法。聯合利華試圖利用市場力量擴大規模，投資在類似再生能源信用的綠棕櫚（GreenPalm）證書的交易。它花了幾百萬美元，但同業並沒有跟進，這意味著聯合利華只是比競爭對手多花錢。它們總結，這樣做橫豎就是沒有用。證書有可能讓消費者對產品比較有好感，但是在解決氣候變遷或是生活工資之類的生計議題方面幫不上太多忙。正如前永續長西布萊特所說：「我們無法畫一個圈圈，只納進少數幾家好的種植園，然後就說『我們很純淨。』但圈圈外的種植園還在砍樹焚林而且侵犯人權。」

聯合利華需要一種不同的做法找出砍伐森林的根本原因。所以，它把原來用在購買認證的 6,000 萬美元改成聘請員工實地探索解決方案，並偕同挪威政府與其他對象設立一支全球基金，用來幫助小農戶將他們的經營方式轉化成更好的做法。憤世嫉世者會說，永續棕櫚油是不可能的任務，但事實並非如此。業界和非政府組織已經蒐集最佳實踐。綠色和平的索文說，生產力愈高的物種可以做到像是產出翻倍，並大幅減少開墾更多土地的壓力。[27] 當今最成功的工作是透過另一項由熱帶森林聯盟（Tropical Forest Alliance, TFA）發起的協作。這個組織是 2012 年由西布萊特和馬莎百貨前永續總監貝利（Mike Barry）協助啟動，鎖定截至 2020 年供應鏈中將不再出現砍伐森林的目標。沒有人接近這個目標，但熱帶森林聯盟取得一些成功。事實上，印尼的伐林率終於下降了。[28] 世界經濟論壇的沃雷說，發揮作用的要素是以社區為基礎的「轄區」做法。小農經營 40% 的土地，因此這項工程必須在地方微層面進行。不過它們為了擴大規模也必須要在整個地區開展工作。

熱帶森林聯盟籌辦一次附帶在地教育計畫的支持農夫協作，中央和地方政府在土地所有權方面提供幫助，並從買家口中獲得採購承諾。不過它需要一個更重要的組成部分：融資。即使農夫樂意改種更有生產力的物種，在樹木結出新果實之前的四年間會發生什麼？他們需要橋接貸款或是將未來收入流證券化的方式。這樣一來，棕櫚油解決方案的核心原則就很簡單了：協助農夫轉型，他們

淨正效益策略要點
解決最巨大的社會挑戰

◆ 領銜解決最巨大、最複雜的共同問題。

◆ 聽取明智的批評者提供的意見，了解系統性挑戰和障礙。

◆ 籌組必需的完整聯盟體，通常包括金融領域，打造系統性的解決
　方案。

◆ 超越單單提高供應商標準的做法，進一步協助它們解決橫亙在更
　永續營運道路上的阻礙。

就同意不再焚燒原始森林。

　　挪威政府和聯合利華建立 & 綠色基金（The &Green Fund），是提
供資金並催化投資的玩家之一，特別是在當地政府參與並以政策支
持這些努力的司法管轄區。完整的系統合作夥伴關係提供的穩定也
讓它更能吸引企業到當地投資。這種多方利害關係人協作看起來似
乎是棕櫚油產業發展的最佳途徑。正如沃雷所指出，許多當地的非
政府組織和農民協會現在選擇和熱帶森林聯盟之類的聯盟合作，他
說，那就是在告訴我們什麼做法才管用。

　　這種模式可能在其他產業也行得通。營養商帝斯曼在盧安達建
立一座工廠，生產強化穀物和補充品。它身為非洲改善食物（Africa
Improved Foods）合作夥伴關係的一分子，和世界糧食計畫署、盧
安達政府以及世界銀行的子機構國際金融公司（International Finance

Corporation）齊力合作，解決阻礙孩童完全發育和當地營養不良的問題。（比起來，空投食物援助效率低下，也和倡議本身的價值觀不一致）[29] 其中的教訓很明確：系統性解決方案需要公部門、民營企業和民間社會共同投入的廣泛聯盟體；你需要關鍵的大量買家和一種改變供應方經濟運作的方式；這一步需要耐性和時間，也因此會花上好幾年。好消息是，這些應用在這項工程的工具變得更進步。舉例來說，衛星數據可以密切追蹤砍伐森林現況，為聯合利華等買家提供有關合規性的實時數據。

棕櫚油肯定是一個超棘手的議題，但是隨著全世界愈來愈動盪，其他更多複雜挑戰等在前方：種族關係、難民、捍衛民主、保護科學免受攻擊等。愈來愈多最複雜的挑戰正堆積在企業領導者的腳下，淨正效益企業的最終工程就是要在深入的聯盟體中解決最巨大的問題，這樣我們才能治癒這個世界。

為他人服務的企業

十多年前，越南政府委外執行一項研究，想知道跨國企業在國家的社會經濟發展過程中扮演什麼角色。它挑選聯合利華當作研究個案，報告最終總結，聯合利華不像許多外國投資人，反而會著眼長期、深植經濟、服務農村貧困人口，也會和在地中、小型企業發展出雙贏關係。而非排擠它們。把精挑細選的國家優先事項納入自家業務的議程並大力實施，」報告這樣寫，「聯合利華同時推進國家和企業議程。」[30] 這就是企業應該鎖定的結果。要為社區和國家打造價值，而不是從中榨取價值。當一個好公民會吸引人才並為企業創造巨大價值，這樣有助公司更迅速行動、避免政府可能設置的許多障礙，還能進入成長市場。在我們描述的三人才能跳探戈合作夥伴關係中，幾乎看不到直接回報。這些合作夥伴關係和政府及民間社會合作創造福祉，進而為企業和它所處的社會打造長期價值。

那些長期好處可能以讓人意外的方式現身。在 1990 年代印尼的抗議活動期間，暴民焚燒並搶劫許多工廠，卻獨獨放過聯合利華的廠房設施。當時聯合利華的印尼總經理請教其中一位軍隊首領何以如此。他說：「很簡單。你們照顧自己的員工和社區。我們不需要出動軍隊保護你們的建築物。社區自然會保護你們。」這位軍隊首領正是尤多約諾將軍（General Susilo Bambang Yudhoyono），稱得上是聯合利華的鐵粉，後來他還當上印尼總統。

如果你帶著真誠協助社區和政府的渴望走向它們，而且無論是好時機或壞時機都會出現，社區和政府就絕對不會忘記你。絕對不會。

8
張臂擁抱大象
處理沒人想提、但我們無法迴避的議題

凡事不是面對就能改變，但不面對就什麼事也改變不了。

——美國作家鮑德溫（James Baldwin）

至少 2,500 年前流傳至今的著名寓言這樣說，有一群盲人生平第一次遇到大象，試著搞清楚牠是什麼東西。他們各自探索耳朵、體側、象腳、象牙、象鼻等不同部位，然後各自得出不同結論。有些版本說他們為此爭論不休，有些則說，他們達成共識。

我們將在本章討論一些規模直比大象，企業勢必衡量並管理的議題。領導人假裝看不見，就好像他們渾然不知有這些問題，但事實並非如此。他們心知肚明那些議題就是大象；他們很清楚問題大致的輪廓和規模，但若不是毫不在乎就是避而不談，因為他們不願花錢，也不想和利害關係人周旋。讓企業承認並解決納稅、政治資金或人權等問題絕非易事。

氣候變遷曾經就是房間裡那隻大象。高階領導人避而不談。在氣候治理的早期，也就是 1992 年里約地球高峰會（Rio Earth

Summit）到簽訂巴黎氣候協定的締約方大會（Conference of Parties, COP），政府高階主管甚少參與，商界則蓄意無人出席。如果你邀請某位執行長在一場氣候活動發表演說，可能只會得到公關部門回應。除了能源巨頭外，大部分公司並不認為氣候問題可以套用在自己身上，輿論壓力更不足為懼。金融圈更是和這個議題沾不上邊。永續發展倡議機構對環境負責的經濟體聯盟主席魯珀（Mindy Lubber）說，先前舉辦有關環境造成金融風險的會議，銀行都說：「我們會派實習生去。[1]」她表示，金融界的改變一直是緩慢漸進，直到最近才改弦易轍。

但到了 2010 年代，商界開始加入賽局。2015 年在巴黎舉辦第 21 屆締約方大會（COP 21），商業領袖齊聚一堂。聯合國全球契約（UN Global Compact）舉辦為期數日的高階商業活動（溫斯頓是主持人，波曼是主講人），和政府協商區僅有一牆之隔。上百位執行長前來共襄盛舉全球一心的氣候行動。

什麼事推動這道改變？企業嘗到氣候變遷的後果與代價；利害關係人提出更多問題；年輕員工敦促公司多做一點。但領導者也開始看見領導潔淨經濟的商業優勢，也就是價值數兆美元的商機。況且，高階主管知道法規即將上路，而他們想要在談判桌上占有一席之地。

有太多企業領袖聽多了氣候變遷後依然故我，就好像這頭新大象不是他們的問題一樣。舉例而言，一家公司有沒有繳納公平比率的稅額，這個問題看起來可能與永續議程無關，但這確實是淨正效益的一部分。一家服務社會的公司不會雇用幾百名會計師和律師，就只為鑽漏洞不付公共費用。你若發現鄰居不用繳稅，或自稱億萬富豪的人只有繳稅 750 美元，就能同享道路、就學、就醫、國防的權利，你做何感想？如果你都不用繳稅，你的目標還能真正帶給你動力嗎？

我們在此探究不該再忽視的九大議題：稅務、貪汙、高階主管薪酬、付錢給錯誤的股東、準備不足的董事會、人權、產業協會遊說、政治資金以及多元共融。這些大象議題有些共同點：

- ◆ 它們都是現今經濟體系的核心部分，而這個經濟體系正是氣候和不平等危機的主因。
- ◆ 不去處理這些議題的公司是不可能獲得淨正效益的，因為現狀就是會減損社會福祉。
- ◆ 企業若非不主動、或至少不公開地處理這些議題，就是根本束手無策。
- ◆ 對企業或品牌來說，什麼也不做的風險愈來愈高。
- ◆ 企幾乎沒有容易的解方，全都是充滿灰色地帶的困難抉擇

切記，「破壞世界，自食惡果」。這些大象穿梭在社會的陶器門市中，到處搞破壞。系統無法完美地一體適用，企業正是扮演解決這些問題的關鍵。淨正效益企業不會迴避這些問題，而是正面迎戰。

大象為何這麼難搞？

這些項目並不出人意料之外。如果這件事很容易，我們就會有共識該怎麼做。我們把醜話說在前頭，通常找不到簡單的答案。我們迴避大象是基於一些充分和不夠充分的理由。

◆ 我們敢說，你會因此感到不安。面對大象是個做選擇的過程，這個決定要選擇正確而困難的事，而非輕鬆卻錯誤的事。這是一場即使難受也要為贏而戰的比賽，而非為不輸而戰。

◆ 這可能會牴觸短期的股東需求，或威脅既得利益者的現況。逼得太緊，股東群起反抗，你就會和同儕或合作夥伴起衝突。不用繳稅會為獲利帶來多巴胺快感式的短期效果，接受困難而長期的挑戰做不到。

◆ 你會自覺脆弱。甘冒風險做正確的事，身邊卻沒有聯盟體相挺，會讓你暫時處於劣勢。站上火線的第一人往往承受全面砲轟，但他們也能獲得報酬。

◆ 未必有一套很好的衡量標準。你可能很難明確知道自己該追尋怎樣的目標。「零人權問題」的口號很美好，但世界並非非黑即白。如果有個青少年在家庭農場工作，但照規矩上學去，這該算是侵犯人權還是童工問題？

◆ 其他比如政府之類的合作夥伴，可能會成為你的絆腳石或讓你卻步。企業發現其實它們是在比爛。很少企業領袖願意表明政治立場以改善規則。這是系統失靈。

　　沒有一條明路告訴我們該如何搞定大象，但確實有些現在就能採取行動的步驟，即使這樣也只能解決部分問題。關於每項議題，我們會端出手上掌握的數據清楚說明問題的規模。我們會問這個議題對社會有何重要，又是如何阻礙世界變得更繁榮。接著，我們會分享一些企業如何做得更好的重要想法，即使還沒有明確的答案。

　　這裡每一項議題都可以各自成書。我們的目標在於將這些議題牢牢釘在商業雷達上，它們不是加分選項，而是必備選項。我們提出的這九頭大象正是我們最大的挑戰，尤其是不平等與正義。它們是我們經濟和社會失靈，推著財富和資本向最有錢的富人靠攏、讓最窮困族群繼續窮困；或是繼續讓掌控權握在尤以白人為首的少部分人士手中。這就是屯積金錢和權勢。

　　在你一頭栽進去之前，請謹記，不可能靠一己之力搞定一切。許多問題都該逐步納入上一章所談的合作夥伴關係及淨正效益的一部分。別擔心要成為完美典範。誠實納稅不表示全額納稅，但確實在確保納稅的系統中發揮正面作用。我們開始吧。

1. 繳稅

問題

　　八年來，亞馬遜營收 9,600 億美元、獲利 260 億美元，繳納 34 億美元稅款。在某幾年，它一分錢都沒繳。訴求稅務透明的非政府組織公平稅收標誌（Fair Tax Mark）為亞馬遜貼上「最積極」逃稅企業的標籤，但也聲稱許多科技龍頭差不多惡劣。英國《衛報》

（Guardian）揭露臉書、Google、網飛（Netflix）、蘋果的逃稅手法：
將營收和利潤轉移至逃稅天堂或低稅國家，並延遲繳納應付稅款。[2]

逃稅並非只是科技公司的事。星巴克也經常被點名，並因此
和歐盟委員會（European Commission）及荷蘭當局打官司。星巴克
僅花 2,800 萬美元這麼相對小額的和解金就將這顆燙手山芋拋開了。[3]
2020 年，英國稅務機構控告奇異詐欺罪，要求補稅 10 億美元。[4] 新
冠 Covid-19 疫情帶來巨額支出，這個預算破洞會讓政府對稅收損失
更敏感。除非政府系統性地對這些公司加以重罰，否則逃稅依舊
猖獗、四處可見。一份 2018 年的分析顯示，在《財星》500 大企業
中，379 家營利企業中近四分之一繳稅的有效稅率為 0，或者更低。
它們不用繳稅或是可以把錢拿回來。[5] 這 91 家公司不乏鼎鼎大名之
輩：美國電力公司（AEP）、車廠雪佛龍（Chevron）、強鹿、化工企
業陶氏杜邦（DowDuPont）、杜克能源（Duke Energy）、禮來藥廠（Eli
Lilly）、聯邦快遞（FedEx）、IBM、捷藍航空（JetBlue）、利惠、醫療
用品零售商麥克森（McKesson）。

美國智庫亞斯本研究所（Aspen Institute）商業與社會計畫創辦人
珊繆森（Judy Samuelson）談及商業「盲點」，其中最突出的就是稅
務。一如她對《財星》所述，「稅務清算」即將到來。像珊繆森這
樣的倡議人士偶爾也會支持調降企業稅率的政策，但前提是「確保
每家企業都有達標那樣的稅率」。不幸的是，珊繆森表示，跨國避
稅投資和其他技巧讓公平這條路更崎嶇難行。[6]

這些公司行為合法，但是否正確或合乎責任？如果你是一家
目的導向的公司，又怎麼會吝於為這個讓你得以開展生意的社會付
出？無論你對政府效率有何看法，不可否認的是政府確實提供大量

的公共服務，像是教育、醫療照護、警消部門、國防與和平、社會安全網和四通八達的現代基礎建設，讓能源、供水、廢棄物以及行人暢行無礙。我們需要扭轉對稅務的想像，將它從除之而後快的成本轉化為對健康、福祉、社會的投資。

亞馬遜仰賴道路送達貨物。不繳稅的人等於是把帳單留給我們這些納稅人，而這份帳單可不是小數目。對人民提供多少服務與保護，取決於各國選擇。在經濟合作暨發展組織（OECD）會員國，稅收平均占整體國內生產毛額 34%。美國以 24% 幾乎墊底。[7] 以龐大社會安全網及完善公共服務著名的瑞典，稅收占 44%。[8] 根據經濟合作暨發展組織，低收入國家的稅率至少需要達 15% 才能提供最低限度的服務。然而，75 個最貧困國家中有 30 國的稅收遠低於標準。[9] 同時，全球國內生產毛額有約莫 10% 留在海外帳戶中，各國每年因為利潤移轉損失 5,000 億至 6,000 億美元公司稅的收入。[10] 經濟合作暨發展組織打造一套稅基侵蝕與利潤移轉（base erosion and profit shifting, BEPS）架構。「稅基」在此代表用於支持社會的財源。

事情是有些進展。聯合利華稅務暨財務總監潔金絲（Janine Juggins）表示，各國正採納經濟合作暨發展組織的建議，以致許多仰賴稅法錯配達到雙重減免或免稅收入的逃稅工具紛紛失靈。用我們的話來說，剩下的只是繞著企業存利、獲利的領域玩遊戲罷了。那些籲請受託義務的要求就不用理會了，據推測它迫使公司大幅最小化稅金。永續發展暨金融專家艾寇斯（Robert Eccles）博士就說：「受託義務實際上表明，董事會該確保公司承擔適當比例的賦稅，以避免不必要的名譽風險」，也避免國家因資金不足產生的經營風險。[11]

　　相反地，你該以繳納合理稅款為榮，也該懂得欣賞自己出資的基礎建設。你對社會有所貢獻。潔金絲說，保護環境、社會責任、公司治理的 ESG 評估方法，將稅務視為公司治理轄下的議題；但她卻認為：「稅務該被歸類在社會責任。」[12]

　　讓我們把話說清楚，逃漏稅的企業絕無可能成為淨正效益企業。淨正效益企業實際上需要你付出得多、索取得少。

解方

　　首先，先從透明度下手。聯合利華公開詳細稅則、有效稅率（2019 年為 27.9%），以及它在數十個國家中的設施、銷售、納稅等細節。[13] 你可以支持負責任的稅務原則（Responsible Tax Principles），例如非營利組織 B 型團隊（B Team）制定的那一套，由商界領導人推動永續稅務。專注永續發展的非營利組織企業社會責任協會（Business for Social Responsibility, BSR）公布報告《創造 21 世紀社會責任的商業角色》（The Business Role in Creating a 21st-Century Social Contract），在文中建議調整稅收策略，這樣你納的稅「就能和課稅管轄權的稅收相稱」。[14] 這意味著沒有花招可以玩，像是把所有利潤轉移到單一低稅區域這種事不會再發生。投資人也能幫得上忙，潔金絲說，投資人可以「留意那些稅率異常低的企業」，以評估不負責任納稅行為帶來的查核風險或名譽損害風險。[15]

　　其次，想降低利潤轉移的成效，就支持全球實施強制性最低稅率。經濟合作暨發展組織已經在探討這個構想，支持者則推動 21% 當作最低稅率。但各國看起來更支持 15% 最低稅率，這也是美國財政部和現任總統拜登（Joe Biden）的呼籲。這個稅率不夠高，但總比沒有好。所以，公開表達你對致力於公平競爭的支持。第三，負起社會責任的企業也建議遵循全球報告倡議組織（Global Reporting Initiative）及 BEPS 計畫提供的標準和報告指南。

　　素行良好的企業可以和稅務機關及政府建立信任感。有技術又有能力的企業可以幫助國家發展稅務系統、擴大稅基。如同我們先前說，聯合利華在不同國家都有訓練有素的稅務稽查員。某部分來說，那項工作導向稅務損失的最大原因，貪汙。

2. 貪汙

問題

　　跨國公司面臨的最嚴峻挑戰之一，就是如何在各地言行一致、合乎道德地做生意。每個國家、每個文化的標準迥異。國際透明組織為國家清廉程度打分數（滿分 100 代表高度清廉，範圍從丹麥、紐西蘭的 87 分，到索馬利亞的 9 分不等。在某些地方，花錢收買官員讓自家商品得以進入港口是潛規則。付錢加快簽證申請被稱為疏通費，也是一種做生意的正常方式（在英國，《反賄賂法》〔Bribery Act〕規定疏通費違法，但在美國合法）。

　　貪汙、賄賂、竊盜和逃稅每年從發展中國家吸走 1.26 兆美元，這個金額足以讓全球最貧困的 14 億人口脫離貧窮線。[16] 貪汙讓全球商業多出 10% 的成本，並在開發中國家增加 25% 的採購成本。檯面下的紅包至今仍是個問題，但一份 B 型團隊的報告《終結匿名企業》（Ending Anonymous Companies）點出更大的問題，[17] 將近四分之三的貪汙行賄都牽扯到所有權難以辨識的公司。報告稱，空殼公司是貪汙洗錢的障眼法。B 型團隊與世界經濟論壇建立的反貪汙夥伴倡議（Partnership Against Corruption Initiative, PACI）提供企業一個參與反貪腐的平台，正在努力消除這個問題。[18]

　　貪汙不是開發中國家獨見的問題。1999 年以來，半數的海外賄賂案都涉及高度開發國家的公職人員。[19] 在美國，金錢自由流向政府屬於合法貪汙。靠特殊手段獲取政府權力，這在道德上不是非黑即白。舉例來說，中美貿易戰期間，美國政府威脅禁用社群 App 抖音（TikTok），軟體大廠甲骨文（Oracle）最終以買下一點抖音股權的方式解套。無人不知甲骨文創辦人艾利森（Larry Ellison）與前總統川普是好朋友；或者說，在艾利森即將完成交易時，還以 25 萬美元的政治獻金支持川普陣營的參議員葛瑞姆（Lindsey Graham）連任。[20] 每一名收賄者都會對應一名行賄者。你想怎麼說都可以，但就像那句老話所說，如果有隻動物看起來像鴨子，叫聲也像鴨子，那牠就是鴨子。

解方

　　打擊貪汙有結構性、以政策為基礎的方式（即硬體），也有透過文化改變來教育並影響民眾的方式（即軟體）。在兩種方式中，透明度都是最好的對抗手段。第一步可以參加比如反貪汙夥伴倡議這類團體，並支持推動所有權透明化的行動。

　　從結構方面說，可以從強而有力的行為準則及商業原則開始行動，讓員工承擔起責任。這件事有其必要但遠遠不足。聯合利華每年調查數百起違規行為、每年解雇一百多名員工。這些守則讓每個人有一道抵抗貪汙的防線。當有團體或企業要求聯合利華高階主管去做一些感覺不太對的事時，他們可以說：「這不符合我們的全球規範，我們會需要在公開的情況下詢問我們的股東，你可以接受嗎？」如果答案為否，這種要求很可能就是賄賂。

根據《黑錢：跨國企業主宰與顛覆全球經濟的手段》（Kickback: Exposing the Global Corporate Bribery Network）[21] 作者蒙特羅（David Montero）的看法，替員工準備這類回應是深思熟慮的抵制計畫的一部分。他表示，為顧及索賄者的顏面和自尊，可以用其他合法的方式打點，比如為對方創造更多就業機會，或提供培訓、技術諮詢。仿冒品的問題對肯亞企業及國家造成很大的損失，聯合利華在當地協助培訓警方執法如何打擊仿冒品。蒙特羅也建議在商業計畫中納入防止賄賂的成本，比如出入境延誤的費用或因應官僚作風的額外支出。找出那些被他稱為「月亮市場」（moon markets）的地方，這樣你就可以把那些超級貪汙的國家視為月亮一樣可望不可及。事實上，即使聯合利華收到進入中非國家剛果民主共和國（Democratic Republic of the Congo, DRC）的大量要求，但它不曾這樣做，正是因為當地的貪汙程度太高。剛果民主共和國就是聯合利華的月亮市場。

人民就是打擊貪汙的軟體。你可以在各國尋找願意挑戰現況的盟友，支援他們以身犯險的努力。現任世貿組織秘書長奧孔喬－伊韋拉曾擔任奈及利亞財政部長，她拒絕給予燃料進口商報酬，導致母親遭到綁架，試圖脅迫她辭職。她拒絕了，她的母親在五天後平安獲釋。[22]

你若想保護自家人，不妨開創一種「說出來」文化，每個人都能在覺得事情不對勁時坦然表達憂慮。你可以提供類似抱怨專線，或每季、每半年的定期員工關懷等工具，比如聯合利華的快速評量「油標尺問卷」。建立起一個持續回饋意見的循環。當心不要創造出一種業績至上的文化，這會讓人們走偏。富國銀行為追求更高業績目標，施以高壓，導致業務員創造幾百萬個假帳戶。聯合利華時不時也會經歷這類的文化脫節行徑，但規模小得多。

當聯合利華開始強力執法，違規人數就會上升，雖然聽起來違背直覺，但這確實是個好現象，因為大家覺得自己可以暢所欲言。清楚表明每一名員工都該遵守規範，否則就會把公司和員工推向險境。

確保每個人都謹記，失去誠信的成功就是失敗。

3. 拿過高薪酬紅利的主管

問題

執行長的薪資實在太高了。2019 年，美國前 350 大企業執行長的薪資是麾下員工平均薪資的 320 倍，一路從 1989 年的 61 倍、1965 年的 21 倍不斷攀升。近 40 年，執行長薪酬成長超過 1,100%，典型的勞工薪資則停滯在 14%。這還不是年成長率，而是總成長率。[23] 在美國，經通膨調整後的勞工薪資在 1973 年達到顛峰，而後趨於平緩。[24] 這股趨勢沒停過，在 Covid-19 疫情流行期間還每下愈況，2020

年，美國前 300 大上市企業執行長薪資中位數增加 90 萬美元，來到 1,370 萬美元。[25]

美國可能是違法亂紀的頭號禍首，但其他國家高階主管的薪資漲幅也不低，印度執行長薪資是勞工平均的 229 倍，英國則是超過 201 倍。[26] 致力推動讓商業體系更永續共融的非營利組織包容性資本主義聯盟（Coalition for Inclusive Capitalism），創辦人蘿絲查德（Lynn Forester de Rothschild）表示，為執行長開創個人財富「成為企業目標，而非你為社會留下什麼財富？你做了什麼事讓世界更好？」[27] 如果薪資成長只發生在商界收入最高的族群，那只是讓不平等雪上加霜。不做些改變，高階主管薪酬仍將是個引爆點，點燃不平等、對精英和企業的不信任以及對經濟缺乏安全感等問題。

多數經濟學家同意，問題核心起源於把股票選擇權當作薪酬的風潮。這本來是想讓高階主管的獎勵機制與股東一致，而這確實有效果，因為它讓企業變得更注重短期利益，也更傾向濫用這套機制。奇異經常以豐厚的薪酬方案獎勵高階主管達成短期目標，但長遠來看，這些目標未必對投資人有幫助。[28] Covid-19 疫情讓許多企業最糟糕的那面文化見光死。許多執行長在享有相同薪資和福利的同時卻裁撤某些部門。奇異執行長卡普（Larry Culp）資遣上千名員工後，收到一筆 4,650 萬美元的獎金（最高可達 23,000 萬美元），主因是董事會大幅調降當作獎勵門檻的股票履約價。照理說，那是因應疫情造成的經濟崩壞所做出的調整，但當時情況並沒有那麼糟。卡普接受《金融時報》採訪時為自己辯護，他談及自己的犧牲，比如放棄當年年薪 250 萬美元。[29] 然而，放手讓一個成員全都是執行長的董事會調整目標價，動手腳很難讓人視而不見。

解方

準備好領導他人，或被他人約束。近幾個月來，股東已拒絕諸如 AT&T、奇異、英特爾（Intel）等多家企業關於管理層薪酬方案的提議，並同意相關問題會對經營許可造成影響。[30] 全球只有少數地方設有薪資上限，但大部分政府都有採取相關措施，比如對超過一定程度的薪酬課稅。主動出擊，控管高階主管薪酬。少付高階主管一點薪水，讓比率保持在合理的程度（也許再培養一點羞恥心）。聯合利華實際上沒有一個固定比率，但波曼採取異乎尋常的做法，他違背董事會的意願，堅持自己的薪酬持平。

別想只靠公式行事，要懂得創新。傳統的薪資結構太短視近利也太複雜。我們需要更簡潔的結構，讓高階主管成為長期的股東。董事會應結合具體情況來考慮薪酬，並酌情決定以確保結果公平。同樣也要關心繼任問題。如果董事會需要花大錢聘用外部人員，事情就大條了。

更重要的是，別只關心高階主管薪水，把重點放在改善員工生活品質，將整家公司的薪資提升到公平的生活水平。提倡絕對的收入平等未免過於天真，而且適得其反，但在最低限度上，那些經常被拋在後方的人應該要能迎頭趕上，而非愈離愈遠。推動透明度。聯合利華每年上呈的 10-K 年度報告中，都清楚說明績效標準和薪資之間的關聯。放慢高階主管薪資成長，並將資金下放讓整體比率平衡，就為公司奠定了正確的基礎，還能比你所想走得更遠。美國居家照護公司 CareCentrix 曾凍結 20 位高階主管薪資，光是讓這 20 份高薪持平省下來的金額，就足以替 500 名基層員工把薪水從美國最低時薪的 7.25 美元提升至 16.5 美元，而且還能讓所有員工同享利潤。[31]

　　總部在西雅圖的信用卡服務商重力支付（Gravity Payments）把調薪的概念帶到新境界。2015 年，執行長普萊斯（Dan Price）減薪 100 萬美元，並將受過高等教育員工的年薪調整到底薪 7 萬美元。重力支付後來在愛達荷州首府樹城（Boise）收購一家小公司，當地生活成本比西雅圖低得多，但普萊斯比照辦理。他告訴《快速企業》：「如果我們不想辦法這樣做，我很難理解該如何維持誠信？」[32]

　　大公司該停止玩弄選擇權的遊戲，或聘請薪酬顧問設計黃金薪酬方案了。聯合利華的波曼將高階主管待遇調整成只剩薪資，沒有配車、沒有津貼、沒有選擇權。這是不要就拉倒的招數。隨著公司張臂擁抱全新使命，高階主管也有人事流動，但很少是卡在薪資議題。一如我們先前所說，聯合利華確保同樣職級的高階主管在全球都拿到相同的稅後薪資，這也讓選擇跨國職缺變得更容易。無論高階主管選擇撥出多少紅利轉換成公司股票，聯合利華都比照提撥。高階主管被要求建立股票投資組合，不只要達薪資的 3 倍，更要持有 5 年（這樣才能培養長遠眼光）。

　　任職於成功企業的高階主管可以在無須加劇不平等的情況下，享受創造高額財富。

4. 付錢給錯誤的股東

問題

　　企業常常使用類合法的手段「管理」營收，以便提供華爾街一個穩健成長的漂亮故事。好幾年來，奇異從來沒有哪一個季度失守，因為它可以任意調節財務部門的利潤。對許多董事會來說，這就像一種運動。

　　刺激股價上漲的另一項工具是股票回購，而且已經變成一種常態，正在吸走天量資金。2009 至 2018 年，標普 500 大的熟面孔中，有 466 家企業斥資 4 兆美元回購股票、3.1 兆美元派發股利，占整體利潤 92%。1980 年代早期，股票回購只占利潤的 5%。[33] 是什麼改變了？是股票選擇權和聚焦最大化股東報酬率，代價卻是企業的長期成長。

　　股東應該是覺得這樣很好，這一點沒什麼好爭的。但短期主義創造一種犧牲投資未來的醜陋文化。多年前有一份問卷顯示，80% 財務長坦承削減研發、廣告、維修、徵才等支出，只為了確保達成季度目標。[34] 只要公司優先投資業務或旗下員工，股票回購無妨，但實則不然。這幾兆美元原本大可用於為企業升級，像是隨著時間提升市值和股價，進而讓退休基金這些長期投資人滿意，但它們反倒被塞進短期投資人的口袋。

　　三位經濟學家在他們合撰的文章〈股票回購為何危及經濟〉中發現，有幾年，30% 的股票回購是由公司債挹注資金。他們觀察到，公司舉債是為了回購股票，而非為了創造「產生營收、償還負債的投資」。他們把這個現象稱為管理不善。與此同時，企業研發支出毫無進展，而且標普 500 大中，43% 企業沒有花半毛錢投資未來。[35]

　　這種策略會使企業走上歧路。2013 至 2018 年，波音斥資 430 億美元在退休股票，同一時間，僅花 20 億美元研發。[36] 在這個需要幾十億美元投資新機型的產業，這種預算分配看起來很奇怪。最終波音爆出在設計和安全性上偷工減料，並在兩起空難事故後導致 737 MAX 客機停飛，這會讓人驚愕嗎？接下這顆燙手山芋的人是現任波音執行長凱宏（David Calhoun），他做出極不尋常的回應，即公開批評前執行長捨本逐利，把股價擺在公司前景之前。[37]

　　多數研究股票回購的分析都顯示，這樣做對企業沒有好處。波曼是非營利組織聚焦長期資本的發起成員之一，它倡導將資本投注在長期價值，因此計算出，大部分將營收再度投入本業的公司，每年的投資資本報酬率（Return on Investment Capital, ROIC）超越同業 9%。[38] 標普股票回購指數（S&P Buyback Index）追蹤購回最多股票的 100 家公司，榜上企業的一年、三年、五年表現明顯落後市場。[39]

　　說到底，究竟是誰把利潤還給股東？肯定不是長期投資人。但它只把錢付給那些讓市場陷入不理性的投機客、賭徒和即時交易者。

解方

　　最簡單的答案就是企業減少回購股票和特殊股利，改把錢花在讓企業更適合未來生存的領域。資金有許多更好的用途：擴大研發，讓企業轉向更永續的產品和服務；讓企業加速使用 100% 再生能源、步入零碳營運；挹注員工發展和培訓；解決人權問題，或是支付供應鏈工人的生活工資。

放慢回購股票很重要，但我們也得解決潛藏的問題，那就是長年執迷短期業績。為時兩年的投資門檻報酬率（hurdle rate）太武斷。有些投資可以很快得到回報，但也有許多重要投資的回報要等幾年甚至更久。因此，正如我們先前所述，協助組織拉長時間線，並創造出鼓勵員工做出長遠決策所需的環境，別的方法不提，靠的就是推遲季度營運方針，並將薪酬轉化成獎勵長線思考。將報告和策略的時間線拉長到 3 至 7 年或更久，而不是只看單一季度。這樣會促使公司制定企業目的和目標，並做出培養韌性並創造持久價值的長遠策略。

有個核心問題是，許多投資人只看眼前，比如幾個星期或幾個月，而非幾年。20 世紀中，持有股票的平均時期是 8 年，到了 2020 年大降至 5 個月。[40] 企業若想對抗這種毫無益處的趨勢，可以深耕長期投資人，這方面聯合利華已行之有年。金融機構也可以採用一套名為盡職治理守則（Stewardship Code）的新興管理工具，資產管理公司荷寶（Robeco）的定義是「要求機構投資人對投資過程保持透明、和他們的投資人保持交流，並在參與股東大會的投票。」[41] 盡職治理守則關注成功的長期舉措，有助企業和投資人從其他角度思考價值。它可以引導資產所有者為投資人尋求創造長期價值、頻繁溝通，也能制定更嚴格的監管措施。

投資人可以創造自己的盡職治理原則，以便強調機構認定的重要議題，並確保和全球的盡職治理守則一致。如果短期的市場壓力像是猴子跳上企業的後背，還對資金用途下指導棋，那我們就甩開那隻猴子。

5. 準備不足的董事會

問題

2020 年，澳洲礦業龍頭力拓（Rio Tinto）在當地犯下天大的錯誤。它罔顧擁有土地的原住民反對，開鑿礦區並摧毀兩處古老洞穴，它們都是重要的考古遺址。幾個月後，執行長和幾位高階主管被迫去職。[42]董事長也下台，聲稱自己該為這樁醜聞負起「最終責任」。[43]這類高階主管下台，特別是不良影響波及董事會的情事，就算會發生在 ESG 企業，其實也不常見。企業如何善待或錯待這個世界，董事會幾乎從來不需要負起什麼責任。這是新時代的象徵。

當今的董事會沒有做好面對外界高漲的期待。它們的 ESG 知識少得讓人驚詫。美國紐約大學史登商學院的永續商業中心（NYU Stern Center for Sustainable Business）檢視《財星》100 大企業中 1,180 位董事的簡歷。雖然 29% 累積一些 ESG 相關經驗，但幾乎都落在社會責任的範疇。100 大企業中只有五位了解氣候議題，外加少得可憐的兩位理解水議題。[44]（其中單單是陶氏公司就延攬三位具備環境議題專業認證的專業人士，比如美國國家環境保護局的前主管。）研究作者維倫（Tensie Whelan）說，不具備相關知識的董事會「不會知道怎麼提問正確的問題，也不理解可能存在的潛在危機。」[45]

許多董事會都有企業社會責任委員會，但成員通常都資格不符。試想一下，把從來沒看過資產負債表的人丟進財務委員會就知

道了。多數董事根本不太在乎 ESG。根據非政府組織對環境負責的
經濟體聯盟，美國董事僅 6% 選擇氣候變遷當作未來 12 個月的關注
目標，還有 56% 認為「投資人在乎永續議題這件事被誇大了」。[46]
他們甚至覺得討論 ESG 有風險，但事實恰恰相反。

　　董事會成員的角色是為企業提供防護措施，因此顯著關注短期
利益。他們強力施壓資深高階主管達到短期獲利目標。即使企業執
行長的任期從 2000 年的 8 年縮短為當今的 5 年，全球超過半數的
董事會沒有備妥執行長接班計畫，這個比率在歐盟國家高達 70%-
80%。[47]

　　董事會的多元化不夠，而且欠缺思考觀點。在《財星》500 大
企業中，女性只占董事會成員的 23%，有色人種更僅占 16%。[48] 簡言
之，只有少數董事會如實反映世界的面貌，多數不知 ESG 為何物，
僅極少數可以將它和企業策略或創造長期價值連結在一起。它們完
全和外頭的發生的事脫節。

解方

　　董事會需要更多有色人種、女性成員和年輕世代。這樣的多元
化有助企業通行全世界。但還需要另一種思考觀點與知識領域的多
元化。在董事會中加入一個屬於另類同溫層，但是對世界看法和其
他成員一致的新面孔，收效甚微。你需要的是一群多到足以產生質
變的成員，他們對社會和環境挑戰各自擁有不同的知識和興趣。這
一批新人將對公司治理和忠實義務帶來不同卻廣泛的理解。

　　我們建議，應該強制培訓現任董事會成員的 ESG 意識，尤其

是氣候變遷。我倆都和加拿大商業培訓機構稱職董事會（Competent Boards）合作過，它是專為高階主管及董事會成員設計 ESG、氣候變遷等課程的機構。其他機構提供教育資源，像是對環境負責的經濟體聯盟產製的入門讀物《讓氣候變聰明》（Getting Climate Smart）。董事會必須熟知要求愈來愈高的標準及指導方針，像是氣候相關財務揭露建議（TCFD）和全球報告倡議組織（GRI）。[49] 讓董事會成員更深入思考企業目的也同樣重要。牛津大學賽德商學院開辦制定企業目的的倡議（Enacting Purpose Initiative）課程，提供思考觀點與培訓。

簡言之，董事會應該符合特定資格，一如律師和醫師。投資交易員需要訓練、美髮師需要證照；沒有取得淨正效益執照的董事會成員也不該繼續敦促公司。

6. 人權與勞工標準

問題

想像你是移工，得先付 5,000 美元「中介費」給人力仲介商，才能換來一份工廠或農場的工作。然後你每月賺 250 美元，少到根本還不起債。你在這個國家沒有任何保障，仲介商還扣押你的護照。這就是 2020 年代勞工現況的寫照。

美國老牌雜誌《生活》（Life）曾在報導中放入一張小男孩縫製 Nike 足球鞋，換取 60 美分日薪的照片，至今已過 25 年。孟加拉的拉那廣場大樓崩塌，壓死 1,132 名製衣廠員工，這是八年前的悲劇。但是置身血汗工作環境的勞工數量依舊高得離譜。國際勞工組織

（International Labour Organization, ILO）估計，全球有 15,000 萬名兒童在危險環境中工作，或是被剝奪受教權，約占整體一成。[50] 以五年為期，8,900 萬名成人某種程度上曾受到現代奴役所苦，也就是強迫勞動或是強迫婚嫁。[51] 從更廣泛的人權角度來看，全球有 16 億勞工處於弱勢，他們屬於「非正式經濟」，甚少受到保護或享有權利。[52]

　　道德交易與人權顧問機構影響力（Impactt）創辦人赫絲特（Rosey Hurst）揭露殘酷現實：「全球供應鏈就是建立在這些被迫勞動的員工上。」[53] 聯合利華整合社會永續發展全球副總裁瑪努班絲補充，幾十億美元的獲利都是來自僅賺取微薄薪資的勞工，進而高度助長不平等。企業解決這類悲劇所採取的行動少到讓人驚詫。在農產品、成衣、採礦和資訊通信（ICT）等高風險產業中，英國非營利組織企業人權基準（Corporate Human Rights Benchmark, CHRB）評估並排名其中前 200 大企業，結果糟糕透頂。滿分 100 分，平均分數僅達 24。

　　企業人權基準董事長韋谷（Steve Waygood）同時是英國保險商英傑華（Aviva）的責任投資長，他總結這篇報告描述一幅「讓人痛心的畫面」，因為試圖努力的企業少得可憐，大部分甚至都「沒參賽」。[54] 評估標準有很大一部分落在企業針對供應鏈做了多少盡職調查，也就是說，它們是否有留心人權問題？近半企業都得到 0 分；反之，運動用品商阿迪達斯（Adidas）、力拓和聯合利華這三家名列前茅的企業則是拿到滿分。近半企業至少背負一項嚴重違反人權的指控，但幾乎沒有人端出補救措施：不到三分之一的企業會晤利害關係人，更只有 4% 是以受害者滿意的結果收場。[55]

　　最近有一項難得的人權好消息，那就是有些大型投資人正施壓企業，促使它們做得更好。2021 年，貝萊德和加州教師退休基金

（California State Teachers' Retirement System, CalSTRS）投票杯葛全球橡膠手套龍頭製造商頂級手套（Top Glove）全體董事，主因是旗下四分之一員工感染 Covid-19。[56] 企業不應該等到利害關係人出手強迫它們改善問題。

解方

奴役和童工都是錯的，雖然難以面對，但你知道這是事實。別當鴕鳥。國際工會聯盟祕書長布洛說：「如果你不開口問，所以什麼都不知道。這樣就可以算是不知者無罪嗎？錯了，這樣你的罪過才更大。」[57]

學習現有的法律，並倡導制定更多法規。英國的《現代奴役法案》給了奴役和人口販運一記重拳。這套法案經過一些政治爭論後納入（回報）透明度與供應鏈的要求。

找到一些能協助教育你的機構，比如致力改善全球供應鏈工資水準的公平薪資網（Fair Wage Network），並公開分享你的知識。聯合利華公布第一份獨立調查人權報告時，公司人心惶惶，但它並未傷害公司，還幫聯合利華找出需要關注的人權議題，包含強迫勞動、歧視、騷擾和工時等。一旦你掌握問題的規模，就能主動從你的消除價值鏈中消除現代奴役惡象。

理論上來說，另一個解方是審查。許多國際標準和企業都會審查工廠違規。然而人權倡議人士對此抱持存疑的態度，因為審查在成效上毀譽參半。Impactt 的赫絲特說，現成的審查收效甚微：「你必須以勞工意見為中心，更深入地參與其中。」勞工需要一個能說心裡話的管道，無須擔心遭到報復。手機、匿名問卷和影片貼文等更先進的科技能幫你更貼近一般人的現實，也有助於溯源及透明度。

　　與其仰賴審查，你應該建起更深入的關係。蓋璞公布供應鏈的詳細資料後，將主要供應商從 2,000 家砍到 900 家，讓公司聚焦、建立信任感並一起解決問題。[58] 採購的文化需要改變，讓更良好關係成為常態。

　　企業可以經營先禮後兵的合作夥伴關係，從共同供應商獲得更多消息，或減少約聘人員提高薪資和就業保障。布洛相信生活工資有助解決童工問題：「如果人們賺的錢足以撐起一個家，就不需要讓孩子去賺錢。」她表示，想讓全球 25,000 萬人口依賴生活薪資立足得花上 370 億元，還不到全球億萬富豪在 Covid-19 疫情期間增加 4 兆財產的 1%。[59]

7. 產業協會遊說

問題

　　一家企業為氣候變遷所做的努力，例如設定以科學為基礎的目標、公開支持《巴黎協定》、購買再生能源等，只要它的產業協會反對氣候行動，所有善舉都會被抹煞。如果產業推動的政策與企業本身的聲明不一致，政府、非政府組織或員工又怎麼會認真看待企業？

　　企業聲明和產業遊說之間有一道巨大的鴻溝，在化石燃料產業尤其明顯。石油和天然氣公司都說他們支持碳價，一旦真的要制定政策時，這些企業的代表團就動員群體反對。2018 年，華盛頓州舉辦一場碳稅投票，民調顯示，碳稅支持者遙遙領先。美西各州石油協會（Western States Petroleum Association）卻豪撒 3,000 萬美元，說服民眾收取碳稅對他們不利，單單是碧辟就出資 1,300 萬元。[60] 這項投票最後以失敗告終。

多年來，美國的大買家遊說團體美國商會全力抵抗環境、氣候政策。[61] 在少數幾家企業努力不懈地運作下，商會終於承認氣候變遷是人類造成的真實問題。帝斯曼北美區和總裁威爾胥（Hugh Welsh）貢獻尤著。不過 2020 年底，世界資源研究所寫到，美國商會與商業圓桌會議對氣候議題的看法出現分歧。後者制定出前者稱為「在解決氣候變遷方面，走得遠比其他大型產業協會更前面」的氣候政策原則。[62]

企業畏畏縮縮地躲在組織後方，高階主管只敢說些瞎話，諸如「我對氣候變遷的看法和他們不同，但我需要它們幫我進行貿易遊說。」這是懦夫行為，而且破壞信任感。利害關係人會問：你資助的對象是誰？那些協會和公關公司以你的名義做了什麼事？他們有多反對減緩氣候變遷和減少不平等（比如最低工資）的政策？先替這些矛盾準備好說辭吧。

英國氣候變遷智庫影響力地圖（InfluenceMap）蒐集企業和產業協會針對氣候和環境進行遊說的大量數據。它不斷強調，這些產業團體試圖削弱環境規範，尤其是化石燃料業。否認氣候變遷存在的一群人可能已經從直接資助候選人或競選活動，狡猾地轉移到產業協會中施展他們的影響力。但沒有人上當。

解方

　　有時候，和產業團體交流排除雙方的政策歧見是值得的做法。帝斯曼推進美國商會的努力至關重要。因此，首先試著轉變它們的想法。為你想和他們一起合作的議題提出主張，但由於氣候變遷是最巨大的危機，產業的支持行動應該口徑一致。試圖改變它們的觀點後，最好的做法就是和那些緊抓著過時觀念不放的團體切割。十多年前，蘋果、Nike、聯合利華和其他企業就因為氣候立場退出美國商會。[63] 如前所述，聯合利華同樣退出歐洲商業組織和惡名昭彰的美國立法交流委員會，因為它在各個地方層級遊說，要制定更低的環境標準和開倒車的社會政策。同樣地，健康醫療龍頭 CVS 健康也退出美國商會，因為後者致力放寬菸草法規，有違前者停售香菸與菸草製品的企業承諾。[64]

　　碰上「大馬士革之路*」這種關鍵時刻，並領悟自己站錯邊，永遠亡羊補牢，猶未晚矣。碧辟在華盛頓州金援反對碳價的宣傳活動，但 16 個月後退出美西各州石油協會。它表示，雙方政策已經不同調。接著，它開始支持碳價。[65] 法國石油商道達爾（Total）退出影響力強大的美國石油學會（American Petroleum Institute），同樣是因為碳定價和電動車補貼的立場相左，再加上後者捐款支持美國退出《巴黎協定》的美國政客。[66]

　　除了退出這些團體的核彈級選項外，企業可以向協會施壓，讓它們做出改變。呼籲它們公開自身的立場。聯合利華針對透明度使

---

* Road to Damascus；譯注：語出《聖經》，比喻扭轉一生的重大改變

出的狠招是，委任產業協會做一項研究，並在 2018 年的波蘭氣候峰會中公開研究成果。聯合利華要求產業協會評估自身觀點是否符合氣候科學。

公諸於世是強迫這些協會採取行動的絕佳手段，也能一窺它們真正的想法。一如 20 世紀初法學家布蘭迪（Louis Brandeis）的名言：「陽光是最好的消毒劑。」[67]

8. 政界的金錢和影響力

問題

2010 年，美國最高法院在聯合公民訴聯邦選舉委員會案（Citizens United v. FEC）中裁定，政治獻金被視為一種言論自由的形式，應該受到保障。這項決議讓幾十億美元的金流傾洩而出，賦予企業左右政策和政客的龐大影響力，立法者迫切需要這些錢資助為時比全球其他國家更長的宣傳活動。美國國會代表每天都花好幾個小時討錢贊助他們沒完沒了的文宣活動。

其他國家的企業同樣可以影響政策推動的過程。經濟合作暨發展組織的報告《金援民主》（Financing Democracy）就提出政策把持（policy capture）的風險，也就是政策遭資金充裕的既得利益者所把持。僅 35% 的經濟合作暨發展組織國家禁止企業捐款政黨及候選人。[68] 但這個問題在美國明顯更嚴重。對企業而言，花在影響力的投資報酬率很高，因為它們花在巨額減稅的每一美元，都能為他們省下幾百美元回報。[69] 合法貪汙可不只如此。超過半數的政客一離開國會就立即接下遊說團體的職位，目睹自己的薪資大漲。[70]

　　企業沒有利用自己的影響力做好事。在影響地圖公布的全球 50 家最有影響力企業報告中，35 家被點名具有負面影響力，15 家跨國企業才是正面教材，包括再生能源企業伊比德羅拉（Iberdrola）、家電設備商飛利浦（Phillips）、皇家帝斯曼（Royal DSM）和排名居冠的聯合利華。[71] 此刻正是重整民營企業和美國政治的關係之時，這樣才能確保政府是依人民的意志做事，而非屈服金錢的力量。

解方

　　一個世紀前，IBM 就決定不碰政治。1989 年，創辦人之子暨第二任執行長華生二世（Thomas Watson Jr.）就說，一家公司「不該試圖以任何方式發揮政治組織的作用」。[72] IBM 身為企業領頭羊，即使不曾提供政治獻金，也能在政策的談判桌上占有一席之地。企業應該拿它當榜樣，承諾不提供政治獻金並變得更透明。公開所有捐款的任何緣由，無論是否與政治有關。企業也應當解散內部的政治行動委員會（political action committee, PAC），好將政策和政治脫勾，聯合利華早在多年前便已停止捐款。別等事到臨頭才抱佛腳。美國這場蠢蠢欲動的政變是個幡然醒悟的一刻。數十家企業已經停止捐款政客。

　　紐約大學法學院的布瑞南司法中心（Brennan Center for Justice）、女性選民聯盟（League of Women Voters）和美國人民之路（People for the American Way）等組織都擬定讓金錢退出政治的類似清單。訊息披露與透明度也同樣是它們的首選，但它們也建議將錢轉向選舉的公共財政。我們需要進一步放大思考格局，提倡憲法修正案推翻前述聯合公民一案的荒謬裁決。聯合利華的班傑利就試圖發起支持這些修正案的草根運動。餅乾麵糰、冰淇淋製造商一向是「麵糰不碰政治」的擁護者。

9. 多元共融

問題

大家都有過這種挫敗經驗：在視訊會議上發言到一半，才發現自己沒開麥克風。試想一下你被永遠靜音的情況，這就是系統性被排除在經濟圈外的族群的感受。

在這個全球化時代，多元化是最豐富的資產。看看這個世界，你會看到一個擁有許多語言和文化的地球，豐饒、生機勃勃、多采多姿。這樣出色的特質非常適合商業發展。多元共融的商業實案不勝枚舉，是個兆元商機。麥肯錫的一項研究指出，在種族與文化多元性排名中位居前 25% 的企業，獲利能力比後 25% 的企業高出 36%。[73] 波士頓顧問公司（Boston Consulting Group, BCG）的一份研究總結，管理階層愈多元的企業，能靠創新多賺進 19% 的營收。[74]

但企業在共融方面表現不佳，特別是在高階主管層級。女性占美國企業基層工作的 47%，但在「長字輩」層級僅占 21%。[75] 代表性不足的族群更慘。有色人種女性僅占基層的 18%、占「長字輩」的 3%。白人男性霸占高階主管三分之二的位子。這件事實在我們撰寫本書期間造成一些小挑戰。我們著眼於大企業並引述許多執行長的評論；我們想要多元的聲音，但《財星》500 大企業獨缺這一項。
幾年前，名叫約翰的執行長人數都比女性執行長還要多。[76] 如今還
是只有 4 位黑人執行長，但就算回溯 1995 年的《財星》榜單也只有
19 位。[77] 有史以來第三位黑人女性執行長是沃博聯的布魯爾（Roz
Brewer），2021 年才接任。

　　企業正急速接納多元共融、頻頻追蹤表現並建立量化標準，比
如科技商惠普（HP）就制定目標，截至 2025 年之前黑人主管的人數
增加一倍。[78] 但企業看待共融通常是只見樹不見林：尚有諸如文化、
種族、社經背景、性別、性向、身心障礙、神經多樣性 * 等方面的
差異。這是一個全方位觀點，不是各自為政的專案，比如今年關心
性別平等，明年在乎 LGBTQ，一旦「黑人的命也是命」運動開始施
壓就轉向種族。我們必須對所有群體付出一致的努力，好為企業帶
來更多不同的觀點。

　　企業若沒有共融的完整心態，就會漠視某些人。僅 4% 企業為
身心障礙的共融付出努力。[79] 世界衛生組織（WHO）的一份報告指
出，在法律規定企業有義務聘僱身心障礙者的國家，許多企業「寧
可被罰錢也不願試著達標」。[80] 這種態度造成的後果很明顯：在美
國，僅 29% 工作適齡（16 歲至 64 歲）的身心障礙者被雇用，一般人
則是 75%。[81] 這簡直大錯特錯。身心障礙者的生產力與常人相當甚
至更高，缺勤率和離職率都更低，這一點恰恰與刻板印象相反。[82]
身心障礙者群體由 10 億人口組成，他們和家人每年握有超過 13 兆

---

* neurodiversity；譯注：人腦在社會行為、學習能力、注意力、心境和其他心理功
　能上互不相同

美元的可支配收入，規模相當於整個歐盟的家戶支出。[83]

　　與世界現實接軌的工作環境將會更完善服務全世界。蘋果執行長庫克曾說，「一支共融的員工隊伍能讓下一個世代的創新成真⋯⋯全世界最出色的產品就是最善待全世界的產品。」[84]

解方

　　從和每個人對話開始做起。在企業的行銷和溝通的過程中點出代表性不足群體的重要性，並肯定每個人的人性與尊嚴。這是重要的地基，但光靠語言也只能到此為止。

　　運用商業的力量健全你所屬產業生態系統的多元化。把錢花在少數族群當家的供應商；收購身心障礙者、有色人種、LGBTQ 社群創辦的生意。在擁有多元社區的地區進行投資；為你的合作對象設定標準，例如美國首次公開發行（IPO）業務的最大承銷商高盛就規定，除非企業董事會有至少一位多元背景的成員，否則不協助IPO；2022 年起增加為 2 位。[85]

　　改變內部政策。仔細看看哪些人獲得升遷、是否偏重於人口統計學中的多數群體？你有沒有從代表性不足的群體中聘雇更多員工？雇用那些和你不一樣的對象。隨時看照那些落後的族群。全球 Covid-19 疫情對職場女性是一場大災難。麥肯錫的報告總結，Covid-19 危機「導致女性權益倒退五年」。[86]

　　聯合利華追求性別平等一向是促進多元化的個案教材。聯合利華創建一支直接隸屬執行長的委員會，波曼還刻意納入幾位在多元招聘方面紀錄難看的高階主管。2010 年，女性只占公司管理階層的

38%，董事會則是 0，所以定下新目標，在新招募的管理階層中女性要達 55% 至 60%，比率確實逐步提升。2020 年 3 月，在聯合利華全球管理階層中，女性比率達到 50%。[87] 一項針對英國企業的調查指出，聯合利華是唯一一家女性與男性同酬，甚至更高的公司。聯合利華在代表性不足的地區進展更大。在北非及中東，女性晉升管理階層的比率從 9% 激升至 48%。聯合利華也讓董事會的女性成員達到一半，同時新增 3 位黑人成員。

你擁護明智的政府政策，就可以改變這套系統，比如加州政府就要求，所有總部設於加州的企業都需要有代表性不足的成員參與董事會。[88] 我們也需要一套打造支持共融的社會基礎建設的政策。普及的育兒和育嬰假法律可以降低女性被迫離開職場的數量。想想看有什麼法律可以讓身心障礙者能更容易進入你的企業。

加入行動行列。影印事務機公司全錄（Xerox）前執行長伯恩斯（Ursula Burns），是第一位掌管《財星》500 大企業其中一家公司的黑人女性，她共同創辦董事會多元化行動聯盟（Board Diversity Action Alliance），連署背書多元化董事會的企業包括陶氏、萬事達卡、億滋、百事、金融機構 PNC、星巴克、運動用品商安德阿鎮（Under Armour）和國際快遞商優比速（UPS）。另一支團體 OneTen 就號召大企業，「在未來十年幫助 100 萬名美國黑人提升技能、受雇和進步。」[89]

至於身心障礙的共融，可參考障礙者商業倡議組織價值 500 大（The Valuable 500），這是由執行長及品牌共同組成的全球最大集體組織，旨在為身心障礙者創造持久的改變。這個由社會企業家凱西（Caroline Casey）創辦、波曼擔任主席的團體（總共有 2,000 萬員

淨正效益策略要點
解決關鍵卻被無視的議題

◆ 主動面對多數人選擇迴避的「房間裡的大象」，並腳踏實地解決它們。

◆ 主動確認自身業務如何為我們面臨的最巨大挑戰做出貢獻，特別是聚焦積攢金錢和權勢造成的不平等。

工），將會一起創新，將身心障礙共融納入招聘策略和產品設計，加強無障礙環境，並轉換商業生態，確保不再有人落單。

波曼退休時，要求不要依照企業慣例請來爵士樂團表演慶祝。公司想到一個更有意義的臨別禮物，承諾為 8,000 名身心障礙者提供職缺。讓波曼喜出望外。它們知道怎麼打動一位淨正效益執行長的心。

展現新力量

認真看待這九大議題的企業會開始發現，它們彼此之間的關聯與共生，無論好壞。透明度是貫穿一切的主題旋律。這些都不是容易解決的問題，所以，敞開心胸和他人合作，但要扛起責任。你不能一方面想要淨正效益，一方面卻逃稅、暗中支持貪汙、刻意忽視供應鏈中的奴役勞動、送大錢給每個人卻獨獨虧待員工，並把所有公司的負面影響都丟給大眾。

　　許多問題有都能轉化成機會。做正確但困難的事情會和外部利害關係人建立信任感，也能讓員工感到驕傲。你解決的難題愈多，事情就會變得愈容易。你正在建立組織和道德的肌肉與經驗，正是這股力量支持並維繫更有勇氣的新文化。

　　隨著愈來愈多的問題以前所未有的速度對著我們迎面而來，這股新力量會愈來愈派得上用場。身為肩負企業目的、多方利害關係人的公司，尚待解決的問題清單不是靜態的白紙黑字。和這些大象打交道將能讓你更清晰地預見未來，並做好採取行動的準備。

9
文化是黏合劑
將價值觀化為行動，深入組織和品牌

如果我們打算保護文化，就必須繼續創造文化。

——荷蘭文化史學家胡伊青加（Johan Huizinga）

你一走進辦公室或工廠就可以感覺到文化，它是一種屬於現場的氣味。環視大廳找找組織如何自我感覺的線索。這家企業是否以一種自豪的方式陳列產品？

檢視一下企業目的或使命宣言。如果你看到的文句基本大意是「我們追求卓越、精益求精」，那就是看到一家格局狹小的僵化組織。Patagonia 說：「我們用商業拯救我們的地球家園。」這家組織毫無疑問將會打破界線、放大思考格局。

聽聽員工的說法。和接待員聊幾句。員工看起來像是在這裡待得很開心嗎？他們是發自真心說著同一種語言，而不是模仿執行長說的話吧？正如溫斯頓採訪過全球幾十名現任和前任聯合利華員工，發現大家說的話都很像時超級驚訝，不是機器人的那種像，而是都很明確知道公司在做什麼。在衣索比亞、印度、印尼和俄羅斯的領導團隊唱的是同一首讚美詩。

　　波曼離開聯合利華時，永續發展的社區和許多投資人都擔憂，永續生活的焦點會慢慢消逝。現在很清楚，員工不會允許這種事發生。波曼的接班人喬安路完全接納淨正效益企業模式，但他也說：「如果現在我試圖改變方向，全公司都不會接受……我們有 70% 的員工是衝著企業目的才加入這家公司。如果我們停止被企業目的的驅動向前，就會被員工發起革命踢出大門。」[1]這是波曼押注聯合利華和聯合利華永續生活計畫會讓公司蛻變的最好證明。假使聯合利華永續生活計畫的承諾莫名其妙地被消失，它的業績就會跟著跳水，因為聯合利華永續生活計畫、實現強力的企業目的的承諾以及淨正效益的文化都推動企業成功。企業文化的常見模式是一座冰山，露出水面上的部分是你看得到的事，埋在水面下的部分是你在做的事。人人相信，絕大部分的冰山都深埋在水面下方。領導者可以愛怎麼說就怎麼說，但是組織怎麼行動、員工真心相信什麼才是冰山主體。這就是大家引述彼得・杜拉克名言時想要表達的意思：「企業文化會把策略當早餐吃掉。[*]」基本上很正確，但還差了那麼一點：一旦文化和策略同步，兩者都會更強大。

　　隨著時間過去，策略和價值觀會在行動規律地應用之下打造出文化。如果你長年都吃豐盛早餐，就會比較健康。

　　讓我們闡明現在正使用的術語。正如我們所見……

◆ **價值觀**是支撐組織的基礎信念，就算要改變，也應該儘量少

---

[*] 譯注：意指企業文化左右營運管理策略

異動。

◆ **企業目的**是組織長久有意義存在的原因，清楚說明你如何滿足世界的需求。它激勵員工並為企業指出策略方向和優先事項。為衛寶品牌肥皂效命的員工不只是宣傳肥皂的功能，更是在追求淨正效益的企業目的，並藉由改善個人衛生拯救幾百萬條人命。

◆ **文化**是行走的價值觀。如果價值觀是核心信念，企業目的就是你的「為了什麼」，文化則是你如何透過一舉一動展現它。它是企業信念持續付諸行動的大集合。

　　三者中，文化可以而且應該改變。體現價值觀的行為可能因為你銷售的產品、經營的地區、置身的企業類型以及員工的組合而異。一家企業可能容納多元文化。當你希望結合每一家組織的最佳優點，文化就會隨著收購行動改變。當聯合利華收購知名的美容品牌和許多以企業目的為導向、有創業家精神的公司，它們為文化貢獻新元素。文化也會隨著不斷改變的社會常規演進。當反性騷擾的#MeToo和黑人的命也是命這類運動覺醒，企業的行為就必須改變。在異常動盪的時代，你必須定期更新文化。

　　淨正效益文化始終如一地體現責任、關懷和同理心、服務、信任感、開放以及高績效等價值觀。打造這種文化需要時間，以及我們對自己制定的政策的承諾，也就是炸掉邊界、藉由透明度打造信任感、建立深厚的合作夥伴關係，同時張臂擁抱大象。淨正效益文化是最高潮，不是起頭，這就是為何我們等到這時才深入研究它。

　　當價值觀、目標和文化全都一致，企業就會變成人人搶破頭進

去的地方。在這裡，人人可以充分發揮自身的潛力、找到價值觀、
世界需求和他們自身的長處重疊的甜蜜點。你創造一種符合使命，
還會回應世界和我們當前時刻的文化時，它就會提供企業裡面每一
名員工一種共通的語言。它是將所有員工團結在一起服務全世界的
黏合劑。

當價值觀行為互相抵觸

溝通。尊重。正直。卓越。

這就是安隆公布的價值觀清單。它曾是能源和大宗原物料交易
龍頭，搞出企業史上最大的詐欺案之一。聲明都很討喜，但是如果
價值觀和行為互不匹配，那些行為就有毒，會導致企業內爆。安隆
真正的價值觀是貪婪，企業目的則是無論如何都要最大化股東報酬
率，文化更是不計代價都要贏。惡性超強。

近年來，波音的文化也出包。當政府調查 737 Max 客機的安全
問題時，內部訊息顯示，員工無視聯邦法規並欺騙監管機構。有些
人還嘲笑他們的同輩，說是「這架飛機是小丑設計的，而且還反過
來被猴子管。」[2] 正所謂危機考驗文化。

一場全球流行病、一場敵意收購、一場巨大失敗、一個成功的
新對手，當事情變得棘手，你們是會輪流指著鼻子互罵，還是團結
起來？

掛在牆上的價值觀除非獲得領導階層認可背書，然後對外分
享，全體員工理解並強化，否則根本一文不值。波曼剛進入聯合利

華的時候，這家公司具備優良的價值觀，但很含蓄，沒有詳加闡明也沒有統一說法。結果是，許多行為不符合公司的立場。他請領導團隊中每個人都寫下公司的價值觀，他們提出一堆構想。要是價值觀不明確，也不是人人同意，企業目的很難鮮明活絡起來。

文化就是一致性

少了絕大多數員工站在同一陣線並連結企業目的，文化就不會收效。那樣做會建立管理和參與的信任感，成為凝聚組織的黏合劑，也是淨正效益企業的標誌。遺憾的是，蓋洛普的研究發現，僅 15% 的員工表示他們有參與感（正是讓其他 85% 員工參與的機會）。[3] 就文化和價值觀來說這是失敗。當人們看到公司言行不一致，員工不是會戴上讓他們打從心底不快樂的虛假面具，就是乾脆離職。

組織若想激勵員工並讓他們朝著同一個方向前進，必須和自身的文化保持一致，而且是傾向言而有信。如果員工沒看到自家的領導者實踐價值觀，也沒看到他們在日常的幾千個決定中保持一致，將不會相信或張臂擁抱文化。代代淨共同創辦人霍蘭德說：「企業做的每一件事都是在表達自家文化。」[4] 保持一致就會打造出強大、清晰但可能兩極分化的文化，不是人人都適合。如果有人不對自己公司的成就和文化引以為傲，他們就會減弱這種文化。聯合利華內部都知道，不適應文化往往比表現不佳更是離職的好理由。對表現頂尖的員工來說，不要犯下試圖掩蓋不良行為的錯誤，因為那是很糟糕的取捨結果。執行長離開一家組織所能留下的最珍貴遺產就是

嵌入企業內部的價值觀，它會帶來比他們剛上任時更強大的文化和
更優秀的人才。

現在讓我們看看，建立一致性並在四大領域展現深厚的文化：
吸引人才、打造支持文化的組織基礎建設、發展以企業目的為導向
的品牌，串連並影響企業周圍社區的文化。

吸引人才

我們只有很少時間可以解決特別是以氣候變遷為首的最龐大議
題。我們真希望可以說，很快就能打造淨正效益的文化，隨著尋求
目標和影響力的年輕世代填補勞動梯隊，以後會變得更容易。但是
想要達到臨界質量得花時間，屆時大多數員工和高階主管才會站在
同一陣線。

聯合利華現任執行長喬安路對公司本身的演進觀察入微。當初
波曼引入強勁成長和責任的訊息時，他是資深高階主管之一。喬安
路評論，第一輪四年過去，相當於聯合利華永續生活計畫已經執行
兩年，許多同事還是覺得：「這也終將過去。」不過，他說，可以看
到買單的分布曲線。一開始就認同的員工馬上就接受。曲線的中段
還在移動中，而且在第八年結束時，絕大多數都已經就定位想要做
更多，不然可能就是離職了。喬安路說：「現在它是企業架構的一
部分。」[5]

聯合利華需要好幾年才走到那一步，但是這一點並不是特別讓
人驚訝。文化常規本來就需要很長時間才能改變，一旦動起來卻能

以驚人的速度翻轉。綜觀歷史，諸如廢除奴隸制、公民權利、女性平等、LGBTQ 社群的婚姻平等以及現在的氣候行動和正義等價值觀的巨大轉變，似乎都是突然發生……經過 40 年緊鑼密鼓的工作才走到這一步。

我們周遭的社會正在改變，針對種族、性別、我們和自然世界的關係等態度的多元轉變也同步發生。企業文化若想跟上這些外部世界革命的腳步，就必須（迅速）適應，正如聯合利華永續生活計畫也必須演化一樣。淨正效益理念的演化程度遠比典型的企業社會責任手法更成熟，它主要是一種「做到就打勾」的練習。

真正的變化不是由上而下發生，因為老一輩的高階主管群可能無法完全認同世界的新價值觀。隨著新人陸續進入組織，文化就不會強加在員工身上，會變成由下而上建立而成。所以，重要的是，這些人是什麼人、他們想要成為何樣的人，而且你要端出什麼誘因讓他們這樣做。

員工是什麼人 —— 多元化、包容性和平等

正如前一章討論到，包容性是那些你需要正面對決的大象之一，而且它是企業成功的核心，一家服務全世界的企業和文化應該要看起來就是個縮小版世界。在此我們主要想要聚焦正確的文化如何促進多元化……而多元化又如何推動文化。

少了廣泛的代表性，企業更可能表現無感或零意識。聯合利華犯過一些錯誤。在一支多芬沐浴乳廣告中，一名黑人女性脫下棕色襯衫，變成一名穿著淺色襯衫的白人女性。聯合利華或是廣告商都

沒有意圖暗示，用了這個品牌的沐浴乳以後首選偏好就會是變白。不過諸如此類的錯誤更可能是被房間裡對的人抓到。

多元、熱情好客的企業改變文化和內部員工。全面包容讓員工蓬勃發展，在徵才和晉升方面沒有障礙也沒有偏見。許多人告訴我們，在聯合利華看到同性戀權利和婚姻的開放和寬容程度後，從中獲益良多，因為在許多市場這部分仍不合法。聯合利華在性別平等方面付出的廣泛努力也改變內部對女性的態度，畢竟你知道，70%到 80% 的聯合利華消費者都是女性。支付女性同酬是明確讓你的員工清楚知道你的價值。從龐大、合格的身障族群中聘雇員工，就是對內部發出一則重視每個人的訊息。

多元化努力不應該像企業弄得那麼難。優秀的領導者可以實現平等。2015 年，加拿大總理杜魯道（Justin Trudeau）成立第一支內閣時，回答一名記者提出「為何 50% 是女性」的問題。毫不誇張，他的完整回答就是「因為現在是 2015 年」。

聯合利華在衣索比亞建設全新牙膏工廠時，聘雇的員工清一色是女性。這座工廠成立的用意是協助在地社區，但也是挑戰人們的文化建設。克萊納貝內身為聯合利華衣索比亞分公司董事總經理，他說，對於女性在社會和身為員工中的看法，「我們試圖打破外界的限制性觀念。」

聯合利華在印度北部聖城赫爾德瓦爾（Haridwar）的個人清潔護理工廠，從執行長算起也清一色都是女性。就連波曼都必須獲得許可才准進入大樓。

如果性別、種族、性取向和能力的包容性舉措是被強迫制定或不符合價值觀，有可能會讓公司花去大把時間。無意識的偏見是一個文化問題。真正的懷疑派一天比一天少，但是許多人還是會質疑多元化的價值。這是一個應該要當場開口斥為荒謬的問題，而且回應也將會發出一則關於價值觀和文化的訊息。請反問他們：為何我們應該證明，擁有更多女性是好事？適合所有男性的商業領域是什麼？這實在很蠢，因為證據就在眼前。高盛的一項研究發現，擁有更多女性擔任管理職和董事的企業股價漲勢每年比男性主導的企業快 2.5%。[6]永遠都有因果關係和相關性的挑戰，但彭博相信數據。2021 年，這家公司集結 44 個國家內 380 家公司的數據，推出一套性別平等指數（Gender-Equity Index），「追蹤最努力實現性別平等的上市企業的財務表現」。[7]這家電子金融龍頭正協助轉換思維，將平等視為機會而非負擔。

　　多元化也創造更開放的態度和更開闊的視野，對一家全球企業來說至關重要。不喜歡理解不同國家文化和市場，也不接受多元化的人，就不屬於聯合利華這樣的地方。成功的跨國企業內部不會有很多仇外者。

員工可以成為什麼樣的人 ── 目的和同理心

　　帶著過時觀點看待企業的員工會阻礙文化轉向淨正效益，但他們可以演化。投入開發個人的目的，然後串連它和組織的企業目的及靈魂的工作，這是重要一步。聯合利華領導團隊一路完成這項設定廣泛目標的工作（參見第 3 章），就是一個轉捩點。它加強自己服務世界的承諾。既然有 6 萬名員工走過類似的歷程，擁有個人的目的就成為企業文化的重要一環。目的有多元層次，從個人、品牌到企業，都會互相強化。

　　然而，它們不必然都相同。聯合利華北美區永續生活及企業溝通前副總裁艾特伍（Jonathan Atwood）說，個人的目的是將一切緊密貼合在一起的黏合劑，也是組織真正的解鎖器。這家公司成為個人融合自身目的的混合體。他們可以在此玩自己的花樣，但還是需要和這家公司整體的企業目的保持一致，而且要承諾服務世界。那有可能需要協助員工培養同理心和理解力。印度斯坦聯合利華發想出一種強力做法實現這一點。

　　在印度，多數新進的管理階層來自頂尖學校與其他城市。他們都是都市人。不過印度斯坦聯合利華40%的銷售額來自占據全國三分之二的農村地區。因此，它派新員工下鄉和農村家庭生活四至六星期。他們不帶錢，每天和留宿的家庭一起過生活。印度斯坦聯合利華總裁暨董事總經理梅塔說，這項計畫協助員工深入理解印度農村的生活和當地經濟的運作方式；他說，它也「讓你對你的消費者更有同感……而且讓你接地氣。」提供管理階層一個由外而內的觀點，拓展他們的思維，也讓企業更人性化。這套計畫影響員工甚鉅。

　　辛格是在接手經營衛寶這個品牌的十三年前進入聯合利華，然後就被派去和印度偏遠村莊的家庭過生活。當地沒有電、沒有廁所，而且冷得要命。他和一頭水牛同住一室六個星期。至今，無論何時他得為服務農村消費者的品牌做決定時就會說：「我會回想當初那段日子和人們日常生活的現實，根本和我們對田園詩歌一般的鄉村生活的浪漫想望天差地別。這就是讓我保持初衷、腳踏實地的原因。」

想像一下，成為一名新進員工並經歷那種體驗（無論有沒有和水牛一起生活）。如果它改變你，你將會協助打造一種服務消費者，而且珍視深度理解力和同理心的文化。如果你依舊無感，那你是待不久的。無論哪一種方式，這套計畫都創造出一致的文化。它是聯合利華為所有人帶回消費者沉浸和客戶開發培訓課程的原因之一。這是導入由外而內的觀點，並提醒人人都要採取更開闊視野的重要方式。

淨正效益文化也必須重視長期思維，而非短期獲利最大化思維。在任何產業實現這種轉變都不容易，而且現有的文化可能還會強力反對。水野弘道為日本政府領導全球最大的退休基金，即日本政府退休基金，當他將聚焦環境、社會和治理的績效指標融入投資策略核心時，撼動整支規模高達 1.5 兆美元的基金。他的基金管理天價資金，除非社會過得好，否則無法獨善其身。對於報酬，他的首要之務就是確保全球繁榮發展。水野知道，妥善管理 ESG 是實現目標的核心。這個全新焦點讓他備受媒體熱議，所以你可能會以為管理外部壓力才是他最大的困難；結果相反，他說：「最強力反彈的一群人是我自己的投資團隊（和它的治理主體）。」

水野幾乎要放棄了，然後他領悟到，其實可以引進其他的利害關係人一起背鍋，特別是那些想要退休基金經理人規避風險的人。他聯絡規模數一數二的退休基金金主，也就是工會，請求它們張臂擁抱 ESG，將它視為雙方打造長期價值，並創造雙方都倡導的包容社會的方式。工會身為日本政府退休基金的最大顧客，隨後便向水野自己的資產管理者施加壓力。他也和商業及政治媒體合辦活動，進而改變社會觀點並讓 ESG 成為流行語。它變得愈正常，資產管理者就愈不會扯後腿。結合人生目的的工作、重新定義角色和外部壓力，可以釋放出更優質、更有同理心而且生產力更高的文化和勞動力。

鼓勵淨正效益行為，員工獲得什麼獎勵

　　多年來，聯合利華沒有把聯合利華永續生活計畫的目標和獎金薪酬串連在一起。它的思維是，你不應該花錢請員工做正確的事。為何要提供獎金給交出漂亮安全紀錄的工廠經理，或是改善種族多元化的品牌高階主管？這些事情本來就應該來自尊嚴和尊重的文化價值觀。那就是你內建正確文化的方式，即使需要花上比較長的時間才能辦到。（只要花錢修復某樣東西就好，這一點有可能比較像是美國人的想法。）

　　財務獎勵是一種魯鈍的工具，相當於把領導者採用更深入方式激勵員工的責任外包出去。金錢是實現那個目的的糟糕工具。如果醫生給你一張治療癌症的帳單，你不會說：「我會多付你 50% 費用，確保我可以活下來。」對多數醫生來說，只要他們為提供這項服務合理計價，錢就不是動力。對帶有淨正效益觀點的人來說，企業目的和使命才是核心目標，利潤則否。

　　商業亦然。對低階員工來說，獎金可能是重要動機，但是對以資深管理階層和高階主管為首的多數人來說，只要薪酬與其他公司及同事相比之下尚稱公平，驅動力不會是金錢。這也是性別薪酬差距完全不可接受的原因。聯合利華協調績效管理系統，也讓全球薪酬更統一，這樣一來每個人的立足點都一樣。

　　如果實現基本的財務承諾和公平性，那麼金錢就留不住人。人們最終想留下來是因為他們認同企業目的、感覺自己可以有所作為、自己做的這份工作很重要、心聲被聽見，而且可以發揮自己的所有潛力。他們也需要和上級管理階層建立良好互動關係，因為人們求去不是因為公司本身，是老闆。

　　你可以獎勵人們實現成功的淨正效益工作，但不必然得是有針對性的獨立獎金。評估員工的價值和行為，提供績效權重的多元面向。表現較優的員工應該要循序晉升。如果工廠廠長實現零浪費而且表現更出色，或是買家採用創新方式快速實現永續採購目標，那就讓他們晉升、賦予更多責任和更高薪水。競爭力因此永久改變。那些不共享永續績效的價值觀和承諾的員工自會明白，無論如何，他們橫豎就是不屬於那裡。

　　如果你只是花錢買下特定的績效指標，有可能會以一種毫無助益的方式限縮關注焦點。舉例來說，花錢買進認同性別多元和氣候的員工，你可能會錯失比如人權或生物多樣性這種多方利害關係人、長期價值觀商業做法的重點。在營養大廠帝斯曼，50% 高階主管獎金曾經是基於這門產業在道瓊永續指數排名第一而來。對經營企業來，那就是太狹隘了。當帝斯曼掉到第 2 名，便決定停止追逐名次。目標應該是全面性、基於系統的領導，而非設法縮小衡量標準或某些外部排名。

　　儘管聯合利華並未直接為特定的永續發展指標花錢，它確實依據關鍵績效指標衡量成功，並讓員工擔起責任。追蹤進度是一種比較像對談而非計分板的做法。管理階層每一季都會坐下來檢視諸如多元化等議題的進度，然後向落後的部門或職能發號示意。舉例來說，領導階層每隔幾個月就會找採購部門開會，討論並檢視諸如用水、廢棄物、能源和永續採購等指標的進度。

聯合利華為透明度開發基準評測和實時數據、找出高績效員工，並讓所有人都看到他們的進步。這些做法更適合將聯合利華永續生活計畫原則融入文化。在波曼任期結束之際，公司確實把永續發展績效加入前 100 位高階主管的激勵薪酬中。董事會要求繼續專注藉由聯合利華永續生活計畫推動業務成果。

隨著投資圈發表更廣泛報告並提升實質重要性問題的理解程度，我們將會看到，更多公司把 ESG 績效當成薪酬的直接組成部分。這樣固然很好，但說到底，如果人們不買單、行為也不一致，獎勵薪酬影響就不大了。

文化的基礎建設

大家時常談論打造創新或責任感等「融入組織的 DNA」這種話題，但是很多事情就像企業目的一樣，看起來像是企業核心，卻隨著時間過去慢慢被消失。正如聯合利華前永續長西布萊特所問：「企業目的的文化到底是隱性基因還是顯性基因？」如果你不打造強化文化的架構，它就有可能從背景中被消失。

顯性基因不可能根除。意思是要讓淨正效益文化融入企業的各個面向。讓所有人輪流從永續發展事業體轉任到其他職能和地區有所幫助。西布萊特說，永續長的終極目標應該是讓自己從這個職位被消失。這種說法雖然稍嫌誇張，因為總是需要集中知識並規劃長期趨勢。不過執行永續工作應該要深深嵌入企業內部。如果企業的態度是「永續部門的同事會處理」，進度就會減緩。每個人都需要所有權。

你若想釋放組織潛力，就需要高度信任感，它讓你將制定決策降低到知識層面而不是微觀管理層面；也允許提高而不是降低複雜性，而這正是多數企業做的事。你會想要賦予員工做出長期、淨正效益抉擇的自由度，而不是陷入讓他們過得辛苦的困境中。

把決策降至只適用以原則為基礎的組織，而非以規範為基礎的組織。聯合利華導入指南針工具（參見第 3 章），當作價值觀和領導力標準的指南。名為指南針是刻意為之，指的是，你不是循著直線找出你的道路，而是需要導航帶你繞過一些樹群。聯合利華預期每一名員工都要實現指南針的理想：正直、尊重、責任、開拓、成長心態、行動偏見和以聚焦消費者。這些價值觀支持全公司重振業務所需的績效文化。

聯合利華永續生活計畫將關注外部世界的重點，以及服務世界的文化，一併導入具備特定可衡量目標的組織。正確的組織架構和工具也會在文化中創造正向的反饋循環。打破品牌或地理區域之間的各自為政狀態。深思權力下放是否阻礙尋找並實現共同目標的努力。

打造文化應該就擺在執行長的辦公桌上，而非人資部門。所有重要職能都是在企業內部打造淨正效益文化的關鍵，但是某些諸如財務、研發和併購等核心領域，目前參與環境和社會議題的程度卻還不是很積極。它們應該要積極才對。

淨正效益財務和預算

　　諸如衛寶的全球洗手計畫這種以企業目的為導向的品牌專案，將會提供品牌價值和成長營收的回報，但是它也有成本考量。協助國家發展設施的投資很花錢，所以編列淨正效益預算可說是結構性的文化議題。某部分來說，聯合利華的品牌不是把一項以企業目的為導向的倡議視為需要獨立預算的案子，然後才為這些投資找到資金。如果它被視為做生意的一部分，就有可能被納入行銷預算或資本支出。

　　淨正效益企業打破心理和組織的各自為政，採用全方位視角看待事物。零廢棄工廠的前期成本可能比較高，但也產出更高品質、更少浪費、更好的企業商譽等。投資在生活工資或是減少供應鏈的臨時勞動力並增聘正職員工，短期內增加成本，不過更低的流動率和更高的生產力會帶來回報。

　　在戰場上，你必須提供經理人更多業務和損益的所有權，這樣他們才能根據需要分配資金。當聯合利華第一次考慮在工廠屋頂架設太陽能板，製造部門主管面臨資金預算的打擊。不過他也負責包括碳價格的電費和成本。他必須制定五年和十年的風險計畫，其中涵蓋工廠對社區的環境衝擊。他有了更廣泛的觀點，就可以採取全觀視角做出更完善、更周到的選擇。最終他們還是安裝太陽能板。

　　印度斯坦聯合利華的梅塔談到預算和水資源可用性時說：「如果你採取一種沒有水就沒有生意可做的觀點，何不把錢花在保護那些資源和未來生意的專案上？」讓這些投資成為正常的經商方式源自並強化蘊含企業目的的文化。梅塔也說，如果你真心想要成為解決方案的一部分，「就能找到錢。」

　　提供人們長期工作的自由是一個領導和組織的決定，不是每一季都要呈報一次賦予他們空間。這樣做有助你的員工後退一步，從樹叢間看到整座森林。

淨正效益研發

　　聯合利華永續生活計畫為創新帶來一種由外而內的觀點。理解地球限度以及它們如何影響真實世界的人類，有助研究人員找出必須滿足的需求和重新思考產品的機會。聯合利華為了確保品牌和研發部門同步，並為聯合利華永續生活計畫做好服務，在品牌團隊中安插一位研發總監。這是打破各自為政做法的另一種方式，讓創新更有意義，而且更快進入市場。

　　舉例來說，專責管理衛寶洗手倡議的品牌經理發現一種或許可以經由產品創新解決的挑戰。這項計畫教育孩童清洗雙手 30 秒。不過在某些地區可能沒有足夠的水可以讓他們洗這麼久。而且對象是孩童，所以他們不管怎樣都不可能在水龍頭前面待這麼久。品牌經理相信，解決這些問題有助聯合利華實現聯合利華永續生活計畫關注人類福祉的目標。

　　當時聯合利華研發部門負責人伯格（Geneviève Berger）責成衛寶團隊找出更快殺死細菌的方法。他們確認百里香和松樹的天然成分中有一種分子組合，只需洗手十秒鐘就能殺死大腸桿菌與其他細菌。那項「修復」衛寶的任務不是一次性。聯合利華為了在組織中創造淨正效益思維，在研發過程中導入所謂的「綠色漏斗」，指的是在過程中正式納入環境和社會需求。全新創新必須提升毛利並通過漏斗。

　　聯合利華另一位研發長布蘭查建立年度綠色漏斗評論，協助不同產品領域的研究人員分享新產品、技術平台和全世界消費者面臨挑戰的相關知識。舉例來說，在許多社區，人們可能得先走上好幾公里取水，然後用一桶水洗衣服，再取六桶水沖洗乾淨。所以，在某一場綠色漏斗評論會議中，洗衣團隊設置六桶水，要求行銷和研發團隊扛到另一間會議室，再告訴他們：「這就是我們試圖解決的問題。」它讓團隊興起一股急迫感和同理心。他們開發全新的「一次洗淨」技術，可以快速沖掉肥皂，這樣一來在缺水地區的人們就可以用更少的水洗淨衣服。個人照護領域的品牌經理看到這種創新便詢問，新技術能否套用在減少洗澡時沖洗肥皂和洗髮精的時間。這項技術就這樣成功打入其他品牌。

　　當然，綠色漏斗進程不是永遠都能創造贏家。團隊確信，一種新的壓縮除臭劑可以減少包裝體積和運輸排放，就像布蘭查所說是「一記灌籃」。但消費者覺得產品好像有減量，所以就不想買。他們因此學到教訓。品牌團隊有了自己的研發，也可以很快就從失敗學經驗。

併購：文化是內部工作

　　隨著聯合利華永續生活計畫獲得動力、業務成長，聯合利華加速併購活動。在波曼的任期內，它們賣掉 52 個品牌、買進 65 個品牌，併購活動比過去 20 年多，而且戲劇化地改變投資組合，為聯合利華的未來找到更好的定位。收購包括許多創辦人自己領軍、受到企業目的驅動的企業，因此拓展至某些類別並涉足新領域。

　　日曷牌（Sundial Brands）是成功的頭髮和皮膚護理公司，服務年輕、多元文化消費者族群。創辦人丹尼斯（Rich Dennis）是白手起家的西非國家賴比瑞亞移民，原本在紐約市哈林區街頭擺起折疊桌販售乳木果油。[8] 收購案通過後丹尼斯繼續留任，和他的公司一起為聯合利華帶來額外的多元化和成長新市場的知識。

　　許多這些創業型執行長明確表達，他們只對加入聯合利華感興趣。天然調味品公司肯辛頓爵士（Sir Kensington）的創業搭檔拉瑪丹（Mark Ramadan）和諾頓（Scott Norton）都說：「我們的公司不賣。」但是當聯合利華上門時他們明白，加入這家公司將會「讓我們更快速拓展配銷網絡，還能堅守我們的價值觀。」[9]

　　代代淨是一家以企業目的為導向的公司，共同創辦人霍蘭德一向對大企業抱持懷疑態度。多年來，他總是拒絕賣貨給沃爾瑪。霍蘭德甚至比拉瑪丹和諾更直言不諱地說：「沒有幾家打算收購代代淨的公司會讓我激動到哽咽……只有一個選項。」[10] 時任代代淨執行長雷普洛格也說，公司不賣。聯合利華接觸後，他們和領導團隊針對成為 B 型企業及雙方的價值觀展開 6 個月的對話，直到達成共識才開始談收購價格。[11] 代代淨被收購後五年間，營收成長超過一倍，現在產品在 40 個國家販售，遠多於被收購之前。

　　聯合利華一般來說允許收購案和母公司分開經營，但是會善用它們需要的知識和資源擴大規模。聯合利華前北美區總裁庫索夫說，公司希望服務這些剛剛被收購的企業並協助它們成長。他對代代淨的領導團隊說：「恭喜，你們剛剛買下聯合利華了。我們的資源任君選用。」庫索夫也對激進主義派的班傑利品牌執行長索爾漢說：「你的工作就是成為聯合利華的叛亂分子。」[12]

　　創辦人通常會在大企業收購後求去，但多數這些執行長都是為了文化繼續留在聯合利華。這些企業家彼此之間的親密程度勝過典型的聯合利華品牌團隊，因此當愈多創業家留下來，就吸引其他人這樣做；這是競爭優勢的乘數效果。淨正效益企業採取不同視角看待併購，把新公司融入文化中，同時向它們學習，進而實現更高成功率。引進成功、以企業目的為導向的企業和創辦人，連同他們的開拓、冒險思維，為聯合利華注入新的 DNA。高階主管看到了熱情和興奮，而且它就這樣開始對外傳播。他們聽到了大企業再也不會使用的另一種語言。

　　以企業目的為導向的組織肩負服務利害關係人的明確使命，當聯合利華收編更多這類企業，它自己的企業目的就更快飛速轉動，而且就愈接近淨正效益。

以企業目的為導向的品牌

　　企業目的是從企業層面開始發揮作用，必須全公司上下針對諸如人權、多元化和氣候等問題採取一定立場。如果單是從品牌層面著力就會顯得空洞、做半套。你的某一種產品採用永續棕櫚油，另一種卻不是，這樣無法取信大眾。這樣全公司和旗下最差的品牌就只是半斤八兩。

　　不過一旦你掌握一致的企業議程，就可以有效地從品牌層面推動企業目的，並發展出支持淨正效益企業的承諾深度。品牌層面是多數人和企業及它的企業使命互動的交會點，也是它全面動起來的舞台。將意義帶入產品是企業目的的文化站穩腳跟的最終證明。一旦企業目的發揮的作用超越培訓計畫，或是執行長發出的宏大聲明，你就知道它已經深入品牌了。當聯合利華的行銷團隊就定位，它的企業目的就真正起飛了。

聯合利華為產品確認可以採取特定立場並致力解決的社會議題，進而取得動能。但是帶有企業目的的品牌不只是企業社會責任或是慈善事業，它以一種連結產品本身全部意義的方式真心地服務大眾。把事情做對也會推動銷售。多年來，以企業目的為導向的品牌比其他業務成長 50% 至 100%，貢獻聯合利華 75% 的成長，而且毛利更高。這是企業目的帶來的利潤。[13]

多芬和衛寶是兩個歷史最悠久的品牌，它們的目標計畫在聯合利華永續生活計畫問世之前就已經存在，不過規模都很小而且沒有一致應用。衛寶從一個受到以印度為主的 3,000 萬人口尊敬的品牌出發，壯大成一套涵蓋 10 億人口的全球計畫。淨正效益企業會在全公司內建這樣的計畫。

現在聯合利華有 28 個被指定為以企業目的為導向的品牌。它們為了先取得內部認同，已經證明自己可以達到高標，並和合作夥伴一起大步向前。不過全體組織有既定目標，而且它是所有 300 個品牌的一部分。所有品牌都肩負聯合利華永續生活計畫相關的目標，而且諸如改善 10 億人口生活這類的宏大目標是放在全集團層面加以評量。

受企業目的驅動的品牌發展

　　聯合利華永續生活計畫早期的全球行銷主管麥修扮演推動企業目的深入品牌層面的關鍵角色。他深入理解品牌意義，是一位備受尊敬的思想家，而且明瞭聯合利華有必要改變它看待自己的方式，才能說服消費者同意任何事。他為了協助組織進化、建立不同的文化並開發符合聯合利華永續生活計畫的品牌，打造一套他自稱為「為生活打造品牌（Crafting Brands for Life）」的論述。這是一場內部行銷活動，發出影片詢問每個人：「你願意再次改變世界嗎？（指的是利華勳爵創立聯合利華之初對衛生的承諾）」

　　麥修說，品牌當然就是要讓消費者掏錢買的產品，但也是要讓他們買單的想法，而且必須超越產品本身才能增添價值。麥修為了擴大思考，重新設計聯合利華的「品牌之鑰」，這是行銷團隊用來形塑品牌定位的核心工具之一。原始圖示有 14 個小框，實在太複雜。麥修把它簡化成一個 3 角形，聚焦產品、品牌和人性真理。他為了實現企業目的，添加一顆抱負遠大的愛心以及用來實現它的額外元素。

　　聯合利華稱它為品牌愛心之鑰（參見圖 9-1）。在此我們採用澳洲制汗劑品牌蕊娜（在其他國家則改稱確定〔Sure〕、等級〔Degree〕、防護〔Shield〕）的版本。這個品牌的目的是協助人們過得更好、「做得更多」，而且帶著不散發異味的自信突破自己的極限。蕊娜的聯合利華永續生活計畫企圖是「讓動手做的人過著更積極、社交活躍而且情感投入的生活。」蕊娜把支持個人衛生教育計畫當作工作的一環。

圖 9-1

品牌愛心之鑰

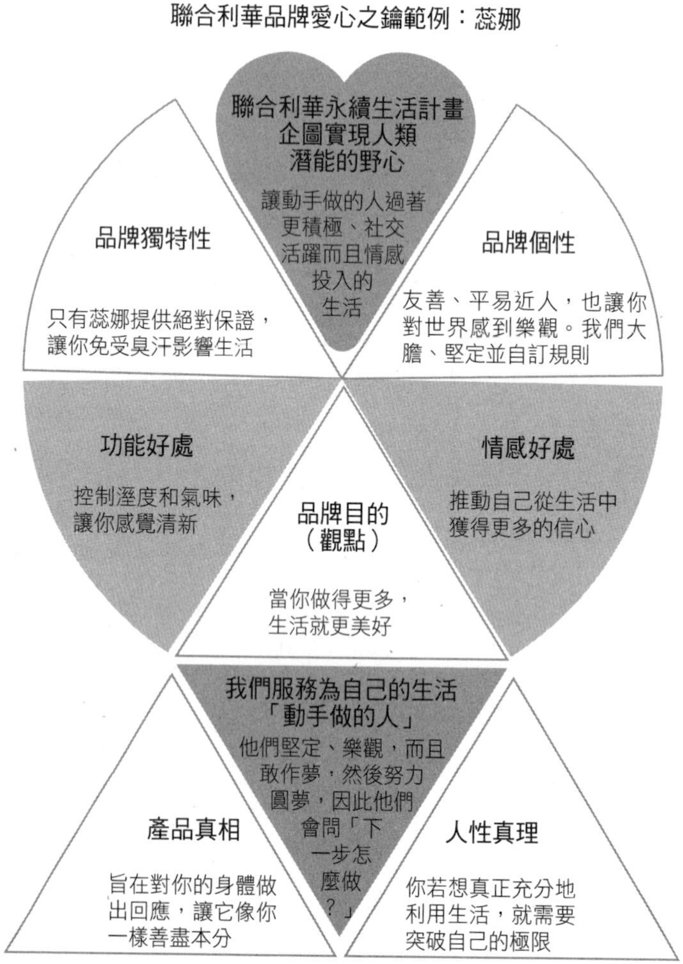

聯合利華品牌愛心之鑰範例：蕊娜

聯合利華永續生活計畫
企圖實現人類
潛能的野心

讓動手做的人過著
更積極、社交
活躍而且情感
投入的
生活

品牌獨特性

只有蕊娜提供絕對保證，
讓你免受臭汗影響生活

品牌個性

友善、平易近人，也讓你
對世界感到樂觀。我們大
膽、堅定並自訂規則

功能好處

控制溼度和氣味，
讓你感覺清新

品牌目的
（觀點）

當你做得更多，
生活就更美好

情感好處

推動自己從生活中
獲得更多的信心

我們服務為自己的生活
「動手做的人」

他們堅定、樂觀，而且
敢作夢，然後努力
圓夢，因此他們
會問「下
一步怎
麼做
？」

產品真相

旨在對你的身體做
出回應，讓它像你
一樣善盡本分

人性真理

你若想真正充分地
利用生活，就需要
突破自己的極限

　　你如果說：「喔，拜託，它不過就是除臭劑。」情有可原，因為還算公允。這不是最強烈改變世界的品牌使命之一，不過讓它成為克服挑戰很好的例子。一個以企業目的為導向的品牌連結並協助搞定全世界人類生活的大問題。除臭劑和社交活動中的自我形象及舒適度有關，這一點對大家都很重要。當然，有些品牌和更大的目標連結。衛寶確實可以藉由洗手拯救生命。凡士林為自然災害現場和難民營提供醫療用品。洗淨產品的多霸道則是可靠地擁有一個「贏得對抗惡劣衛生條件的戰爭」目的。

　　是說，就憑蕊娜除臭劑嗎？還是，更確切來說，指的是身體噴霧品牌 Axe？！一個多年來以厭女廣告形象為生的品牌要怎樣找到高尚的企業目的？但它不知怎地就是辦到了，它顛覆訊息，改為質疑有毒的陽剛之氣，支持多元意義的男子氣概。規範經常改變，或是在某些情況下非變不可。Axe 必須表現謙遜並認清自己如何描繪女性。為諸如 Axe 這類品牌找出更大的使命得花時間，不是簡單或顯而易見的任務。那些想通的人肩負起一項對內部每個人和消費者來說都很明確的使命，他們找到契合歷史和產品功能優勢的用途。

　　許多聯合利華的品牌採用聯合國的永續發展目標當作工具，找出它們自己更大的使命。擁有農業供應鏈的康寶食品正致力實現目標 3 的「良好健康和福祉」，和目標 15 的「陸地生命」；多霸道則是對抗和目標 6 的「清潔飲水和衛生設施」相關的不良衛生狀況。

　　找出契合品牌的企業目的的過程是一種演化。聯合利華永續發展全球副總裁漢米爾頓將踏上尋找目的之旅的品牌區分成三大部分：精心打造企業目的並建立品牌之鑰；帶著謙遜學習某一項議題，並和合作夥伴齊力制定計畫；對多芬、衛寶、多霸道和代代淨這些最先進的品牌來說，擴大它們的倡議計畫。當一個品牌走得更遠，就愈能縮小「說／做」之間的差距，並能清楚說明它代表的立場，進而打造可以產生實質影響力的計畫。

「做」的部分，是指在當地採取的行動和改善生活的計畫，提供它們可信度，持續提高標準並解決更大、更深層次的議題。多芬為 6,900 萬名年輕人開設課程，因而理直氣壯談論自尊。衛寶讓幾億人口學會用肥皂洗手，因而致力降低兒童死亡率。多霸道協助在印度蓋幾百萬間廁所並制定許多學校清潔計畫，因此可以解決更大的露天排便問題。印度的布魯克邦德紅標（Brooke Bond Red Label）茶利用自家廣告和行銷正面對決問題，因而致力消弭種族和性別歧視現象。

帶有企業使命的品牌打造良性循環，帶頭邁向更有目標的工作，並實現更多淨正效益的成果。

重振品牌

對成熟的大品牌來說，改變認知和財務結果很困難。衛寶肥皂是聯合利華最成熟的產品。它誕生於 1800 年代，堪稱聯合利華故事的縮影。它結合社會的歷史和實際進步，以及業務成長。只要有動人、真實的故事和真誠的行動，找出品牌目的就可以重振停滯不前的品牌、復興文化。

長期以來，衛寶的挑戰聚焦幾百萬名 5 歲以下兒童死於可預防的疾病這項讓人心碎的事實。[14] 定期洗手可以將肺炎和腹瀉這兩大主要殺手的發病率分別降低 23% 和 45%。嬰兒出生後第一個月內發生的死亡案例約有 250 萬，教育新手媽媽和助產士更好的洗手習慣，可以預防 40% 的不幸事件。

衛寶的計畫集中在幾項行動：訓練孩童和母親的衛生活動；藉由媒體廣泛宣傳；一本提倡在如廁後、吃飯前和洗澡時等五個關鍵時刻洗手的《洗 5 次學校》（School of Five）漫畫；以及米老鼠給皂盒等協助讓洗手變成日常又好玩的產品創新。

2010 年以來，在聯合利華透過衛生和健康計畫觸及亞洲、非洲和拉丁美洲共 29 國的 13 億人口中，這項計畫便囊括其中 5 億，算是相當大的一部分。聯合利華圍繞著這些計畫建立合作夥伴關係，包括和印度的全球疫苗聯盟（Global Vaccine Alliance）協作，宣傳用肥皂清洗和免疫接種；這是兩大避免疾病最具成本效益的解決方案。和英國政府合作發展一套總額 1 億英鎊的新計畫，專門致力於幫助10 億人口提高對抗 Covid-19 的意識，進而改變行為。[15]

這整套計畫是全球努力減少不必要死亡的一道環節，成果斐然。綜觀全球，死於腹瀉的兒童減少 36%。一項針對印度 2,000 戶家庭的研究顯示，那些接受衛寶訓練計畫的對象腹瀉病例減少 25%、急性呼吸道感染減少 15%，而且拿髒手摸眼睛導致的感染減少 46%。受過教育的新手媽媽在換尿布後、餵母乳前洗手的可能性提高許多。

衛寶品牌的財務復甦十分吸睛。幾十年來營收都持平或稍微下滑。隨著衛寶確立目的，營收開始以每年兩位數的百分比成長，變成第 12 個加入聯合利華營收 10 億歐元俱樂部的品牌。波曼離開聯合利華時，衛寶送他一包客製肥皂，外觀上印著波曼和妻子金的照片。雖然不是金表，但很漂亮。包裝上自豪地寫著，衛寶已經實現核心的聯合利華永續生活計畫目標，減少足跡的同時讓營收翻倍。

　　許多聯合利華旗下受到企業目的驅動的品牌原本已經停滯多年，現在都開始再度成長。濃湯和膳食組合品牌康寶採納一個讓「所有人獲得並負擔得起的健康、營養食品」的目的，同時致力解決食物品質、獲取和健康問題。銷售持平幾十年，如今正在高難度市場表現出色，即使競爭對手的銷售下滑也不受影響。好樂門是擁有 125 年歷史的沙拉醬品牌，在聯合利華確認它具備對抗食物浪費的重要作用後找到新的活力。領導團隊參觀農場並開始把這個品牌和它的根源串連起來，強打供應雞蛋的農夫的特寫廣告。好樂門藉由採購和傳遞訊息，努力「捍衛真正的食物」。它付出諸多努力言行一致，做到 100% 非籠養雞蛋和 100% 回收塑膠包裝，因此也開始再次成長。

　　這些成功都為聯合利華的文化做出驚人貢獻。超過 4 萬名員工擔任救生員志工參與洗手活動。每個人可以為這家公司已經協助拯救幾百萬條生命感到自豪。他們知道自己的雇主力挺自己可以參與其中的某一種理念；他們也看到這家企業財務表現成功，進而提高支持度，甚至說服懷疑派淨正效益工程是一門好生意⋯⋯而且他們應該要做更多。

自生自發的企業目的

　　淨正效益思維推動創新並鼓舞公司做更多，而不只是重振現有的品牌。庫索夫說，受到企業目的驅動的產品組合從以下三大工程領域出發匯聚 1 堂：強化諸如多芬和班傑利等核心產品、收購代代

淨和清潔護理商乳木果保溼（Shea Moisture）這類品牌，並從零開始
打造全新產品。最後一項還可能最好玩。

　　這家公司開發頭髮和皮膚護理品牌愛美愛地球（Love Beauty and
Planet）時，可以說是一張白紙。包裝是 100% 可回收的內容。成分
是純素、零殘忍，而且不含對羥基苯甲酸酯（Paraben）或染料。它
所採購的每樣東西都是為了減少影響並促進生計。為油類提供木質
香味的培地茅（Vetiver）植物來自海地農場。聯合利華為這種油類支
付溢價，並支持諸如道路、更容易獲得醫療保健、衛生設施和電力
等社區開發計畫。

　　正如庫索夫所說：「從零開始的自由不用背負偶包，可以從社
會需求層面的設計回到配方、包裝和傳播，這是打造生活品牌的終
極目標！」這個全新開始也為它們提供品牌發展方向的彈性，進而
擴張領域再創愛家愛地球（Love Home and Planet）這個清潔產品。愛
美愛地球產品線問世第一年就入帳 5,000 萬美元。全球洗髮精和潤髮
乳的銷量下滑，但新產品成長迅速，光是在推出當年就躋身前 20 名
洗髮精之列。[16] 僅僅兩年後，它就在 40 個國家上架。

　　整條全新產品線是 6 個人在小房間發想而成，他們從提出受到
企業目的驅動的品牌看起來應該是怎樣的最源頭問題出發。他們獲
得放大格局思考的空間。同理，有那麼一名充滿熱情的員工傅魯曼
（Laura Fruitman）打造新品牌淋浴權（The Right to Shower），為肥皂
和沐浴乳命名為「希望」和「尊嚴」，提撥 30% 的利潤協助街友獲
得包括淋浴等服務的倡議。傅魯曼端出這項協助街友的人生目的提
案時還掛名多芬全球品牌經理。她找到在聯合利華內部完成這項使
命的完美方式。現在她是聯合利華的產品總經理和「常駐企業家」。

這是融合同情、服務、成長和創造力文化的一個絕佳實例。

企業文化：內、外部分

企業文化不是存在真空裡，而是社區龐大文化的一部分。串連內部和外部文化同時帶來風險和報酬，包含難以調和的脫節。淨正效益企業不會放棄自己的原則，而是會為了保護權利對抗不公正、挑戰常規並找到做對正確事情的勇氣。

挑戰你身邊的常規

高階主管經常害怕，如果公開坦承自己的價值觀就會惹上麻煩。要是企業的多元化和寬容度等文化和周圍社會的文化規範發生衝突，情況確實會變得棘手。

布魯克邦德是全世界最大的茶葉品牌之一，在印度擁有巨大的影響力。它將「在充滿偏見的世界中支持包容」當作使命，善用自己的行銷機器開辦各種探討寬容的運動，讓大家看到坐下來喝杯茶如何協助人們團結。在印度，衝著穆斯林而來的宗教暴力非常普遍，說得含蓄一點，這是一種有爭議的情況。不過，布魯克邦德深入探討這項議題。有一支廣告拍攝一個看起來像是信奉印度教的家庭被鎖在自己的公寓門外。隔壁住著一名穆斯林婦女，邀請他們全家上門喝茶。他們猶豫不決，但最終還是進門一起喝茶。廣告標語是「在一起的滋味」。

　　布魯克邦德的另一場運動鎖定歧視跨性別者的現象。在一個下雨天，一名祖母和孩童搭計程車卻遇上交通打結。一名跨性別的茶販敲敲車窗，老婦人揮了揮手並喃喃自語：「那些跨性別的傢伙。」但是小販免費奉茶給卡在車陣中的路人。這名婦女喝了一口就愛上它的滋味，於是把小販叫了回來。她溫柔輕觸小販的臉然後說：「上帝保佑你。」同時小女孩在一旁看著學到寬容。印度斯坦聯合利華的包容性工程範圍廣泛；協助支持印度的第一支跨性別樂隊成立。一部有關這支團體的電影在法國坎城（Cannes）電影節奪下大獎。

　　這些廣告可能聽起來像是噱頭，但是感覺真誠而且有效。布魯克邦德最近成為印度茶葉品牌龍頭。印度斯坦聯合利華總裁梅塔說，他不能斷言這是因為跨性別或宗教寬容的工程，但這項成功關乎擁有「心中常存企業目的的品牌，而且不僅是品牌怎麼說，更是它怎麼做。」[17]

　　採取特定立場得冒風險。聯合利華冰淇淋品牌在澳洲舉辦一場支持同性戀權利的運動。產品是在印尼生產，有一部分也在當地銷售。當澳洲廣告上傳網路，任何人都看得到……包括印尼民眾，同性戀在當地是違法情事。聯合利華最終是撤除這些廣告，但並未放棄自家業務中的融合目標。它在全球徵才和福利說明中承認同性婚姻。在印尼，同性戀社群很清楚哪些公司受到歡迎，因此那些組織可以招攬更多人才。儘管如此，這種做法就像走鋼索，公司必須堅守原則，但傳達訊息時也必須步步為營，以免冒犯不同文化。淨正效益企業將是變革的倡導者，並主動面對更嚴峻挑戰，特別是如果它可以帶領一支群體共同迎戰文化常規的話。在烏干達，身為同性戀通常會被判處死刑。有一群全球領導人倡導更加以人為本的商業實踐，他們組成 B 型團隊（B Team），致信烏干達政府威脅要抵制。

　　這不是唯一的要素，但有所幫助，法律因此變更。

　　強調公平的承諾文化貫穿聯合利華。多霸道在公共和個人衛生工程中巧妙利用印度的種姓制度。當這個品牌協助興建幾百萬間公共廁所，維護的議題隨之浮現。在印度，除了賤民之外，打掃廁所對任何人來說都是禁忌。多霸道為了鼓勵人人參與社區公共衛生和福祉，發起「拿起刷子（Pick up the Brush）」新活動。在廣告中，A咖巨星拿起刷子洗廁所。

　　種姓是很難打破的刻板印象，但是性別成見甚至更棘手。聯合利華前行銷和傳播長威德說，人多數廣告還停留在過時的 1950 年代世界觀，也就是老爸不會操作洗衣機，老媽永遠在廚房忙。在一項全球調查中，40% 的女性表示她們沒有在多數廣告中看到自己的影子，因為僅有 4% 廣告顯示女性擔任領導職務。[18]

　　聯合利華為了對抗這種扭曲的現實觀，偕同聯合國婦女署（UN Women）、美國艾比傑（IPG）和全球最大廣告集團 WPP 等主要廣告經紀商，以及 Google、瑪氏、微軟和嬌生等幾家大型廣告金主，創辦非刻板印象聯盟（Unstereotype Alliance）。有了聯合國擔任召集人，它們拉攏對手寶僑加入（為求看懂上下文，聯合利華和寶僑是全球前兩大廣告商）。這支聯盟希望「消除廣告中針對性別的刻板印象。」[19] 這是一道強而有力的想法：確保幾千億美元的廣告資金支持平等。

　　這項倡議測試並衡量更具包容性溝通的有效性。可以充分代表人們意見的廣告會增加 25% 的參與度和購買意願。[20] 非刻板印象聯盟挑戰把人們局限框架中的常規和文化體系。聯合利華也致力為墨西哥和埃及等不同國家的身障人士傳遞包容性的訊息。2021 年，聯合利華也承諾禁止在全球性廣告或包裝上使用「正常」這個字眼，當作「積極美（Positive Beauty）」工程的一環。[21] 隨著這些倡議和承諾成熟，它們有助轉化社會和企業內部的文化，變得更包容、尊重和公平。

這是鼓舞人心的淨正效益成果。

淨正效益勇氣的時刻

寶寶命名（BabyNames）網站之名完全就是業務之實。它為準父母提供有關名字出現的頻率及意涵的數據。公司本身不帶有爭議，但是在非裔美國人佛洛伊德（George Floyd）遭警察謀殺後，寶寶命名為了支持黑人的命也是命活動，創造出一道最強而有力的訊息。它在首頁放置一個單純的黑色箱子，列出 1960 年代以來幾十個被種族歧視和仇恨殺害的美國黑人名字。箱子上方僅是簡單寫著：「每一個名字都是某個人的寶寶。」

一般來說，企業避免自己沾鍋具有爭議的議題引來注意。不過這樣做就錯了。請為那些對利害關係人來說至關重要的事情挺身而出，特別是員工。利惠就像出現在第 2 章的迪克體育用品一樣，決定善用自己的品牌發揮影響力，為美國的槍枝暴力發聲。它和一個槍枝安全非政府組織合作，籌組一支致力採取行動的商業領袖聯盟體。他們鼓勵員工每個月撥出五小時的給薪時段，積極參與政治活動。利惠執行長柏格（Chip Bergh）是一位永續發展領導者，他說：「每當談論威脅到我們生活和工作所在社區的結構性問題時，我們就是不能再沉默以對……採取立場有可能惹毛某些人，但是袖手旁觀再也不是選項。」[22]

　　顧問、銀行、公關和廣告公司等服務業者每次選擇和麻煩的客戶合作時，都會面臨勇氣的考驗。不惜一切代價追求客戶創造營收並不是好選擇。這些局面會為你帶來艱難決定，而且有些公司似乎一直做錯決定。

　　諮詢顧問業龍頭麥肯錫一再發現自己站在做錯道德選擇的那一端。一篇《紐約時報》文章標題說：「麥肯錫如何幫助提高威權政府的地位」就是很好的例子。[23] 它針對提升類鴉片處方藥奧施康定（OxyContin）銷售的做法，提供普渡製藥（Purdue Pharma）「建言」，因此被罰款 55,900 萬美元。[24] 麥肯錫算出，這家公司有能力為每一名過量服用的患者向藥房支付「回扣」。策略大師暨麥肯錫前顧問彼得斯（Tom Peters）在英國《金融時報》發表公開信，有效聲明放棄和東家的關係並問：「我應該把麥肯錫從履歷表中刪除嗎？」[25] 一旦你失去最知名的盟友，這可不是好事。

　　類鴉片藥物價值鏈的許多公司都很清楚賣給每個人的藥片數量，包括也同樣被罰錢的嬌生集團。諮詢顧問商身為這些企業真正的合作夥伴，服務它們最大的利益和全社會的利益，理當協助它們重新思考自己對類鴉片藥物的立場……或是就此切割。麥肯錫協助普渡走上一條不道德的路徑，可能對品牌及長期財務業績造成毀滅性打擊。

　　聯合利華曾面臨過許多情況，迫使自己得在做出正確事情和立即取得業務成果之間做出選擇。當一家倫敦的快遞服務公司沒有支付員工最低薪資，聯合利華停止委由這家公司運送冰淇淋。另一次

是在肯亞面臨賄賂要求，於是停止貨運離開這個國家。諸如此類的
選擇設下一個道德標準，更有利企業本身長期運作，因為它會反映
在整體組織裡面。你的員工正緊盯著你如何做生意。

持續演進的文化

　　文化不是死板標記，應該是員工和商業模式改變時，它也隨著
時間改變。不過你的價值依舊不變，體現在你做的每一道決定、每
一個組織選擇以及你打造或收購的企業類型累積而成。但是不同國
家和業務部門的文化確實是圍繞這些價值觀和對淨正效益的承諾發
展。

　　淨正效益代表一致性，即使在艱困的領域亦然。持續監控文化
是否脫節很重要。調查員工並聽取他們的意見，比如你是不是做決
策太慢、過度以共識為導向，或是價值觀的驅動力可能不夠強大？
這是持續不斷的過程。

　　足夠強大的文化將會影響周遭社區。隨著更多公司針對種族或
不平等或氣候變遷採取特定立場，它們就會改變討論。淨正效益企
業的員工會走向世界並改變它。許多離開聯合利華的營運部門高階
主管聚焦永續發展和淨正效益工程。研發部門前負責人現在主管一
家再生農業公司。庫索夫現在經營一家成長快速的植物性食品企業
好好生活（LIVEKINDLY）。其他人有些在其他單位接掌執行長或長
字輩的高階主管角色，比如前供應鏈長西吉斯蒙迪現在帶領都樂包
裝食品（Dole Packaged Foods），受到聯合利華永續生活計畫啟發，制

淨正效益策略要點

打造強大、有企業目的的文化

◆ 透過領導力、角色模仿和一致的行為，展現價值觀和文化。

◆ 利用將目標和服務文化導入企業核心的商業流程和工具，將目標
和服務文化融入世界裡。

◆ 將淨正效益心態融入研發、行銷、財務等所有活動中；這是一種
團隊運動。

◆ 透過企業目的和文化重振老企業、收購將企業家精神融入文化的
目標導向品牌，並從頭開始打造全新產品，力求在各個面向實現
淨正效益。

◆ 採取鼓舞並激勵員工和利害關係人的方式，將公司文化（即行走
的價值觀）和世界串連在一起，並協助強化和深化這樣的文化。

◆ 影響公司周遭的社區或國家的文化，並挑戰歧視性或違背價值觀
的常規。淨正效益企業會堅持正確做法。

定出永續發展計畫。當波曼離開聯合利華，共同創辦公益基金會想
像，讓農業或服飾等全體產業的執行長齊聚一堂，齊力應對系統性
變革。

　　幾十年來，奇異與其他聚焦領導力發展的藍籌公司，將旗下接
受思維方式培訓的高階主管分拆出去經營其他業務。今日，聯合利
華的經商之道也在開枝散葉。推動人們改變世界其他地方的文化是
強大的工具，打造那種文化需要勇氣、一致性和人性。

10
邁向淨正效益世界
展望未來更大的挑戰和商機

我們現在站在兩條路的分叉點。但……它們並不相等。我們一直在走的路看起來很容易，它是一條平坦的高速公路，我們飛速前進，但是災難在盡頭等著。另一條路則是人跡罕至，卻提供我們最後而且是唯一的機會，可以抵達能夠確保地球安好的終點。

能夠思忖地球之美的人，就能找到和生命一樣長久的存續力量。

——《寂靜的春天》作者卡森（Rachel Carson）

當你設定一個大目標，好比跑一場馬拉松、寫一本書或是學會一門新語言，都會一邊興奮一邊畏難。過程中總有痛點，像是跑馬族會遇到出名的「撞牆期」，或是自我懷疑時刻。不過一旦你跑到終點，當下只會感覺很棒。所有訓練和通宵努力都值得了。它激勵你立下更遠大的目標，也許是鐵人三項運動？感覺自己更強大真是讓人興奮。

　　邁向淨正效益的旅程也差不多。如果你堅持走到這麼遠一步，著實讓人印象深刻，而且你應該享受這一刻。包括扛起責任並服助他人、聚焦長期、炸掉邊界並制定宏大目標、建立深厚的信任感、和所有利害關係人採取嶄新方式合夥共事、對付沒有人想要面對的「大象」，以及發展強大的文化等所有努力，都會引領你走得更遠。你已經促進自家企業為所有利害關係人帶來的好處，而且正在員工身上看到全新成長和熱情。你得到信譽和利害關係人的信任。你的企業更強壯，而且世界也因為有你和你的企業變得更美好。

　　你準備好接受更多挑戰，而且最好真的就是。隨著期望日益高漲，世界瞬息萬變，這種程度的參與將口益成為常態。它會邀請你共襄盛舉，但這樣還不夠。嚴峻的現實是，即使每一家公司馬上變成 B 型企業，而且堪與當今多數最永續的公司相提並論，我們依舊置身危險的軌道上。眼前有個主要的課題：要是企業都邁向淨正效益，我們是否已經大幅改變系統，創造繁榮、公平、正義、健康又無碳的世界，而且它適合包括現在和未來世代等所有人安居樂業？或許還早，但是我們已經想好如何實現那個願景，也找到必須解決的議題。

　　諸如稅收、貪汙、企業權力和人權等都是房間裡的大象，會為任何不參與對話的企業招來風險。你不處理它們就無法打造淨正效益企業和社會。這些議題也日益耗盡企業的財務和道德資本，因為零作為的成本只會持續上升。我們在此討論的議題包括改革資本主義並捍衛民主和科學，甚至超越企業和經濟本身，因為零作為的代價是自由被削弱、社會功能失調。它們全都和每個人的長期繁榮息息相關。這等規模的工程需要可靠的淨正效益企業擔綱領頭羊。

　　你愈接近淨正效益，就愈有能力推動有必要發生的變化。你的韌性愈強，就愈能為更遠大的利益做出更多貢獻。你也將更清楚理解未來的發展趨勢，並受邀協助設計未來。

　　我們不能迴避最巨大的挑戰，它們都是社會日益期望企業協助解決的目標。有許多強大力量正在發揮作用，因此我們必須繼續前進。我們必須努力打造不只是淨正效益企業，更是淨正效益世界。

萬事加速中

　　如果事情是靜態發展，或是我們開始得更早，就可以快速邁向淨正效益，而且收效良好。但是萬事依舊持續加速中，我們的生存挑戰亦然。不平等已經在 Covid-19 疫情肆虐期間不知不覺嚴重惡化了，幾兆美元落入最富裕族群的手中，最底層的 25% 族群墜入絕望深淵，還有更多人陷入貧困。這個世界的生物物理健康狀況日益走下坡。每年我們掃平的樹林面積比十年前多。[1] 氣候變遷和極端天象也在加速發生，像是加州史上六起最嚴重的火災就有五起發生在 2020 年。[2]

　　海平面將繼續上升，我們正逼近自然系統的危險反饋迴路。我們把自己困住了，除非事情好轉，不然只會一路壞下去。究竟我們會遭逢多糟糕的局面取決於我們有多快奔向淨正效益。

　　在我們需要把自己當作一個物種齊心協力的關頭，卻也正藉由日漸式微的民主、加速的民族主義和導致人們對立的意識型態走向分歧，而且更因為假消息的泡泡滿天飛讓問題益發嚴重。這種失能現象很危險。Covid-19 疫情帶來的意外衝擊不在於它四處擴散或疾病本身，更在於全世界的政府完全無能攜手合作。

　　不過有些上升的趨勢也在加速中。隨著科技變得更智慧、更有效率，打造潔淨經濟的成本持續暴跌，每一天，我們都掌握更多可以任由我們支配的工具。正如高爾所說：「我們正在這場科技主導的永續發展革命的早期階段，它具備工業革命的規模、數位革命的速度。」³

　　企業必須扛起更多責任的壓力愈來愈大，特別是源自員工。在美國，約莫一半的千禧世代都說，他們曾經就某一項社會議題站出來支持或批評雇主的行動。⁴一旦更多身為活動人士的 Z 世代大軍進入職場，屆時會怎樣？

　　總的來說，採取行動與不採取行動的例子日益增加，但我們正蓄勢待發。多數大國已經許下碳中和承諾，比如中國鎖定 2060 年。政策有可能加速，我們將看到更多提升運輸和建築效率的法規、促進以自然為基礎的農業和森林解決方案、規範產品的報廢和循環做法、強制混用再生能源網格等。在企業層級，從碳排放到職場多元化等所有各方面的要求也都迅速激增。

　　最後，投資人觀望至今終於跳進來了。資誠估計，截至 2025 年，永續投資將占全球資產超過一半。⁵ 穆迪預測，永續債券業務將超過 6,500 億美元，在此有外加 2021 年部分，算起來將會占債市的 8% 至 10%。⁶ 經驗顯示，約莫在 20%，我們就會看到臨界點和數值加速的態勢。

　　淨正效益企業將會趕上這一刻占據最佳位置。領導者將會繼續打造成長的正面影響力，同時看到自家業績、和利害關係人的連結，以及成長商機都持續改善中。隨著打造淨正效益世界的腳步一再加速，就會像火車駛離車站一樣，將那些沒跳上車的落後者拋在原地。淨正效益的飛輪愈轉愈快。

這是瘋狂的部分：變革的步伐可能再也不像現在這麼緩慢。

淨正效益2.0：致力完成最龐大的系統變革

我們秉持淨正效益企業的五大關鍵原則啟程：為你的充分影響力扛起責任；為社會的長遠利益努力；為所有利害關係人打造淨正效益成果；改善股東報酬率，視為結果而非目標；張臂擁抱變革性的合作夥伴關係。在加速的世界中，這幾大原則將會不動如山，而且只會更加堅定。

在此我們闡述淨正效益 2.0 企業將會著手解決的六大社會層面挑戰：

1. 承擔更多責任，能產生更廣泛的影響力，亦即能做更多好事
2. 挑戰消費和成長
3. 反思成功的衡量標準和結構（例如 GDP）
4. 改善社會契約：聚焦生計
5. 避免資本主義失控並翻修金融體系
6. 捍衛社會的兩大支柱：民主和科學

更快奔向淨正效益的企業將擁有更大能耐和技能，用以解決這些全體社會的議題。它們將重新定義企業所代表的意義，而且彼此

的協作將拓展並鎖定完整的系統變革以及再創的模式。實現永續發展目標將會是必然，企業將會如實成為解方的一部分，而非僅僅不再製造問題，進而協助地球繁榮並讓社會服務所有人。

這些都是所有系統中最巨大的挑戰，因此可能讓人覺得戰戰兢兢。將它們打散成小型任務，才能實現你對更遠大目標的貢獻。請謹記這些更遠大的使命，但量力而為。舉例來說，你可能開始採用不同的成功衡量標準並試著適應它，同時鼓勵利害關係人資本主義。或者，你可能想知道顧客和公民真正需要什麼，而且某些消費行為是否有必要，因此和他們打交道。

談論這些議題的執行長有可能會飽受批評。有時候波曼就被批評對企業經營「漫不經心」、太過聚焦和聯合國開會、領導 G7 或 G20 的特別工作小組，或是積極支持更廣泛的社會事業。不過這些誹謗者是在捍衛誰的利益？絕非共同利益。

信任感是終極貨幣，在這個大眾對企業的信任感跌至谷底的當下，這也是奇怪的批評。它們要怎樣才能挽回社會支持？藉由更專注獲利嗎？就留在自己的泡泡裡面嗎？當然不是，是要真誠努力改善全世界。

如果我們放大格局深思，商機始終無限。協助打造系統思維這門領域的環境科學家米道（Donella Meadows）找出改變系統的三大槓桿點：**目標、典範和「超越這些典範的力量」**。最後一項威力強大。要是我們貼身觀察當今的經濟典範，結果看到我們的經濟應該是在最大化 GDP 指標，企業應該就是最大化短期獲利的機器，從此明白，基本上那只是少數經濟學家（而且全是白人）編造的故事，會怎麼樣？我們可以超越這種層次，述說自己的新故事。正如米道所說：「每一個設法對這個想法抱持信心的人……都會發現它是激進賦能的基礎。倘若沒有典範是正確的，你可以任選一個有助你實現人生目的的典範。」[7]

所以，讓我們把自己的目標定為讓所有人都蓬勃發展。

你可以不受拘束地帶著謙遜態度檢視最遠大的議題，然後說：「為何這部分不能完全不同？」到頭來，我們談的是和社會建立全新的合作夥伴關係，在此我們將他人的利益放在自己的利益之前，因為到頭來我們自己也會受益；然後平等對待所有參與者，無論對方的規模或經濟實力如何。這樣做有可能意味著犧牲短期利益，但是如果你想要跳得高，就得先屈膝，所以切實去做並付出承諾。

你是否樂意主動解決最棘手的問題，更重要的是，成為解決方案的一部分？若答案為是，請繼續往下讀。

1. 承擔更多責任，產生更廣泛影響力

淨正效益企業的第一道承諾就是為自己在整條供應鏈產生的影響力扛起責任。不過一家企業會以更大的方式貢獻或損害全世界。溫室氣體盤查議定書為企業應該如何衡量碳排放提供標準，就讓我們拿它當作一種探討更廣泛責任的方式。

這套協議將企業排放分為三類，稱為「範疇」：在你的設施和車輛中直接燃燒化石燃料是範疇 1；從你購買的能源產生的排放是範疇 2；你的供應商和顧客使用你的產品時產生的排放是範疇 3。多數企業都不是重工業、交通運輸或公共事業，因此在整個排放的生

命週期大餅中，範疇 3 才是最大那一塊。像是農業和成衣業的供應商大量排放，因此週期的上游環節要加權；諸如科技公司則是販售使用能源的產品，它們的下游環節要加權。

　　企業偕同供應商努力催生系統性變革，或是設計可以協助顧客減少影響的產品，都能影響價值鏈排放。舉例來說，科技商啟用虛擬會議，就能協助企業降低公出差旅產生的排放。用於精準農業的人工智慧工具減少農場使用能源。有些人將這些稱為「規避碳排（avoided emissions）」，或者非正式地稱為範疇 4。當聯合利華協助盧安達或印尼的小農提高生產力，就是降低自己的範疇 3 排放。不過也有助社區規避源於砍伐森林產生的排放，這部分就是範疇 4。

　　氣候變遷非政府組織反抗滅絕（Extinction Rebellion）的兩位創辦人史丹佛（Roc Sandford）、瑞德（Rupert Read）提議，企業解決另外兩種層面的碳排放。[8] 他們建議範疇 5 納入政治影響力。企業遊說反對氣候的行動時，有可能在經濟範疇內導致遠多於自身足跡的排放量。我們在第 7 章提出的淨正效益倡導就是一項範疇 5 的活動，只不過是屬於好的那一種。史丹佛和瑞德繼續提議範疇 6，指的是企業透過打廣告、發訊息產生影響，它們是否力挺以消費為基礎的文化和能源密集的生活方式？永續品牌商富得來（Futerra）創辦人湯森（Solitaire Townsend）呼籲，解決她名為範疇 X（Scope X）的排放問題，內容將涉及「恢復和再生的工作……健康的生態系統和……為系統層級的排放負責。」[9]

　　這種範疇分類的構想威力強大。既然那個術語主要用於碳排放，我們想要擴大討論範圍，所以就讓我們統稱它們是「影響級別（Impact Levels）」。試想六大影響範圍，始自直接營運的核心，一路移向包括間接營運、價值鏈、產業和社區、系統和政策以及世界和社會（參見圖 10-1）。你在向外移動時，控制力就會大幅減弱，焦點會因此轉向影響力、倡導和合作夥伴關係。

在圖 10-1，我們顯示符合範疇架構的排放案例，不過也從福祉的角度提供一道案例，始自位於核心的員工安全，延伸至人類和自然世界繁榮的最高層面。讓我們考慮幾個案例，說明這些範疇在實踐中的意義。

在這套模型中我們有幾位思想合作夥伴，永續解方服務商價值（Valutus）創辦人艾倫森（Daniel Aronson）、全球 500 大企業會員組成的企業生態論壇（Corporate Eco Forum）共同創辦人西蒙斯（P. J. Simmons），和我們一起探索，臉書這家企業如何影響全世界。在核心部分，員工獲得生計，這一點固然很好，但正如艾倫森所指出：「整天必須閱讀種族主義者、性別歧視內容的內容版主，身心健康會有不良後果」，而且那也算在影響級別 1。進一步延伸至級別 3 和級別 4，我們看到臉友的福祉和他們的社群，有好（和所愛之人保持聯絡）也有壞（演算法呈現讓他們生氣的事，好讓他們再多點擊幾下）。最重要的是，臉書會影響民主本身。截至目前為止，臉書還沒有對外部層級負起責任。

淨正效益企業解決外部影響層級，當一家企業手握所有權，你其實看得出來。當微軟許諾提供 5 億美元改善西雅圖附近可負擔的住房水準，它就是在承認，自己得為助長生活成本，並將居民排擠出當地住房市場扛起一些責任。[10] 當高階主管宣布努力減少系統性種族歧視並增加多元化，他們就是在談論影響的外部層級。在消費品產業，聯合利華是第一家發行綠色債券的企業，要求合作銀行承

圖 10-1

影響級別 1 至 6

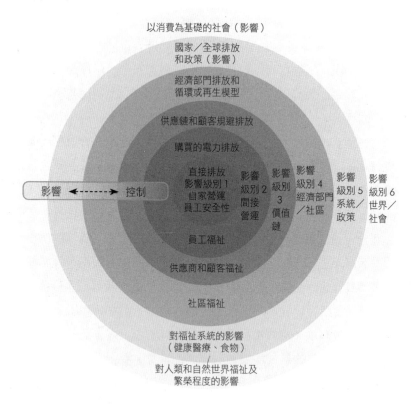

以消費為基礎的社會（影響）

國家／全球排放
和政策（影響）

經濟部門排放和
循環或再生模型

供應鏈和顧客規避排放

購買的電力排放

直接排放
影響級別 1
自家營運
員工安全性

影響
級別 2
間接
營運

影響
級別
3
價值
鏈

影響
級別 4
經濟部門
／社區

影響
級別 5
系統／
政策

影響
級別 6
世界／
社會

影響 ←------→ 控制

員工福祉

供應商和顧客福祉

社區福祉

對福祉系統的影響
（健康醫療、食物）

對人類和自然世界福祉及
繁榮程度的影響

諾，在它們的貸款項目中取消砍伐森林這一塊。當它挑選廣告商或公關公司，堅持對方要割捨積極反對氣候變遷的客戶。那些都是利用自家影響力，對影響級別 5 和 6 發揮作用的案例。

　　從這一點放大思考責任的格局將會導向某些尖銳的對話。2020年，迪士尼推出電影《花木蘭》（Mulan），媒體報導說它曾在新疆地

淨正效益策略要點
承擔更多責任

◆ 拓展視野，認真審視企業存在如何影響社會；淨正效益企業會撒
　出大網，深入觀察影響中的影響。

◆ 藉由行動和不行動考慮自身對政策和系統產生的影響力，進而提
　問「我們默不作聲，啟動了什麼開端？」

◆ 徵詢如何改善自家的社會足跡、最廣泛的影響級別，以及企業若
　想創造積極的範疇 6 價值，需要做些什麼事情。

區拍片，[11] 中國政府至少將當地 100 萬名維吾爾族的穆斯林羈押在
拘留營中。是說迪士尼在當地拍片有錯嗎？避免和侵犯人權的政府
共事是它的責任嗎？我們不是很有把握下定論，但是若依照那套標
準，有許多國家都會被排除在外，有時候甚至也包括美國在內。

　　但所有這一切並非真的別無選擇。利害關係人將期待企業解決
最廣泛的衝擊。他們都在緊迫盯人，疑問將會陸續冒出來。所以現
在就請提前通盤思考影響級別。

2. 挑戰消費和成長

　　我們人類就是喜歡各種東西。我們購買和使用東西的方式愈來
愈耗費資源，豪無意識的消費；快時尚把每一天當成每一季；各式

商品下單當天送貨到府，但我們可能根本不需要。

地球的限制日益清晰。舉例來說，近十年來，每噸礦石中銅的含量下降超過 25%。[12] 然而，就在世界據稱愈來愈不實體、愈來愈數位化的趨勢下，我們依舊繼續挖掘。事實證明，所謂的「雲端」也不是真的那麼輕飄飄。我們不是依靠世界給予我們的利益為生，而是在消耗資本並削弱地球提供我們的能力。依當前的消費水準來看，我們可能需要好幾顆地球，才能養活 90 或 100 億人口，讓大家都過得體面。[13] 地球資源有限，除非我們反思應當如何消費並開始再生資源，否則它將不再滿足我們的需求。

若想完成這項艱辛工作，讓唯一的地球可以繼續養活我們，經典巨作《綠色資本主義》（Natural Capitalism）提供一套計畫。共同作者羅文斯（Hunter Lovins）舉出三大步驟：「拿效率買時間、重新設計我們製造和提供所有商品及服務的方式，然後管理所有機構，讓自然、人力和所有形式的資本得以再生。」[14] 深有同感。提高效率的潛力超強大：被生產的所有物件中，僅不到 9% 被重覆使用、不到 20% 的電子廢棄物被回收，還有高達 40% 的食物在農場通往餐桌的過程中丟失了。[15]

我們若想解決資源枯竭的問題，可以追求 3 種難度愈來愈高的路徑：讓將生產和資源使用脫勾，就像聯合利華永續生活計畫的總體目標就是，在保持足跡不變的前提下倍增營收、打造循環經濟，並找出再生的解決方案。

所謂脫勾的產品主要是指使用回收和再生材料的再生能源製成的產品，應該也要為整條價值鏈上的每個人提供生活工資。循環模式在無限循環中重覆使用或回收所有材料。最常提到的再生實踐是

淨正效益策略要點
挑戰消費和成長

◆ 讓再生方法成為生產所有商品的預設選項;淨正效益企業尋求成為淨貢獻者,而非索取者。

◆ 主動使用再生或替代原料。

◆ 主動和顧客與消費者對話,理解他們真正想從產品或服務中得到什麼,這類需求可透過減少材料使用予以滿足。

◆ 針對絕對的減少資源使用量,設定明確的目標,同時確保完全的可回收和再利用,例如時尚產業正在將材料的回收、租賃和轉售當成一種商業模式來經營。

◆ 將對自然和氣候有利的解決方案整合到設計中。

農業,可以藉由消費每一項物件改全世界。你吃來自農場或牧場的食物,這些場區可以隔離土壤中的碳,對氣候是淨正效益。走在尖端的企業已經在生產這些產品。鞋商天柏嵐正在販售一款由回收材料製成的經典靴(Heritage Boot),絕緣層是回收塑膠製成先進材料的 PrimaLoft 利用空氣而非熱氣生產,因為這樣就能在製造過程大幅降低碳排放,皮革則是來自採用再製農業實踐的農場。

　　我們需要質疑成長,但得提出一個更微妙的問題就是,我們正在追求哪一種類型的成長。如果你的企業可以產出循環或再製的產品,那麼請繼續成長。我們想要天柏嵐和 Patagonia 這一類的企業拿下更多市占率,因為它們努力不懈地邁向正效益模式。同理,像是眼鏡連鎖商 Warby Parker 這種一對一服務的企業也很好,因為你每購買一副眼鏡,就會啟動送出另一副給有需要的對象的捐贈行動。成長可能聽起來是錯誤目標,但是我們樂見卓越企業變成長青企業,一再縮小規模就會很難辦到。

顯然,我們得採取不同方式看待成長。有些衡量企業成功的標準應該要幾乎毫無限制,比如員工的參與度和目標、顧客滿意度和喜悅以及社區福祉。這是淨正效益成長。但是就實體材料而言,世界無法再製、循環或是和當今的成長脫勾。關於消費最尖銳、最異端的問題是,我們究竟需要多少東西。繁榮世界是指每個人的基本需求都可以被滿足。隨著幾十億人口脫貧,即使是這麼低標的門檻也將大幅刺激物質需求。

因此,我們的兩大挑戰正處於互相衝突的過程。由於真誠的氣候行動起頭得太晚,我們無法實現有必要達成的目標,在拿不出某些資源給幾十億人口,為他們改善生活品質的前提下,我們也無法減少不平等。那些資源可能需要變成最富裕的 10 億人花錢消費的東西。

在未來,當再生農業占據主導地位,或是當電網或汽車完全使用潔淨能源,那麼在我們共享的碳預算範圍內,當前的消費水準或許可能實現。因為我們等不到那些更精良的技術追上消費的規模。反之,我們是否可以要求富人檢查他們的想要和需要清單?最有錢的族群需要在餐盤中加入大量工業養殖的肉類嗎?他們需要第三輛車,或是在原本就已經太大的豪宅再加個 28 坪?

少數企業已經表態提出這些異端問題……Patagonia 的著名標語就是在耶誕節廣告中大聲疾呼「別買這件外套」。以姓名當企業名的成衣商創辦人費雪（Eileen Fisher）說：「我們覺得，或許是不必賣這麼多衣服。」[16] Covid-19 之前，荷蘭皇家航空股份有限公司（KLM）發起一項運動，要求大眾減少飛行，還建議他們善用數位科技或是搭火車短途旅行。[17] 宜家家居正啟動某些二手家具的回購計畫，目標是 2030 年實現完全循環。[18] 這些領頭羊業者都建議，我們生產更少、更好也更歷久彌新的物件，並且在使用噴氣燃料這些非再生能源之前認真想一下。不過這類故事其實很罕見，幾乎總是出自非上市企業。很難想像大型公開上市企業會搶著跑第一。不過消費者有可能會敦促這項議題。

在一項針對美國和英國公民的調查中，80% 的受訪者表示將改變生活方式以阻止氣候變遷，正如他們在 Covid-19 疫情期間過的生活。他們會避免使用塑膠、少吃工業肉類、並轉向使用綠色能源。[19] 更關心環境退化的年輕世代可能會挑戰一個以消費為基礎的社會，踏上另一條幸福道路。研究消費和財富態度的經濟學家修爾（Juliet Schor）曾表示，已經具備基本條件的族群可以採取不同做法改善自身的幸福感：「賺得更少、花得更少，排放和退化就更少。這就是公式。一個人擁有的時間愈多，生活品質就愈高，也就愈容易以永續的方式生活。」[20]「極簡」運動大行其道自有道理。

企業愈來愈主動提供消費者更多資訊，好讓他們做出更好的選擇。亞馬遜推出依據一些可靠認證通過的「氣候友好」標籤，比如認證循環經濟產品的搖籃到搖籃（Cradle to Cradle）；保護環境、人權及第三世界的公平貿易（Fair Trade）；雨林聯盟；執行森林驗證標準的森林管理委員會（Forest Stewardship Council, FSC）和用紙認證的綠標籤（Green Seal）。聯合利華將為 7 萬種產品貼上碳足跡數據

的努力將提高大眾的意識。這些東西都有幫助,但截至目前為止,
邀請大眾減少消費的成效不彰。這是聯合利華永續生活計畫最顯著
的失敗之一,它就是無法改變大眾淋浴或洗滌的習慣,因此減少銷
售也就不是一種選擇。人們就是想要洗乾淨。

當每年有 6,000 億美元砸在吸引我們渴望更多東西的廣告,一
場關於減少消費的小型行動根本毫無機會。要是行銷機器轉向創造
一股對淨正效益產品和服務的需求,或者是找出買東西沒什麼意
義,反而是在投入群眾、服務他人才更有意義,那會怎麼樣?

會很困難、不舒服。全世界最富裕的族群既可以也應該針對捫
心自問,在兩手空空的情況下可以做些什麼這類尖銳的問題。正如
印度聖雄甘地(Mahatma Gandhi)所說:「有錢人必須過簡單的生活,
這樣窮人就能過簡單的生活。」[21]

3. 反思成功的衡量標準和結構

我們檢視進步的方式很有問題。我們以人們擁有的資產和追隨
粉絲數量衡量他們的成功程度。對企業來說,我們關注股價和股東
價值。在總體經濟層面,國家執迷 GDP 指標,但用它來衡量社會福
祉很恐怖。現在是反思這些指標的時刻。我們有必要衡量我們珍視
的東西。

重構GDP和福祉

對總體經濟活動有概念很好，但 GDP 是製造業時代的過時衡量標準，那時無形價值還沒個影子。它把所有會增加支出的事物都視為好事。更高的癌症和醫療成本、強烈暴風雨過後的重建、戰爭和衝突，以及清算其他形式的資本，像是砍伐古老森林等，這些全都可以增加 GDP。它不衡量和平、正義、教育品質、心理健康、空氣品質或我們為求生存所需而保護自然資本的行動。套一句美國前司法部長甘迺迪（Robert F. Kennedy）的話，它衡量「萬事萬物，獨漏那些讓生命有價值的東西。」[22]

我們使用 GDP 時其實也在自欺欺人。正如非營利組織自然資本主義解方（Natural Capitalism Solutions）總裁蘿文絲（Hunter Lovins）在著作《更美好未來：創造服務生活的經濟》（A Finer Future: Creating an Economy in Service to Life）中這樣寫：「我們認知世界如何運作的心理模型告訴我們，一旦我們真正失敗，我們才是獲勝。GDP 唯獨衡量金錢和物品通行經濟的速度。所以真正的問題在於，我們是否有勇氣創造服務生活而非消費的經濟？」[23] 我們可以管理社會系統，獲得最極限的幸福、健康和福祉嗎？

多年來，許多人倡導棄用 GDP 指標，包括諾貝爾經濟學獎得主的經濟學家史迪格里茲（Joseph Stiglitz）在內。即使指標發明人顧志耐（Simon Kuznets）也說，它和幸福感無關。但是我們要拿什麼換掉它？

對經濟體來說，有不少強而有力的替代衡量標準：

- 真實進步指數（Genuine Progress Indicator, GPI），它以更廣泛的經濟、環境和社會變數檢視一個國家的表現
- 聯合國的人類發展指數（Human Development Index, HDI），它涵蓋預期壽命、教育和收入水準
- 快樂星球指數（Happy Planet Index, HPI），它是一套公式，加總幸福、預期壽命和減少不平等，除以生態足跡（環境破壞）
- 國民幸福毛額（Gross National Happiness, GNH），小國不丹在1972 年開始用這套指標衡量

　　全世界不再爭辯是否需要更廣泛的永續發展舉措，特別是許多舉措的重要性持續放大。我們正在追蹤這些超過 600 項新指標的努力成果，因為每個人都加入這場顯而易見的競賽。福祉經濟聯盟（The Wellbeing Economy Alliance）是一支團體，試圖協調重新定義社會健康措施的多項努力。多數的新倡議都聚焦各類更廣泛的成功衡量標準，比如涵蓋健康和福祉的繁榮程度、地球、人民和治理原則。

　　這些更廣泛的舉措告訴我們什麼事？多數是說，人們想要的東西都一樣，但實際上無關金錢。經濟合作暨發展組織研發一套幸福指數，用以衡量所有會員國家的幸福感。它發現，不同文化的人們排列的優先順序相差無幾，健康、安全感、自由和連結推升生活滿意度的力量強過經濟。[24] 人們需要尊嚴勝過金錢。在低入的情況下，尤其是指勉強維持生計，當然收入和幸福感息息相關。不過一旦人們「足夠」有錢了，幸福感和收入之間的關聯度則趨近於 0。不過「足夠」的定義依各國而異，有一項分析鎖定，此數字在美國是達

到年收入 75,000 美元的水準。

幾個中型國家正努力制定一套更完整的指標，其中最值得注意的是，2019 年，時任紐西蘭總理阿爾登＊宣布史上第一套幸福預算（well-being budget）。阿爾登說，政府應該要確保健康和生活滿意度，而不只是財富和經濟成長。[26] 有些文化具有討論更人道的優先事項的非正式管道，像是拉美國家哥斯大黎加就把西班牙語的 pura vida（簡單生活）當作問候語和人生觀。

在有限的世界裡，我們無法永遠都提升傳統的經濟指標，但可以尋求美好生活中無形元素的無限成長，就像幸福、快樂、連結、意義和愛。

重新定義企業

企業圈也在關注更適當的指標，因此冒出一大堆全新倡議和首字母縮寫的簡稱。歐盟的非財務資訊報告指令（Non-Financial Reporting Directive）、氣候相關財務揭露建議、2020 年公布的歐盟永續分類規則（EU Taxonomy）、國際財務報告準則（International Financial Reporting Standards, IFRS）基金會努力打造的永續準則委員會（Sustainability Standards Board）等，全都在推動轉向更好的衡量方式。歐洲領頭，但美國證券交易委員會也有最新感興趣的事物。這些團體將提高透明度，還會協助企業找到更適當的衡量方式，並理解自己對社會的真實成本和好處。所有這些社會影響力都不小。

＊ Jacinda Ardern；譯注：2023 年 1 月中宣布 2 月辭職

什麼是正確的獲利水準？

約翰・瑪氏（John Mars）是寵物食品和糖果龍頭企業瑪氏的家族所有權人之一，他曾拋出一個問題：「正確的獲利水準應該是多少？」從不受控制的現代資本主義心態出發，那道問題連算都不用算；答案是：「能賺多少就賺多少。」不過瑪氏提出一個重要、微妙的問題。瑪氏高階主管傑伊・雅各布（Jay Jakub）是《互惠資本主義：從治癒商業到治癒世界》（Completing Capitalism: Healing Business to Heal the World）的共同作者，他說約翰・瑪氏的觀點是「我們堅強的程度就只和供應鏈上最脆弱的環節一樣而已，而且要是我們拿走太多……（它）就有可能在合作夥伴之間創造出實際上不利整家企業的排擠效應。」*

所以說，榨乾供應商的每一分錢是有可能最大化短期報酬，但這樣做會弱化系統。瑪氏企業發想出一套「互惠經濟學」（economics of mutuality）哲學，這個問題就是此哲學的核心，而且和淨正效益一樣關乎企業目的，以及更美好、更公平的商業與資本主義形式。

---

* 2021 年 3 月 7 日擷取自投資網站萬里富（Motley Fool）的 Podcast 節目《打破常規的投資之道》（Rule Breaker Investing）系列其中一集〈社會、人力和自然資本如何創造價值〉（How Social, Human, and Natural Capital Create Value），由網站共同創辦人大衛・加納（David Gardner）和傑伊・雅各布對談。https://www.fool.com/investing/2020/08/10/how-social-human-and-natural-capital-create-value.aspx

根據環境顧問商真成本（Trucost）的研究，假使企業必須為它們免費使用的自然資本和資源付費，那麼規模最龐大的產業都不會賺錢。[27]（或許，到了質疑當前追求「獲利」的概念時刻了。參見附欄「什麼是正確的獲利水準？」）舉例來說，要是考慮到外部性，食物的成本將會翻一倍。這是我們系統的一大特徵，但不是錯誤。所有主要的公司型態，例如有限公司（limited company, LTD）、有限責任公司（Limited Liability Company, LLC）或是鎖定最大化股東報酬的公司（Company），全都是產生外部性的機器。它們不適合欣欣向榮的未來。這種說法有點誇大其詞，倘若我們定價外部性，而且包括金融圈的所有系統內部參與者都受到長期關注，那些當前的運作形式或許會奏效。但它們可能無論如何都不會讓我們足夠快地實現淨正效益。

這麼說來，要是企業把公民而非股東當作重點，看起來會是什麼樣子？有一些另類的商業結構已經出現，試圖藉由允許企業服務所有利害關係人的方式回答這個問題。最突出的替代選項就是法定名稱為「共益企業／B型企業」的組織，和密切相關的B型企業認證。B型企業公開承諾服務多方利害關係人。除此之外，法國創造全新型態的治理形式，名為使命驅動型企業（Entreprise à Mission），精神上和B型企業相近，明確將目標和多方利害關係人模式嵌入公司治理。

正如我們所說，班傑利和代代淨這兩大引人注目的聯合利華品牌是B型企業，而達能則因60億美元的北美業務通過認證，成為全世界最大的B型企業。每一家企業至少都應該在精神上和做法上考慮B型企業認證。你可以主動採取行動支持更深度的變革，

Patagonia 捐贈 1% 營收給環保活動人士，世代投資管理公司配置 5% 利潤給旗下機構世代基金會（Generation Foundation），促進更永續的資本主義形式，而班傑利的社會使命基金支持爭取更公義社會的組織。

　　一家由利害關係人驅動的淨正效益企業有可能需要截然不同的所有權結構。家族企業比較自然地和長期思維保持一致，但其他企業需要全新選項。有幾十家市值高達幾十億美元的組織都是由合作社的顧客所有，全球龍頭是法國農業信貸銀行（Crédit Agricole Group），組成一張 39 家區域銀行和 740 萬顧客所有人的網絡。[28] 有幾家企業張臂擁抱員工股票選擇權計畫（employee stock options plan, ESOP），讓員工獲得部分利潤和可能的掌控權。我們也可能會看到讓員工加入董事會的壓力與日俱增，比如英國運輸商第一集團（FirstGroup），但目前仍十分罕見。[29]

　　更激進的轉變將會改變大型上市企業的所有權結構，讓它們自由地長期經營。美國金融機構摩根大通（JPMorgan）前董事總經理富勒頓（John Fullerton），去職後創辦智庫資本研究院（Capital Institute），質疑傳統的所有權和金融模式。他推廣一種稱為長青直接投資（Evergreen Direct Investment, EDI）的替代方案，[30] 在這套新架構中，一小群退休基金或國家主權基金之類的長期投資人將擁有「一部分（企業）現金流」。將不會有公開市場要求不切實際的成長目標，只會有一小群長期投資人希望獲取可靠的報酬。這是老派的搖錢樹品牌和眼光長遠的投資人之間的完美匹配。

　　企業只是一種構造，可以回溯到 1600 年代的荷蘭東印度公司（Dutch East India Company）。它演化好多次，而且還可以繼續演化。

淨正效益策略要點
反思成功的衡量標準

◆ 主動參與制訂一套更完整的指標，衡量企業成功、利害關係人福祉和繁榮經濟及社會。

◆ 細想一下，諸如替代所有權、共益和 B 型企業這類法人模式、合作社、員工股票選擇權計畫和長青直接投資，對企業有何意義？

◆ 企業表現遠遠超越最低要求，進一步公布更廣泛的環境、社會和公司治理衡量標準，並明確連結價值創造。

當今形式鼓勵的漸進式方法雖然不算太糟，但也不夠好。

4. 改善社會契約：聚焦生計

展望未來，全世界最急迫的議題之一就是社會凝聚力。Covid-19 正迫使 15,000 萬人口掉回極端的窘境。[31] 隨著全世界失去的工時相當於幾億個職缺，失業率日益攀升。特別以女性和青年為首的最脆弱族群遭受不成比例的痛苦。許多工作都回不來了。

所有組織有序的社會同時具備公民和政府之間成文和不成文的協議。個人放棄「自由」讓我們的自我盡情放飛、為所欲為，用來交換政府提供架構與規則的安全性。當我們帶著尊嚴和尊重對待每個人，就是善用道德金律的某種形式，把待人處事之道發揮得最淋漓盡致，我們也和大自然之母定下一紙心照不宣的契約：我們不會多用或濫用特權，而且我們所有人想要的只是請您讓我們安居樂業。

企業和員工之間的交易一度提供穩定性。溫斯頓的父親為 IBM 效命三十五年，帶著退休金離開職場（還記得那些嗎？）。他的大半職涯都獻給一家承諾終身聘雇的公司。但是到了 1990 年，IBM 第一次裁員，此後十年間，工會會員人數狂掉，對投資人來說，無形中裁員變成管理得當的象徵。我們需要反思這一點。

工作的本質正在發生深刻變化。尤以人工智慧和自動化為首的新科技正在顛覆全體經濟部門、產業。麥肯錫估計，截至 2030 年，高達 37,500 萬人將有必要轉換工作並掌握新技能。[32] 工作模式的巨大典範轉移將會讓更年輕的族群置身險境。國際勞工組織預估，青年失業率達 13.6%，另有 12.8% 的家庭處於貧困線以下。[33] 大量賦閒在家的人口對社會幾乎沒有好處。40% 加入反叛團體的青年受到失業和賦閒所驅使，因為職缺太少會導致終生收入降低、更難成功、動盪、激進主義和人口外移。[34]

聚焦生計

我們若想成立更牢固的社會契約，就有必要創造工作，並細想商業選擇如何影響人們。農業大廠奧蘭曾經在非洲需要七名員工生產一袋腰果，但現在只需要一名。奧蘭執行長韋基斯自問自答核心問題：「我對那些被迫離開的人都沒有責任嗎？不對。這家企業的責任得延伸，為那些被新科技取代的對象找出可行方案。」[35]

　　聯合利華和奧蘭一樣逐步提升自動化，並在整條價值鏈中尋找保護並創造職缺的方式。商業需求迫使公司做出關閉工廠以保持競爭力之類的艱難決定，憤世嫉世者可能譴責一家肩負企業目的的公司根本是假面。聯合利華永續生活計畫定下一道目標，要創造 500 萬人的生計。波曼在聯合利華的產品組合中保有茶葉事業，不只是因為它服務一個日益成長的健康飲料市場，更因為它支撐成千上萬名茶農。管理完善的茶葉工廠也有益地球，但無助工廠自動化後進行裁員。領導者必須做出艱難選擇，不過有必要明白、透明地解釋，然後帶著堅定的價值觀和原則把事情進行到底，比如協助那些被迫去職的人轉換到新工作。

　　增開職缺最創新卻也最違反直覺的手段可能是公開招募。紐約的格雷斯頓麵包坊（Greyston Bakery）為班傑利的冰淇淋供應小塊布朗尼，提供「先來先贏」的工作機會。任何人都可以應徵入門工作。它聘雇在獄中服刑、住在遊民收容所或是從未幹過合法工作的對象。這家麵包店前執行長布雷迪（Mike Brady）指出，企業每年砸下 30 億美元做背景調查這種職場路障，把這些人排擠出就業市場。[36] 布雷迪說，應該反過來投資在人身上。這家公司的業績蒸蒸日上，這類人生轉折的故事激勵人心。

　　淨正效益倡導也支持生計。聯合利華協助推動英國通過《現代奴役法案》，並鼓勵消費品論壇會員致力實踐魯格人權架構。

　　對我們的人性和社會契約最巨大的考驗之一就是難民。當今，約莫 8,000 萬人口迫流離失所，這個數字相當於土耳其、伊朗或德國總人口數。[37] 未來幾十年氣候難民的數量可能高漲至 10 億人口，或是更多。[38] 有些領導者希望藉由工作緩解難民危機，比如希臘

淨正效益策略要點
改善社會契約

◆ 不將勞動力視為一種成本，而是用心培育的資產。

◆ 確保整條價值鏈上的人權基本原則和可維持生計的工資。

◆ 主動制定反擊不平等的策略，並確保工作發生變動時組織的公正轉型。

◆ 在 2030 年之前，和供應商、政府及民間社會協力合作，根除現代奴隸制。

◆ 張臂擁抱解決更廣泛社會問題的挑戰，例如難民、青年失業和技能發展等。

優格製造商喬巴尼（Chobani）的億萬身價創辦人烏魯卡亞（Hamdi Ulukaya），創辦非政府組織難民帳篷夥伴關係（Tent Partnership for Refugees），聯合利華也共襄盛舉。正如烏魯卡亞告訴彭博新聞社：「對難民來說，有一份工作就代表日復一日，這是他們發現自己的生活可以繼續的時刻。」[39] 聯合利華的班傑利為「以難民身分來到英國的胸懷大志創業家」打造為期四個月的培訓和指導計畫，名為冰品學院（Ice Academy）。

　　社會契約的理念圍繞一個核心問題打轉：我們深受彼此什麼恩惠？答案很複雜，但是考慮到萬事緊密連結的程度，因為我們基本上是擁有一個行星和人類的免疫系統，所以應該確保人人都具備足夠的生存能力和繁榮茁壯的機會。這就是為何聯合利華最近告訴所有供應商，截至 2030 年，它們必須支付生活工資。[40] 踩著別人的背賺錢是不可接受的行為。

國際工會聯盟為新的社會契約提出五項要求：將氣候友善型工作當成公正轉型的一部分；提供所有員工權利和保護；普遍的社會保護，也就是基本人類需求和尊嚴的底線；收入、性別和種族平等；包容性。這些為打造沒有人被拋下的世界提供宏偉架構。

5. 避免資本主義失控並翻修金融體系

Covid-19 疫情肆虐期間，我們都變成業餘的統計學家，談論打壓 Covid-19 病例數的成長曲線。這意味著採取必要的措施，減緩危險情事有如指數暴衝一般成長。

我們還有其他曲線要打壓。

幾十年來，隨著人口和經濟產出成長，碳排放量大致上呈現指數暴衝一般的成長態勢。幾十年來，收入和財富流向最富有 1% 族群的比率成長為非線性走勢。雖說有些已開發國家已經壓平碳曲線，讓 GDP 的每一美元排放量保持穩定，但全世界依舊朝向氣候和不平等懸崖邁進。

就產生福祉來說，資本主義一向是比較優質的經濟體系，至少是比人類嘗試過的其他經濟體系強多了。不過這套系統核心出包的體認正在高漲。不只是非政府組織和學術機構指出這一點，執行長和政府也看到了。許多最大型的企業都在討論利害關係人資本主義，即使只是說說表面話。這個詞彙不比「永續發展」更動人，但是凸顯股東不該成為策略核心的重點。沃爾瑪執行長董明倫支持利害關係人資本主義的邏輯，他說：「如果我們沒有好好照料那些讓我們存活至今的事物，也就是我們的員工、客戶、供應商和地球，我們根本就無法走到今天這一步。」[41]

Salesforce 執行長貝尼奧夫則說：「我們所知道的資本主義已死，」他也悲嘆：「我們執迷不悟只為股東最大化獲利的念頭……利害關係人資本主義終於走到臨界點。」[42] 他的熱忱頗受歡迎，但有可能操之過急。對企業領導者來說，多方利害關係人的做法不是新鮮事，但我們離短期、利潤最大化的資本主義死期還很遠。

企業領袖應該留意，商業世界之外的懷疑論有多深。在《2020年愛德曼信任度晴雨表》報告，全球受試者中 56% 同意：「當今存在的資本主義弊大於利。」僅 18% 認同這套系統對他們有用。[43] 25% 美國人支持「逐步消除資本主義制度，以利更社會主義的制度發展。」還有 70% 千禧世代表示他們可能投票支持社會主義。[44] 他們多數不太可能支持字面所定義的社會主義，也就是政府擁有生產手段，不過他們確實受到斯堪地那維亞風格的民主社會主義吸引。無論他們如何定義，這些數字都是警訊。

我們在討論如何「修復」我們的系統時，很可能只是搔到癢處，有許多重要的思想領袖立足被困住的有限地球，重新想像資本主義。探索他們的著作和思想很值回票價（參見注釋列表）。[45] 這個議題輕而易舉就能寫成一本書，不過在我們這個確實大幅刪節的版本中，將聚焦企業可以解決的兩大資本主義失敗：無法為珍貴資源定價，以及金融市場短期內停滯不前。

資本主義的原罪：外部性

對那些在受到新自由主義啟發的主流經濟模式祭壇上祈禱的人來說，兩大教條無庸置疑：唯股東價值為重，而且自由市場或說一般所謂的自由將會解決一切問題。

在這種世界觀，要是企業對不起社會，民眾就會轉向別家購買。要是環境受到破壞，財產權和法律行動就會阻止污染者。不過無論如何，自由仍然比環境更重要（這是狹義的自由，僅適用於企業，因為人們本來就理當免受污染）。這套理論說，不受約束的市場會神奇地搞定這些問題。

你若想接納這一則說法，就必須相信許多童話故事，包括市場無縫運作、完美資訊流和完美競爭這些明顯錯誤的觀念。在真實世界，市場力量高度集中在少數人手中，我們沒有所有必需知道的資訊，市場也從來就談不上自由。它們被外部性的致命缺陷所困擾。企業營運的許多社會成本和收益都沒有被反映在商品或服務的價格上。大氣一向是我們碳排放的免費垃圾掩埋場，某些零成本的物件被大量使用。氣候變遷的社會費用將高達好幾兆美元，在不宜人居的地方成本實際上是無限的。不過污染者完全無須為此付出任何代價。

氣候變遷是史上最嚴重的市場失靈，不平等是緊追在後的第二名，而薪資市場則未反映真實價值。Covid-19 疫情肆虐期間，冒著生命危險的重要勞工通常是從事最低工資的工作，是他們讓我們這些人可以借助雲端視訊軟體 Zoom 工作的人活下來。

我們若想改變自己使用世界資源的方式，需要珍視稀有的資源，若非透過自願定價，就是法規或顧客施壓。幾百家企業已經自願增加內部碳費用，但一般都是視為「影子價格」，用來計算某項專案如果徵稅成本將是多少。一小部分企業向業務單位收取現金，用來投資氣候行動，包括以下幾家：

◆ 聯合利華：每噸費用 40 歐元，這筆錢用來資助生態效率專案
◆ LVMH 集團：旗下精品每「儲藏」一噸，就必須付出 30 歐元，用來投資碳減排 [46]
◆ 西門子：單單在英國，每噸就收費 31 英鎊 [47]
◆ 微軟：每公噸 15 美元，由各部門收取，這筆錢用來投資能源效率或潔淨科技。2021 年，它還對價值鏈（或說範疇 3）排放每噸徵稅 5 美元 [48]

這些都是重要的努力，但經濟學家估計，碳的價格需要每噸超過 100 美元才足以夠快減少排放。[49] 理論上來說，碳很容易定價。不同形式能源的排放是一個物理問題，可以在煉油廠、氣泵或是傳輸鏈上其他合乎邏輯、可追蹤的據點徵稅。

自然資本複雜得多。淨化地下水或提供防洪作用的健康森林值多少錢？一份世界經濟論壇報告預估，支撐所有經濟活動的自然資本價值高達 125 兆美元，遠大於全球經濟規模。[50] 多年來，我們一直在尋找更貼切的自然資本價值預估值。鼓勵商界吸收自然資本的資本聯盟（Capitals Coalition）發展出一套協定，衡量它們如何影響並倚賴自然世界。

十年前，開雲旗下的品牌 Puma 創造一套環境損益評估，估計

它的價值鏈所倚賴的自然資源有多少價值。自然提供的無償服務大約價值 1 億美元，占獲利的比率相當可觀。這類知識很有意思，但並未大幅改變企業或產業的實踐做法。是說，不為外部性定價的話，有何必要打從根本改變行為？

　　但是，隨著時間過去，企業將對自己的影響扛起責任。即使沒有美元價值或市場，濫用資源的「代價」有可能是銷售、聲譽、員工或經營資格損失。正如世界企業永續發展委員會主席巴克（Peter Bakker）所說：「我們只能優化金融資本報酬的時代已經過去了。」[51]

　　我們無法完美評估我們使用的資源的價格，但顯然不會是 0。淨正效益宣傳即使稱不上完美，但企業應該用推動實際價格。我們可以針對費用規模吵吵鬧鬧，但有些成本屬於外部性，金融圈有能耐創造規模巨大的市場。一說到白花花的銀子，你知道它們絕不放過。

　　最後，有些東西無法被定價，但需要被保護或再生。保護稀有物種就符合這個條件。不是每樣東西都有可以衡量的價值或是可以被規管。淨正效益企業明白這一點。

翻修金融體系

　　資本研究院的富勒頓為「再生金融」開發一套架構。[52] 他希望讓金融體系和人類及地球保持步調一致，進而服務它們。富勒頓挑戰「金融的假設真理」，像是把所有事情都金融化的想法，以及不斷擴大金融在經濟中的規模與影響，再加上自動導向效率、成長和繁榮。金融根本做不到這些，除非你把金融家自己的財富算進來。

富勒頓提倡像是更高透明度等原則；產生真正的長期財富；協作；韌性；讓金融成為健康經濟的手段，而非目的本身；讓金融在經濟圈中發展出適中規模（在 2008 年金融海嘯那時，銀行占總企業營業利益高達 30%，這實在很荒謬）。[53]

我們認同富勒頓，也相信「受託義務」的概念被解釋成最大化短期利潤，這一點有必要重新思考。正如全球頂尖的整合報告專家艾克斯（Bob Eccles）所寫，受託義務等同於股東至上的觀點，「是一種意識型態，而非法律。」[54] 這是另一則我們可以改寫的故事。

世代投資管理公司旗下的世代基金會、聯合國環境規劃署金融倡議（United Nations Environment Programme Finance Initiative, UNEP FI）和責任投資原則領軍的一支小組，正在努力挑戰傳統觀點。責任投資原則執行長雷諾絲（Fiona Reynolds）說，這項計畫意在「終結將 ESG 要素納入受託義務的相關辯論。」[55]

陶氏公司前執行長利偉誠協助創辦聚焦長期資本，並致力修復金融體系。正如利偉誠所見，我們需要對投資人發動兩點攻擊：**新的政府政策和更高透明度**。他說：「我們需要讓他們自慚形穢。」[56] 他建議，監管短期交易和避險基金，因為「股市就像拉斯維加斯，一點都不像現實世界。」他希望更積極披露氣候變遷等風險；更適切衡量企業在實現永續發展目標方面取得的進展，這樣退休基金就可以將它們納入投資決策；並為資產所有者提供新的誘因，停止獎勵他們衝刺短期業績。

有些長期投資人試圖從內部改變系統。當水野弘道掌管日本總值 1.5 兆美元的政府退休基金，想要將它轉向 ESG，但並未從永續發展的角度來看待它。他的興趣落在管理長期風險，因為政府退休

淨正效益策略要點

避免資本主義失控

◆ 為外部性定價、在自家營運中為碳制定價格、收取現金，然後投資在減少更多碳排放。

◆ 善用企業的政治力量積極倡導碳監管價格。

◆ 和非政府組織及其他機構協作，為水和使用土地等難以衡量的自然資源進行指定方向的正確定價。

◆ 鼓勵金融體系重視 ESG 和長期價值，做法是將它們的投資轉向永續投資，並且在分析師開口問之前，針對自家的 ESG 作為如何創造價值，積極和投資人對話。

基金的規模龐大，讓它成為他口中的「普世資產所有人（universal owner）」，意思是，以它們的規模來看，基本上可以自成一個市場了。如果你長期持有這麼多資產，唯有系統性風險才顯得重要。不過水野說，傳統的投資組合管理策略獨獨聚焦如何打敗市場，而非如何讓市場變得更好。

他發現，想要傳達自己關於長期價值管理的觀點，ESG 是最佳方式，因為 ESG 的每一個面向「在長期規模中都變得彼此相關。」[57] 不過如果 ESG 是相關風險，他問：「你怎樣避險？」我們可以將它應用在氣候、流行病和供應鏈中斷的精闢觀察。你如何避開這些風險？（成為淨正效益企業是好的開始。）

水野說，現今的短期手法是系統性失靈，也是「即將發生的悲劇」。把季度當作管理資產的目標可說是「技術上正確,但整體上錯誤」。這聽起來像是在說我們的整套經濟體系。

6. 捍衛社會支柱

力撐公正社會的原則清單會很長,但是肯定會涵蓋民主、受到保護的自由、平等、新聞自由以及對科學和事實的承諾。所有這些社會支柱都受到外界以愈來愈露骨的方式攻擊。指稱媒體是「人民公敵」稱不上含蓄。

獨裁領導人在全球崛起,為企業帶來艱難選擇。對商界和社會來說是一大壞事。B 型團隊在《保護公民權的商業個案》(The Business Case for Protecting Civic Rights)報告中總結:「愈高度尊重公民權的國家,經濟成長和人類發展水準就愈高。」[58] 在 Covid-19 疫情肆虐期間,各地的權利都在惡化,全世界有 87% 的人口生活在現在被評價為「壓制」、「封鎖」或「封閉」的國家。[59] 全世界超過一半人口生活在人權受到嚴重侵犯的政權之下:中國的維吾爾族集中營、印度境內衝著穆斯林而來的暴力行為,以及在美國－墨西哥邊境和父母失散的兒童。俄羅斯、土耳其、匈牙利、巴西和其他國家已經轉向專制並限縮自由(就像美國 4 年來的作為)。企業應該停止和這些政府合作嗎?或許應該,但你要是這麼幹了,就等於放棄半個世界。

企業領袖不能坐視不管,但他們需要成為政治家,而不是政客。所以,請忠於自己的價值觀。認真思考你絕不會接受政府合作夥伴的什麼作為。這是一條細線。你要是說太多，有可能和領導者漸行漸遠、影響力漸失；說太少，就是心照不宣地支持專制和鎮壓。當麥肯錫告訴莫斯科分公司員工，不要參加支持反普京的抗議活動，《金融時報》將它比作大政宣，於是一位美國參議員致信麥肯錫，明言這起事件「引發對麥肯錫核心價值觀的嚴重質疑。」[60]

企業可以挑戰衝著自由而來的攻擊並為正義而戰。聯合利華利用廣告手段促進包容性。它針對零容忍公開喊話，包括印度境內衝著穆斯林而來的暴力行為日益猖獗。當攻擊社會支柱的行為顯而易見，企業就會走出保護殼了。聯合利華的班傑利在美國反對選民壓制，努力協助曾經因為犯罪紀錄而被禁止投票的公民再次有權投票。B 型團隊經常針對貪汙、違反人權或政治黑金公開談話。這些都是破壞民主的社會毒瘤。

美國 2020 年大選前夕，有些組織第一次發聲。專業期刊《科學美國人》（Scientific American）和《新英格蘭醫學雜誌》（New England Journal of Medicine），這兩家雜誌社打從 1800 年代創社以來從未發表過政治聲明，卻公開支持拜登，因為它們深怕科學受到破壞。商界領袖簽署聲明，支持自由和公平的選舉（現在就要領導力計畫〔Leadership Now Project〕）和公民參與（公民聯盟〔Civic Alliance〕）。美國商會和美國勞工聯盟及工會組織在一份罕見的聯合聲明中呼籲，值此現任總統毫無根據地質疑郵寄選票的合法性之際，乾脆計算所有選票。

川普輸掉大選後，和一票支持者謊稱實際上他贏得選舉，煽動武裝起義，並在 2021 年 1 月 6 日接管美國國會大廈（US Capitol）。致命攻擊過後，讓人震驚的是，竟有 147 位國會議員（全是共和黨員）投票想推翻選舉結果。（可恥的是，好些企業已經開始再次捐款給支持起義的人士）接下來幾個月，有幾家美國企業也反對各州共和黨通過的許多限制投票權的法律。

　　企業也可以在營運時採取行動反制惡劣政策。在巴西總統波索那洛（Jair Bolsonaro）任內，砍伐亞馬遜流域森林的行為與日俱增，大豆和肉類買家便施壓它們的供應商，停止砍伐森林、尊重人權。那些都是不涉及政治的合法商業選擇。無論政府怎麼做，聯合利華往往是繼續開展改善生活的計畫，比如營養或健康和衛生的倡議。在人權有疑慮的地方甚至更需要這些計畫。改變發自內部，離開這些地區任憑它們受苦於事無補。

　　攻擊民主和媒體事關重大，但我們最關心的還是努力破壞事實和科學的惡象。「假新聞」意指篡改和捏造資訊，而不僅是你不喜歡的新聞，它乘勢崛起，已經搞出大量的錯誤資訊。美國有一支瘋狂的右翼團體匿名者Q（QAnon），那些兜售它們的陰謀論的人士說服幾百萬人相信，民主黨人正在經營一家表面是披薩餐廳，實際上則專營販賣孩童勾當的事業。在緬甸，短短七年內，手機滲透率從1%狂飆至90%，臉書成為主要的資訊來源。[61]聯合國裁定，臉書上的虛假煽動性新聞導致針對羅興亞人（Rohingya）的種族滅絕暴力。[62]聯合利華是最早喊停在煽動仇恨、傳播錯誤資訊的平台上打廣告的企業之一。

　　長年來，民粹主義政客一直試圖讓公民搞不清楚什麼才是真相，進而給出很好的理由說服他人，沒有任何事情是確定的。企業對它們發現會引來麻煩的事實表態懷疑，像是幾十年來埃克森美孚一直針對氣候變遷的科學發動卑鄙的戰爭。公眾對資訊的信任度很

淨正效益策略要點
捍衛社會支柱

◆ 別再作壁上觀，自行主動或串聯眾人公開表態，保護民主、自由、
科學和真理。這不只是以科學為基礎的企業才會遇到的問題；一
旦政客露出真面目，所有人都有風險。

◆ 努力矯正企業員工可能存在的錯誤認知。

◆ 找出善用商界力量的方式，例如供應鏈採購，進而對抗危險的政
策。

◆ 放眼長遠並持續直接與社區合作，即便是身處存在嚴重的人權或
民主問題的國家，參與變革遠勝於逃避變革。

低。

　　這些都不是好事。每一家和科學及真相息息相關的企業都必須
捍衛現實，事實上是指每一家企業，只不過有些產業關係更緊密。
公開表態大聲說出「我們相信事實和科學。」如果那是一句政治宣
言，那它就政治宣言。自相矛盾的地方是，公開表態才是我們去政
治化最好的做法。川普發表關於倉卒推出 Covid-19 疫苗的聲明後，
全球幾家最大的製藥廠也發表聲明，說它們將會遵循科學而非政
治。它們被逼到必須自清，實在讓人不安。

　　要是我們不能從始自氣候變遷，到流行病再到種族主義等各方
面的單一基本事實出發，是有何可能對付全球共同的挑戰，並尋求
一個公正、平等的世界？

更高的道德基礎

綜觀歷史，每一個世代都覺得，自己正活在有史以來最重要的時代。不過此時此刻或許真是如此。科技正以史無前例的速度飛快進展，世界也以史無前例的速度瞬息萬變。隨著科學見解改變我們對現實的理解，我們認識世界的程度達到前所未有的高點。從來就沒有這麼多人都在爭奪空間和資源。我們幾乎有 80 億人口，對古希臘人來說，這是無法想像的數字。

20 世紀初的世界發現許多我們認為是現代產物的東西，像是電力、汽車和飛機，即使是當時的公民也會對這一切瞠目結舌。在那個時代，約莫 16 億人在地球上漫遊，但分散各處，彼此往來要花上好幾天。現在，由於三分之二的人口擁有手機，基本上，多數人類都是在一個全球有機體中彼此相連。[63]

近幾十年，我倆致力協助商界發展、繁榮並創造一個新世界，也就是讓企業成為一股向善力量。我們不相信，少了企業擔任要角解決我們共同的挑戰，而不是一再搞出問題，人類有能耐熬過 21 世紀中葉的挑戰。

我們正面臨生存問題。事情將會變得更糟還是更好？全都掌握在我們手中。解決我們這些長達數十年的全球危機，比如氣候變遷、生物多樣性喪失、社會不平等、種族鴻溝和貧困等，有賴同理心和同情心、系統性思維以及集體行動。我們可以選擇自己想要走的方向、想要創造的世界。我們可以對周圍所有人產生淨正效益影響力，並且打造一個眾人和組織都慷慨付出，因此也豐碩回收的世界。我們手上有工具，可以在困擾我們的所有事情取得大幅進展。

我們可以消除赤貧、可以脫碳，也可以保護土地和物種。

我們將選擇我們自己的命運，齊心協力。我們正要求更多信任感、更多勇氣和更多人性。你在乎嗎？你有意志力嗎？你可以找到道德領導力來執行我們必須完成的事嗎？如果你加入我們這場最關鍵的淨正效益之旅，就可能願意敞開心胸接受批評。你將會犯錯，但是對你自身、對你將會以全新方式蓬勃發展的企業，還有對我們所有一起生活在這顆轉個不停、不完美的地球來說，回報無與倫比。

2004 年，諾貝爾獎委員會將和平獎頒給肯亞女性馬塔伊（Wangari Maathai），表彰她一生的成就，即種植超過 3,000 萬棵樹，並改善 100 萬名非洲婦女生活的綠帶運動（Green Belt Movement）。馬塔伊在諾貝爾獎演講中指出，委員會頒給她這座獎項是在要求全世界擴大對和平的理解。

「沒有公平發展，就不可能有和平，」馬塔伊說，「沒有在民主及和平的空間中永續管理環境，就沒有發展。在歷史的進程中，總有一天人類會受到召喚，要轉變到全新的意識層次，進而達到更高的道德境界。那是一個我們都必須擺脫恐懼並互相給予希望的時刻。那個時刻就是現在。」[64]

沒錯，就是現在。

致謝

協助完成一本書動用的人力相當驚人。我們仰賴許多人提供靈感、想法和故事，也充當我們的徵詢對象、編輯、思考夥伴以及會講出逆耳忠言的好友。少了他們的鼎力相助，這本書不會出版。

我們由衷感謝西布萊特，他真應該被列為第三號作者。傑夫參與每一場電話討論、閱讀每一份草稿、貢獻新想法，並且針對我們的每一套理論和想法提供指導。傑夫的多元經驗獨樹一格，涵蓋聯合利華永續長、任職跨國企業的消費品和能源部門，也在美國政府內部工作過。傑夫在這項計畫中確保方向不變，正如他自己所言，協助它「航向偉大」。若說我們真的接近那個目標，全都拜他所賜。

我們訪談許多人，他們都慷慨付出自己的時間，並針對一般的永續發展提出非常坦誠的觀點，特別是聯合利華在故事中的地位。正如所有作者所知，和某位人士來一場漫長、動人的對話，之後要濃縮成一句引述或是不得不割愛精彩故事，都是超痛苦的事。我們企盼自己可以分享更多所有受訪者的觀點。感謝James Allison、Jonathan Atwood、Doug Baille、Doug Baker、Peter Bakker、Irina Bakhtina、Hemant Bakshi、Charlie Beevor、David Blanchard、David Blood、Romina Boarini、Sharan Burrow、Jason Clay、Doina Cocoveanu、Jonathan Donner、Tony Dunnage、Marc Engel、Karen Hamilton、Rebecca

Henderson、Cheryl Hicks、Jeff Hollender、Rosie Hurs、Alan Jope、Janine Juggins、Anne Kelly、Tim Kleinebenne、Kees Kruythoff、Angélique Laskewitz、Andy Liveris、Mindy Lubber、Rebecca Marmot、Marcela Marubens、Marc Mathieu、Sanjiv Mehta、Steve Miles、Hiro Mizuno、Kumi Naidoo、Leena Nair、Gavin Neath、Frank O'Brien-Bernini、Sandy Ogg、Marcela Marubens、Marc Mathieu、Sanjiv Mehta、Steve Miles、Hiro Mizuno、Kumi Nidoo、Leena Nair、Gavin Neath、Frank O'Brien-Bernini、Sandy Ogg、Ron Oswald、Miguel Veiga-Pestana、John Replogle、John Sauven、Pier Luigi Sigismondi、Samir Singh、Jostein Solheim、Emilo Tenuta、Harold Thompson、Sally Uren、Sunny Verghese、Jan Kees Vis、Dominic Waughray和Keith Weed。我們也額外感謝商界、非政府組織、學界和政府等許多其他領域的領導者，他們的成就啟發我們撰寫本書。

本書約 500 個注釋，需要大量詳細研究，才能獲得我們所需的所有統計數據，以確保所說的故事精確無誤。我們非常倚賴我們的研究部主任 Jennifer Johnson、研究助理 Laura Zaccagnino，她倆可以找到任何我們想要的費解的統計數據，並以真正第一手讀者的觀點提供反饋。感謝設計師 Fiona Fung 讓我們的圖表和版面架構的點子看起來很美觀。也謝謝以下各位協助我們追蹤或確認聯合利華的資訊，包括 David Courtnage、Cliff Grantham、James Hu 和 Ishtpreet Singh。

完成一整版粗略的草稿可是一項大工程，一等到我們寫完，馬上就徵詢幾位勇敢的讀者閱讀，並提供我們毫不掩飾的觀點。我們極度感謝以下花費大把時間提供詳細反饋的讀者：Matt Blumberg、Mats Granryd、Jeff Gowdy、Andy Hoff- man、Hunter Lovins（這位仁兄做得更多，提供許多嚴厲的關愛）、Henrik Madsen、Colin Mayer、Jeremy

Oppenheim、Jonathan Porritt 和 P. J. Simmons.

　　我們還要感謝我們的團隊，在我們寫作期間維持業務發展。溫斯頓少了核心團隊成員 Aleise Matheson、Sharon Parker 和 Dina Satriale，別想完成什麼工作。波曼在想像的後盾包括 Kelsey Finkelstein、Jenna Salter 和共同創辦人 Valerie Keller。公關及活動總監 Zena Creed 協助啟動寫書流程，接著去生兒子，還請了育嬰假，然後再回到工作岡位……結果我們還在寫。她一向是重要的思考夥伴，不僅協助我們的作品出版，也協助發展我們的故事和交流。

　　《哈佛商業評論》出版社的團隊堪稱世界級。我們的策略顧問就是我們的編輯 Jeff Kehoe，從頭到尾展現無比的耐性。龐大的編輯團隊投入後製工作，讓書變得更好。感謝 Stephani Finks 設計另一版封面；感謝新聞編輯總監 Melinda Merino 和產品經理 Jen Waring，還有馬拉松編輯產品服務商（Marrathon Editorial Production Services）的 Christine Marra。我們也要感謝業務營運及行銷團隊，負責指導本書並銷售到全世界，包括新聞商務總監 Erika Heilman、Sally Ashworth、Julie Devoll、Lindsey Dietrich、Brian Galvin、Alexandra Kephart、Julia Magnuson、Ella Morrish、Jon Shipley、Felicia Sinusas 和 Alicyn Zall。 我們也要對《哈佛商業評論》的領導團隊致上感謝，殷阿迪是說服波曼完成這項計畫的關鍵人物，還有團體出版社（Group Publisher）執行副總裁 Sarah McConville。

　　最後，我們感謝我們的家人，他們是我們完成所有工作的靈感來源，也在這段漫長又奇怪的工作期間支持我們，因為我倆之間有六小時的時差。幾十年來，安德魯‧溫斯頓的父母 Jan 和 Gail 無條件支持，並灌輸安德魯引導他工作與生活的道德感，值得獻上無盡的感謝。Christine Winston 是經驗豐富的生意人，長期以來都是安德魯最好的編輯和徵詢對象。她一邊全職工作，在安德魯忙著打自無暇打理家務期間，還得負起一大部分維持家庭運轉的工作。安德魯出版第一本書時，兩名兒子 Joshua 和 Jacob 已經是蹣跚學步的幼兒和新生兒，現在則已經長成有能力針對內容和目的提出尖銳問題的青少年。我們都將倚賴 Z 世代肩負起為繁榮世界而戰的責任，安德魯期待他這兩名身為行動世代的兒子走出家門，為全世界做好事。

保羅‧波曼對家人感到無比自豪和滿滿的感激，他們不只灌輸價值觀因此貢獻卓著，更以身做出良好榜樣。他的雙親 Bertus 和 Ria 擁有一項簡單的使命，那就是讓他們的兒女過一種更好、更有意義的生活，並永遠都為更大的共好服務。金‧波曼擔綱為未來重新啟動（Reboot the Future）創辦人兼總裁，自有讓人難以置信的忙碌生活。這一家社會企業肩負的使命是，透過立足和人類一樣古老的規則基礎，進行根本性思維轉變，進而打造更富有同情心和更永續的世界。所謂的古老規則就是道德金律。她也主持重要的家庭基金會吉力馬札羅盲胞信託（Kilimanjaro Blind Trust），專注為非洲視障人士培育識字能力。她本身很清楚，作者寫一本書需要付出什麼代價，還出版過《想像的細胞：轉型的願景》（Imaginal Cells: Visions of Transformation），這本書為我們提供很多靈感。我們常在深夜討論書籍，也常錯過晚餐，她總是表現出莫大的耐性，還會在現場拉起大提琴激發創造力。

儘管家庭生活十分忙碌，保羅和金的兒子 Christian、Philippe 和 Sebastian 都很會玩鼓勵我們工作、敦促我們加倍努力的加油哏。他們各自以自己的方式努力過著淨正效益的生活。千禧世代可能啟動一場比我們想像更浩大的趨勢。為此，滿滿的感謝。

感謝所有將會致力打造淨正效益的繁榮世界的讀者。

注釋

前　言

1. Arash Massoudi, James Fontanella-Khan, and Bryce Elder, "Unilever Rejects $143bn Kraft Heinz Takeover Bid," *Financial Times*, February 17, 2017, https://on.ft.com/3eHeNM4.

2. Daniel Roberts, "Here's What Happens When 3G Capital Buys Your Company," *Fortune*, accessed March 3, 2021, https://fortune.com/2015/03/25/3g-capital-heinz-kraft-buffett/.

3. Arash Massoudi and James Fontanella-Khan, "The $143bn Flop: How Warren Buffett and 3G Lost Unilever," *Financial Times*, February 21, 2017, https://www.ft.com/content/d846766e-f81b-11e6-bd4e-68d53499ed71.

4. Ron Oswald (IUF), interview by author, September 28, 2020.

5. Harold Thompson (Ash Park), interview by author, April 24, 2020.

6. Vincent Lee (Bernstein), email communication with author, March 3, 2021.

7. "Unilever Announces Covid-19 Actions for All Employees," Unilever global company website, accessed March 3, 2021, https://www.unilever.com/news/news-and-features/Feature-article/2020/unilever-announces-covid-19-actions-for-all-employees.html.

8. "From Our CEO: We Will Fight This Pandemic Together," Unilever global company website, accessed March 4, 2021, https://www.unilever.com/news/news-and-features/Feature-article/2020/from-our-ceo-we-will-fight-this-pandemic-together.html.

9. Uday Sampath Kumar and Bhattacharjee Nivedita, "Kraft Heinz Discloses SEC Probe, $15 Billion Write-Down; Shares Dive 20 Percent," Reuters, February 22, 2019, https://www.reuters.com/article/us-kraft-heinz-results-idUSKCN1QA2W1; Gillian Tan and Paula Seligson, "Kraft Heinz Taps as Much as $4 Billion of Credit Line," Bloomberg, March 16, 2020, https://www.bloomberg.com/news/articles/2020-03-16/kraft-heinz-is-said-to-tap-as-much-as-4-billion-of-credit-line.

10. Mark Engel (Unilever), interview by author, May 14, 2020.

11. William McDonough and Michael Braungart, *The Upcycle* (New York: Northpoint Press, 2013), 35–36.

12. Kim Polman, *Imaginal Cells* (self-published, 2017), 8.

13. "Unilever, Patagonia, Ikea, Interface, and Natura &Co Most Recognized by Experts as Sustainability Leaders According to 2020 Leaders Survey," *GlobeScan* (blog), August 12, 2020, https://globescan.com/unilever-patagonia-ikea-interface-top-sustainability-leaders-2020/.

14. Dominic Waughray (WEF), interview by author, September 25, 2020.

15. *The Private Sector: The Missing Piece of the SDG Puzzle*, OECD, 2018.

16. "Citing $2.5 Trillion Annual Financing Gap during SDG Business Forum Event, Deputy Secretary-General Says Poverty Falling Too Slowly," UN, Meetings Coverage and Press Releases, accessed March 4, 2021, https://www.un.org/press/en/2019/dsgsm1340.doc.htm; "International Aid Reached Record Levels in 2019," *New Humanitarian*, April 17, 2020, https://www.thenewhumanitarian.org/news/2020/04/17/international-aid-record-level-2019.

17. Emily Flitter, "Decade after Crisis, a $600 Trillion Market Remains Murky to Regulators," *New York Times*, July 22, 2018, https://www.nytimes.com/2018/07/22/business/derivatives-banks-regulation-dodd-frank.html.

18. *2020 Edelman Trust Barometer*, Edelman, January 2020, https://www.edelman.com/trust/2020-trust-barometer.

19. "A Message from Our Chief Executive Officer," 2020 ESG, accessed March 4, 2021, https://corporate.

walmart.com/esgreport/a-message-from-our-chief-executive-officer.

20. Eben Shapiro, "'It's the Right Thing to Do.' Walmart CEO Doug McMillon Says It's Time to Reinvent Capitalism Post-Coronavirus," *Time*, October 21, 2020, https://time.com/collection-post/5900765/walmart-ceo-reinventing-capitalism/.

21. "Earth Overshoot Day—We Do Not Need a Pandemic to #MoveTheDate!" Earth Overshoot Day, accessed March 14, 2021, https://www.overshootday.org/.

22. Kenneth Boulding, "The Economics of the Coming Spaceship Earth," in *Radical Political Economy*, ed. Victor D. Lippit (Armonk, NY: M. E. Sharpe, 1966), 362.

23. Niall McCarthy, *Report: Global Wildlife Populations Have Declined 68% in 50 Years Due to Human Activity* [Infographic], *Forbes*, accessed March 7, 2021, https://www.forbes.com/sites/niallmccarthy/2020/09/10/report-global-wildlife-populations-have-declined-68-in-50-years-due-to-human-activity-infographic/.

24. "Rate of Deforestation," TheWorldCounts, accessed March 7, 2021, https://www.theworldcounts.com/challenges/planet-earth/forests-and-deserts/rate-of-deforestation/story; Alexander C. Kaufman, "Fossil Fuel Air Pollution Linked to 1 in 5 Deaths Worldwide, New Harvard Study Finds," HuffPost, accessed March 5, 2021, https://www.huffpost.com/entry/fossil-fuel-air-pollution_n_6022a51dc5b6c56a89a49185.

25. These systemic connections between natural systems and human health are the focus of the emerging field of planetary health. To learn more, see www.planetaryhealthalliance.org.

26. Luke Baker, "More Than 1 Billion People Face Displacement by 2050—Report," Reuters, September 9, 2020, https://www.reuters.com/article/ecology-global-risks-idUSKBN2600K4; see also Chi Xu et al., "Future of the Human Climate Niche," *Proceedings of the National Academy of Sciences* 117, no. 21 (May 26, 2020): 11350–55, https://doi.org/10.1073/pnas.1910114117.

27. Tim Cook (Apple), in keynote speech at Ceres 30th Anniversary Gala, October 21, 2019.

28. "Cases, Data, and Surveillance," Centers for Disease Control and Prevention, February 11, 2020, https://www.cdc.gov/coronavirus/2019-ncov/covid-data/investigations-discovery/hospitalization-death-by-race-ethnicity.html.

29. "Indigenous Tribes in Brazil Are Dying Twice as Much as the National Average Due to COVID-19," World Is One News, May 25, 2020, https://www.wionews.com/world/indigenous-tribals-in-brazil-are-dying-twice-as-much-as-the-national-average-due-to-covid-19-300952.

30. *SDG AMBITION: Introducing Business Benchmarks for the Decade of Action*, UN Global Compact, 2020.

31. "Nearly Half the World Lives on Less than $5.50 a Day," World Bank, accessed March 14, 2021, https://www.worldbank.org/en/news/press-release/2018/10/17/nearly-half-the-world-lives-on-less-than-550-a-day; "Learning Poverty," World Bank, accessed March 6, 2021, https://www.worldbank.org/en/topic/education/brief/learning -poverty; *World Hunger Is Still Not Going Down after Three Years and Obesity Is Still Growing—UN Report*, accessed March 6, 2021, https://www.who.int/news/item/15-07-2019-world-hunger-is-still-not-going-down-after-three-years-and-obesity-is-still-growing-un-report; "Children: Improving Survival and Well-Being," source: World Health Organization, accessed March 6, 2021, https://www.who.int/news-room/fact-sheets/detail/children-reducing-mortality.

32. "Secretary-General's Nelson Mandela Lecture: 'Tackling the Inequality Pandemic: A New Social Contract for a New Era' [as Delivered]," United Nations Secretary-General, July 18, 2020, https://www.un.org/sg/en/content/sg/statement/2020-07-18/secretary-generals-nelson-mandela-lecture-%E2%80%9Ctackling-the-inequality-pandemic-new-social-contract-for-new-era%E2%80%9D-delivered.

33. Mellody Hobson, "The Future of Sustainable Business Leadership," Ceres 2021, Virtual event, https://events.ceres.org/2021/agenda/session/430203.

34. Nick Hanauer and David M. Rolf, "America's 1% Has Taken $50 Trillion from the Bottom 90%," *Time*, accessed March 7, 2021, https://time.com/5888024/50-trillion-income-inequality-america/.

35. Rick Watzman, "Income Inequality: RAND Study Reveals Shocking New Numbers," accessed March 7, 2021, https://www.fastcompany.com/90550015/we-were-shocked-rand-study-uncovers-massive-income-shift-to-the-top-1.

36. "A Fifth of Countries Worldwide at Risk from Ecosystem Collapse as Biodiversity Declines, Reveals

Pioneering Swiss Re Index," Swiss Re, accessed March 14, 2021, https://www.swissre.com/media/news-releases/nr-20200923-biodiversity-and-ecosystems-services.html.

37. "World Economy Set to Lose up to 18% GDP from Climate Change If No Action Taken, Reveals Swiss Re Institute's Stress-Test Analysis," Swiss Re, accessed May 6, 2021, https://www.swissre.com/media/news-releases/nr-20210422-economics-of-climate-change-risks.html.

38. "AT&T Commits to Be Carbon Neutral by 2035," AT&T, accessed March 7, 2021, https://about.att.com/story/2020/att_carbon_neutral.html.

39. Sarah Repucci and Amy Slipowitz, "Democracy under Lockdown," Freedom House, accessed March 9, 2021, https://freedomhouse.org/report/special-report/2020/democracy-under-lockdown.

40. Vincent Wood, "Britons Enjoying Cleaner Air, Better Food and Stronger Social Bonds Say They Don't Want to Return to 'Normal,'" *Independent*, April 17, 2020, https://www.independent.co.uk/news/uk/home-news/coronavirus-uk-lockdown-end-poll-environment-food-health-fitness-social-community-a9469736.html.

41. Leslie Hook, "World's Top 500 Companies Set to Miss Paris Climate Goals," *Financial Times*, June 17, 2019, https://on.ft.com/2UAlNB3.

42. Sally Uren (Forum for the Future), email communication with authors, March 22, 2021.

43. "About Donella 'Dana' Meadows," *Academy for Systems Change* (blog), accessed March 7, 2021, http://donellameadows.org/donella-meadows-legacy/donella-dana-meadows/.

44. Jim Harter and Annamarie Mann, "The Right Culture: Not Just about Employee Satisfaction," Gallup.com, April 12, 2017, https://www.gallup.com/workplace/231602/right-culture-not-employee-satisfaction.aspx.

45. "Unilever's Purpose-Led Brands Outperform," Unilever global company website, accessed March 7, 2021, https://www.unilever.com/news/press-releases/2019/unilevers-purpose-led-brands-outperform.html.

46. "Research Highlights," NYU Stern Center for Sustainable Business, accessed March 7, 2021, https://www.stern.nyu.edu/experience-stern/faculty-research/new-meta-analysis-nyu-stern-center-sustainable-business-and-rockefeller-asset-management-finds-esg.

47. "Announcing the 2021 Rankings of America's Most JUST Companies," *JUST Capital* (blog), accessed March 7, 2021, https://justcapital.com/reports/announcing-the-2021-rankings-of-americas-most-just-companies/.

48. Larry Fink, "BlackRock Client Letter—Sustainability," BlackRock, accessed March 9, 2021, https://www.blackrock.com/corporate/investor-relations/blackrock-client-letter; Jennifer Thompson, "Companies with Strong ESG Scores Outperform, Study Finds," *Financial Times*, accessed March 9, 2021, https://www.ft.com/content/f99b0399-ee67-3497-98ff-eed4b04cfde5.

49. Sophie Baker, "Global ESG-Data Driven Assets Hit $40.5 Trillion," Pensions & Investments, July 2, 2020, https://www.pionline.com/esg/global-esg-data-driven-assets-hit-405-trillion.

50. "Sustainable Bond Issuance to Hit a Record $650 Billion in 2021," Moody's, accessed March 9, 2021, https://www.moodys.com/research/Moodys-Sustainable-bond-issuance-to-hit-a-record-650-billion--PBC_1263479.

51. "Larry Fink CEO Letter," BlackRock, accessed March 9, 2021, https://www.blackrock.com/corporate/investor-relations/larry-fink-ceo-letter.

52. Alan Murray, "The 2019 Fortune 500 CEO Survey Results Are In," *Fortune*, accessed March 10, 2021, https://fortune.com/2019/05/16/fortune-500-2019-ceo-survey/.

53. Kathleen McLaughlin (Walmart), conversation with authors, September 20, 2020.

54. "What on Earth Is the Doughnut," accessed March 9, 2021, https://www.kateraworth.com/doughnut/.

55. "Sustainable Business Could Unlock US$12 Trillion, Creating 380 Million Jobs," Unilever global company website, accessed March 9, 2021, https://www.unilever.com/news/news-and-features/Feature-article/2017/Sustainable-business-could-unlock-12-trillion-dollars-and-380-million-jobs.html.

56. Hanna Ziady, "Climate Change: Net Zero Emissions Could Cost $2 Trillion a Year, ETC Report Says," CNN Business, September 16, 2020, https://edition.cnn.com/2020/09/16/business/net-zero-climate-energy-transitions-commission/index.html.

57. "CGR 2021," Circularity Gap Reporting Initiative, accessed March 14, 2021, https://www.circularity-gap.world/2021.

58. "Record Number of Billion-Dollar Disasters Struck U.S. in 2020," National Oceanic and Atmospheric Administration," accessed March 9, 2021, https://www.noaa.gov/stories/record-number-of-billion-dollar-disasters-struck-us-in-2020.

59. "Solar's Future Is Insanely Cheap (2020)," Ramez Naam, May 14, 2020, https://rameznaam.com/2020/05/14/solars-future-is-insanely-cheap-2020/.

60. Brian Murray, "The Paradox of Declining Renewable Costs and Rising Electricity Prices," *Forbes*, accessed March 9, 2021, https://www.forbes.com/sites/brianmurray1/2019/06/17/the-paradox-of-declining-renewable-costs-and-rising-electricity-prices/.

61. *Levelized Cost of Energy Analysis*, vol. 14, Lazard, November 2020, https://www.lazard.com/perspective/levelized-cost-of-energy-and-levelized-cost-of-storage-2020/.

62. Paul Eisenstein, "GM to Go All-Electric by 2035, Phase Out Gas and Diesel Engines," NBC News, accessed March 9, 2021, https://www.nbcnews.com/business/autos/gm-go-all-electric-2035-phase-out-gas-diesel-engines-n1256055; Joshua S. Hill, "Honda to Phase Out Diesel, Petrol Cars in UK in Favour of EVs by 2022," accessed March 9, 2021, https://thedriven.io/2020/10/21/honda-to-phase-out-diesel-petrol-cars-in-uk-in-favour-of-evs-by-2022/.

63. Fred Lambert, "Daimler Stops Developing Internal Combustion Engines to Focus on Electric Cars—Electrek," accessed March 9, 2021, https://electrek.co/2019/09/19/daimler-stops-developing-internal-combustion-engines-to-focus-on-electric-cars/.

64. Gina McCarthy, "Press Briefing by Press Secretary," White House, January 27, 2021, https://www.whitehouse.gov/briefing-room/press-briefings/2021/01/27/press-briefing-by-press-secretary-jen-psaki-special-presidential-envoy-for-climate-john-kerry-and-national-climate-advisor-gina-mccarthy-january-27-2021/.

65. "Why Corporations Can No Longer Avoid Politics," *Time*, accessed March 9, 2021, https://time.com/5735415/woke-culture-political-companies/.

66. Tracy Francis and Fernanda Hoefel, "Generation Z Characteristics and Its Implications for Companies," McKinsey, accessed March 9, 2021, https://www.mckinsey.com/industries/consumer-packaged-goods/our-insights/true-gen-generation-z-and-its-implications-for-companies.

67. "7 UN Quotes to Get You Inspired for the New Global Goals," unfoundation.org, July 30, 2015, https://unfoundation.org/blog/post/7-un-quotes-to-get-you-inspired-for-the-new-global-goals/.

第 1 章

1. "Decline of Global Extreme Poverty Continues but Has Slowed," World Bank, September 19, 2018, https://www.worldbank.org/en/news/press-release/2018/09/19/decline-of-global-extreme-poverty-continues-but-has-slowed-world-bank.

2. David Gelles, "Rose Marcario, the Former C.E.O. of Patagonia, Retreats to the Rainforest," *New York Times*, February 18, 2021, https://www.nytimes.com/2021/02/18/business/rose-marcario-patagonia-corner-office.html.

3. Jasmine Wu, "Wayfair Employees Walk Out, Customers Call for Boycott in Protest over Bed Sales to Texas Border Detention Camp," CNBC, June 26, 2019, https://www.cnbc.com/2019/06/26/wayfair-draws-backlash-calls-for-boycott-after-employee-protest.html.

4. Kati Najipoor-Schuette and Dick Patton, "Egon Zehnder Survey: CEOs Are Too Unprepared for Leadership," *Fortune*, April 24, 2018, https://fortune.com/2018/04/24/egon-zehnder-ceos-leadership/.

5. Stephane Garelli, "Top Reasons Why You Will Probably Live Longer Than Most Big Companies," IMD, December 2016, https://www.imd.org/research-knowledge/articles/why-you-will-probably-live-longer-than-most-big-companies/.

6. Jason M. Thomas, "Where Have All the Public Companies Gone?" *Wall StreetJournal*, November 16, 2017,

https://www.wsj.com/articles/where-have-all-the-public-companies-gone-1510869125.

7. "The Risk of Rewards: Tailoring Executive Pay for Long-Term Success," FCLTGlobal, accessed May 25, 2021, https://www.fcltglobal.org/resource/executive-pay/.

8. *Short termism: Insights from Business Leaders,* CPPIB and McKinsey & Company, 2014, 5, exhibit 3, https://www.fcltglobal.org/wp-content/uploads/20140123-mck-quarterly-survey-results-for-fclt-org_final.pdf.

9. Dominic Barton, James Manyika, and Sarah Keohane Williamson, "Finally, Evidence That Managing for the Long Term Pays Off," *Harvard Business Review*, February 7, 2017, https://hbr.org/2017/02/finally-proof-that-managing-for-the-long-term-pays-off.

10. "Peter Drucker Quote," A–Z Quotes, accessed May 10, 2021, https://www.azquotes.com/quote/863677.

11. David MacLean, "It's Not About Profit," *Whole Hearted Leaders* (blog), October 12, 2016, https://www.wholeheartedleaders.com/its-not-about-profit/; "Henry Ford Quotes," The Henry Ford, accessed March 11, 2021, https://www.thehenryford.org/collections-and-research/digital-resources/popular-topics/henry-ford-quotes/.

12. Saikat Chatterjee and Thyagaraju Adinarayan, "Buy, Sell, Repeat! No Room for 'Hold' in Whipsawing Markets," Reuters, August 3, 2020, https://www.reuters.com/article/us-health-coronavirus-short-termism-anal-idUSKBN24Z0XZ.

13. Bhakti Mirchandani et al., "Predicting Long-Term Success for Corporations and Investors Worldwide," FCLTGlobal, September 2019, https://www.fcltglobal.org/resource/predicting-long-term-success-for-corporations-and-investors-worldwide/.

14. "As Jobs Crisis Deepens, ILO Warns of Uncertain and Incomplete Labour Market Recovery," International Labour Organization, June 30, 2020, http://www.ilo.org/global/about-the-ilo/newsroom/news/WCMS_749398/lang--en/index.htm.

15. Andrew Liveris (Dow), interview by authors, August 27, 2020.

16. *2019 Survey on Shareholder Versus Stakeholder Interests*, Stanford Graduate School of Business and the Rock Center for Corporate Governance, 2019, 2.

17. "Our Credo," Johnson & Johnson, accessed March 11, 2021, https://www.jnj.com/credo/.

18. Jessica Shankleman, "Tim Cook Tells Climate Change Sceptics to Ditch Apple Shares," *Guardian*, March 3, 2014, http://www.theguardian.com/environment/2014/mar/03/tim-cook-climate-change-sceptics-ditch-apple-shares.

19. "Fact Sheet: Obesity and Overweight," World Health Organization, April 1, 2020, https://www.who.int/news-room/fact-sheets/detail/obesity-and-overweight.

20. "Malnutrition Is a World Health Crisis," World Health Organization, September 26, 2019, https://www.who.int/news/item/26-09-2019-malnutrition-is-a-world-health-crisis.

21. "The World Bank and Nutrition—Overview," World Bank, October 4, 2019, https://www.worldbank.org/en/topic/nutrition/overview.

第2章

1. Adam Smith, *The Theory of Moral Sentiments*, Stewart Ed. (London: Henry G. Bohn, 1853), https://oll.libertyfund.org/title/smith-the-theory-of-moral-sentiments-and-on-the-origins-of-languages-stewart-ed#lf1648_label_001.

2. "The Theory of Moral Sentiments," Adam Smith Institute, accessed March 12, 2021, https://www.adamsmith.org/the-theory-of-moral-sentiments.

3. Smith, *The Theory of Moral Sentiments.*

4. Kumi Naidoo, interview by authors, October 6, 2020.

5. Colin Mayer, *Prosperity: Better Business Makes the Greater Good*, 1st ed. (Oxford, United Kingdom: Oxford University Press, 2018).

6. Jenna Martin, "Add Wells Fargo CEO John Stumpf and Ingersoll-Rand CEO Michael Lamach to List of Executives against North Carolina's House Bill 2," *Charlotte Business Journal*, March 31, 2016, https://www.bizjournals.com/charlotte/news/2016/03/31/add-wells-fargo-ingersoll-rand-ceos-to-list-of.html.

7. Jon Kamp and Cameron McWhirter, "Business Leaders Speak Out against North Carolina's Transgender Law," *Wall Street Journal*, March 30, 2016, https://www.wsj.com/articles/business-leaders-speak-out-against-north-carolinas-transgender-law-1459377292.

8. Josh Rottenberg, "New Oscars Standards Say Best Picture Contenders Must Be Inclusive to Compete," *Los Angeles Times*, September 8, 2020, https://www.latimes.com/entertainment-arts/movies/story/2020-09-08/academy-oscars-inclusion-standards-best-picture.

9. Jeff Beer, "One Year Later, What Did We Learn from Nike's Blockbuster Colin Kaepernick Ad?" *Fast Company*, September 5, 2019, https://www.fastcompany.com/90399316/one-year-later-what-did-we-learn-from-nikes-blockbuster-colin-kaepernick-ad.

10. Ed Stack, *It's How We Play the Game: Build a Business, Take a Stand, Make a Difference* (New York: Scribner, 2019), 2.

11. Yvon Chouinard, *Let My People Go Surfing: The Education of a Reluctant Businessman* (New York: Penguin, 2005), 1.

12. Viktor E. Frankl, *Man's Search for Meaning: An Introduction to Logotherapy*, 3rd ed. (New York: Touchstone, 1984).

13. "State of Workplace Empathy: Executive Summary," Businessolver, 2020, https://info.businessolver.com/en-us/empathy-2020-exec-summary-ty.

14. Jostein Solheim (Unilever), interview by authors, August 28, 2020.

15. Clifton Leaf, "Why Mastercard Isn't a Credit Card Company, According to Its Outgoing CEO Ajay Banga," *Fortune*, December 3, 2020, https://fortune.com/longform/mastercard-ceo-ajay-banga-credit-card-payment-company/.

16. "Wipro Chairman Premji Pledges 34 Percent of Company Shares for Philanthropy," Reuters, March 13, 2019, https://www.reuters.com/article/us-wipro-premji-idUSKBN1QU21H; "None Can Take Away Your Humility: Azim Premji," Bengaluru News—*Times of India*, accessed July 15, 2021, https://timesofindia.indiatimes.com/city/bengaluru/none-can-take-away-your-humility-azim-premji/articleshow/60140040.cms.

17. Nimi Princewill, "First Black Woman to Lead WTO Says She Will Prioritize Fair Trade, Access to Covid-19 Vaccines," CNN Business, accessed March 12, 2021, https://www.cnn.com/2021/02/15/business/ngozi-okonjo-iweala-wto-announcement-intl/index.html.

18. Ann McFerran, "'I Keep My Ego in My Handbag,'" *Guardian*, August 1, 2005, https://www.theguardian.com/world/2005/aug/01/gender.uk.

19. "Jesper Brodin," Ingka Group, accessed March 14, 2021, https://www.ingka.com/bios/jesper-brodin/.

20. Adam Bryant, "How to Be a C.E.O., from a Decade's Worth of Them," *New York Times*, October 27, 2017, https://www.nytimes.com/2017/10/27/business/how-to-be-a-ceo.html.

21. "Maya Angelou Quotes: 15 of the Best," *Guardian*, May 29, 2014, http://www.theguardian.com/books/2014/may/28/maya-angelou-in-fifteen-quotes.

22. "Climate Change: The Massive CO2 Emitter You May Not Know About," BBC News, December 17, 2018, https://www.bbc.com/news/science-environment-46455844.

23. "Sustainability Practices Followed in Dalmia Bharat Group," Dalmia Bharat Group, accessed March 12, 2021, https://www.dalmiabharat.com/sustainability/.

24. We Mean Business Coalition, "Dalmia Cement CEO Mahendra Singhi on Setting Bold Science-Based Targets," YouTube, published September 14, 2018, https://www.youtube.com/watch?v=fgNioqdrSKE.

25. Elizabeth Kolbert, "The Weight of the World: The Woman Who Could Stop Climate Change," *New Yorker*, August 17, 2015, https://www.newyorker.com/magazine/2015/08/24/the-weight-of-the-world.

26. Arun Marsh, "Christiana Figueres on 'Godot Paralysis' and Courage," video, UN Global Compact Speaker Interviews, *Guardian*, October 18, 2013, https://www.theguardian.com/sustainable-business/video/

christiana-figueres-godot-paralysis-courage.

27. Stack, *It's How We Play the Game*, 279.

28. Stack, *It's How We Play the Game*, 279.

29. Stack, *It's How We Play the Game*, 286.

30. Stack, *It's How We Play the Game*, 295.

31. Rachel Siegel, "Dick's Sporting Goods Reports Strong Earnings as It Experiments with Reducing Gun Sales," *Washington Post*, August 22, 2019, https://www.washingtonpost.com/business/2019/08/22/dicks-sporting-goods-stock-surges-strong-nd-quarter-earnings/.

32. Steve Denning, "Making Sense of Shareholder Value: 'The World's Dumbest Idea,'" *Forbes*, July 17, 2017, https://www.forbes.com/sites/stevedenning/2017/07/17/making-sense-of-shareholder-value-the-worlds-dumbest-idea/?sh=44bb59142a7e.

33. Bill George, "Courage: The Defining Characteristic of Great Leaders," op-ed, Harvard Business School Working Knowledge, April 24, 2017, http://hbswk.hbs.edu/item/courage-the-defining-characteristic-of-great-leaders.

34. Angie Drobnic Holan, "In Context: Donald Trump's 'Very Fine People on Both Sides' Remarks (Transcript)," PolitiFact, April 26, 2019, https://www.politifact.com/article/2019/apr/26/context-trumps-very-fine-people-both-sides-remarks/.

35. Adam Edelman, "Merck CEO Quits Trump Council over President's Charlottesville Remarks," NBC News, accessed March 11, 2021, https://www.nbcnews.com/politics/donald-trump/merck-ceo-quits-advisory-council-over-trump-s-charlottesville-remarks-n792416.

36. Amelia Lucas, "Merck CEO Kenneth Frazier: George Floyd 'Could Be Me,'" CNBC, June 1, 2020, https://www.cnbc.com/2020/06/01/merck-ceo-george-floyd-could-be-me.html.

37. Jeffrey Sonnenfeld, "CEOs and Racial Inequity," Chief Executive, September 9, 2020, https://chiefexecutive.net/ceos-and-racial-inequity/.

38. K. Bell, "Facebook staff plan 'virtual walkout' over response to Trump posts," Engadget, June 1, 2020, https://www.engadget.com/facebook-employees-virtual-walkout-trump-posts-175020522.html.

39. Nicole Schuman, "Airbnb CEO Delivers Empathetic, Transparent Message Regarding Layoffs," PRNEWS, May 7, 2020, https://www.prnewsonline.com/airbnb-ceo-delivers-empathetic-transparent-message-regarding-layoffs/.

40. Ed Kuffner, "It Was a Relatively Easy Decision: J&J Exec Shares Experience Working in the Frontlines," Yahoo! Finance, June 1, 2020, https://finance.yahoo.com/video/relatively-easy-decision-j-j-170640381.html.

41. Hannah Tan-Gillies, *"The Biggest Challenge Facing Our Generation"—Kering Commits to Net Positive Impact on Biodiversity by 2025*, Moodie Davitt Report, August 4, 2020, https://www.moodiedavittreport.com/the-biggest-challenge-facing-our-generation-kering-commits-to-net-positive-impact-on-biodiversity-by-2025/.

第 3 章

1. Paul R. Lawrence and Nitin Nohria, *Driven: How Human Nature Shapes Our Choices*, 1st ed. (San Francisco: Jossey-Bass, 2002).

2. Tom Johnson, "Unilever Nabs Bestfoods for $24.3B," CNN Money, June 6, 2000, accessed March 10, 2021, https://money.cnn.com/2000/06/06/deals/bestfoods/.

3. *Short Termism: Insights from Business Leaders*, Focusing Capital on the Long Term, CPPIB and McKinsey & Company, January 2014, p. 5, exhibit 3, https://www.fcltglobal.org/wp-content/uploads/20140123-mck-quarterly-survey-results-for-fclt-org_final.pdf.

4. "Risk Report Reveals Pandemic Forced Companies to Review Strategy," Board Agenda, July 15, 2020, https://boardagenda.com/2020/07/15/risk-report-reveals-pandemic-forced-companies-to-review-strategy/.

5. Sandy Ogg (Unilever), interview by authors, April 4, 2020.

6. "Unilever Issues First Ever Green Sustainability Bond," Unilever global company website, March 19, 2014, https://www.unilever.com/news/press-releases/2014/14-03-19-Unilever-issues-first-ever-green-sustainability-bond.html.

7. Marc Mathieu (Unilever), interview by authors, August 26, 2020.

8. Keith Weed (Unilever), interview by authors, November 10, 2020.

9. Robert Lofthouse, "Purpose Unlocks Profit," accessed March 15, 2021, https://www.alumni.ox.ac.uk/quad/article/purpose-unlocks-profit.

10. Lauren Hirsch, "People Thought Hubert Joly Was 'Crazy or Suicidal' for Taking the Job as Best Buy CEO. Then He Ushered in Its Turnaround," CNBC, June 19, 2019, https://www.cnbc.com/2019/06/19/former-best-buy-ceo-hubert-joly-defied-expectations-at-best-buy.html.

11. Adele Peters, "This Food Giant Is Now the Largest B Corp in the World," *Fast Company*, April 12, 2018, https://www.fastcompany.com/40557647/this-food-giant-is-now-the-largest-b-corp-in-the-world.

12. "Danone: Annual General Meeting of June 26, 2020: Shareholders Unanimously Vote for Danone to Become the First Listed 'Entreprise a Mission,'" GlobeNewswire, June 26, 2020, http://www.globenewswire.com/news-release/2020/06/26/2054177/0/en/Danone-Annual-General-Meeting-of-June-26-2020-Shareholders-unanimously-vote-for-Danone-to-become-the-first-listed-Entreprise-%C3%A0-Mission.html.

13. Thomas W. Malnight, Ivy Buche, and Charles Dhanaraj, "Put Purpose at the Core of Your Strategy," *Harvard Business Review*, September 1, 2019, https://hbr.org/2019/09/put-purpose-at-the-core-of-your-strategy.

14. "Announcing the 2021 Rankings of America's Most JUST Companies," JUST Capital, accessed March 7, 2021, https://justcapital.com/reports/announcing-the-2021-rankings-of-americas-most-just-companies/.

15. "Becoming Irresistible: A New Model for Employee Engagement," *Deloitte Review* 16, January 27, 2015, https://www2.deloitte.com/us/en/insights/deloitte-review/issue-16/employee-engagement-strategies.html.

16. "B Corp Analysis Reveals Purpose-Led Businesses Grow 28 Times Faster Than National Average," Sustainable Brands, March 1, 2018, https://sustainablebrands.com/read/business-case/b-corp-analysis-reveals-purpose-led-businesses-grow-28-times-faster-than-national-average.

17. "2018 Cone/Porter Novelli Purpose Study: How to Build Deeper Bonds, Amplify Your Message and Expand the Consumer Base," Cone Communications, accessed March 14, 2021, https://www.conecomm.com/research-blog/2018-purpose-study; *Meet the 2020 Consumers Driving Change*, IBM and National Retail Federation, 2020, 1.

18. Dr. Wieland Holfelder, in "Chance of a Lifetime? How Governments and Businesses Are Achieving a Green Economic Recovery," Facebook video, The Climate Group: Climate Week NYC, September 22, 2020, https://www.facebook.com/TheClimateGroup/videos/chance-of-a-lifetime-how-governments-and-businesses-are-achieving-a-green-econom/629022581139808/ (see minute 36).

19. "Report Shows a Third of Consumers Prefer Sustainable Brands," Unilever global company website, January 5, 2017, https://www.unilever.com/news/press-releases/2017/report-shows-a-third-of-consumers-prefer-sustainable-brands.html

20. "Our History," Unilever UK & Ireland, accessed March 27, 2021, https://www.unilever.co.uk/about/who-we-are/our-history/.

21. Claire Phillips, "Hubris and Colonial Capitalism in a 'Model' Company Town: The Case of Leverville, 1911–1940—Benoit Henriet," *Comparing the Copperbelt* (blog), October 2, 2017, https://copperbelt.history.ox.ac.uk/2017/10/02/hubris-and -colonial-capitalism-in-a-model-company-town-the-case-of-leverville-1911-1940-benoit-henriet/.

22. Thomas W. Malnight, Ivy Buche, and Charles Dhanaraj, "Put Purpose at the Core of Your Strategy," *Harvard Business Review*, September 1, 2019, https://hbr.org/2019/09/put-purpose-at-the-core-of-your-strategy.

23. Gavin Neath, interview by authors, April 10, 2020.

24. Jonathan Donner (Unilever), interview by authors, October 1, 2020.

25. William W. George, Krishna G. Palepu, Carin-Isabel Knoop, and Matthew Preble, "Unilever's Paul Polman: Developing Global Leaders," HBS Case no. N9-413-097 (Boston: Harvard Business School Publishing,

2013), 7, https://www.hbs.edu/faculty/Pages/item.aspx?num=44876.

26. "Mars CEO Speaks on How Gen Z Are Changing the Company's Workplace," *Corporate Citizenship Briefing* (blog), February 28, 2020, https://ccbriefing.corporate-citizenship.com/2020/02/28/mars-ceo-speaks-on-how-gen-z-are-changing-the-companys-workplace/.

27. Jack Kelly, "Millennials Will Become Richest Generation In American History as Baby Boomers Transfer over Their Wealth," *Forbes*, October 26, 2019, https://www.forbes.com/sites/jackkelly/2019/10/26/millennials-will-become-richest-generation-in-american-history-as-baby-boomers-transfer-over-their-wealth/.

28. "The Deloitte Global Millennial Survey 2020," Deloitte, June 2020, https://www2.deloitte.com/global/en/pages/about-deloitte/articles/millennialsurvey.html.

29. "2016 Cone Communications Millennial Employee Engagement Study," Cone Communications, accessed March 14, 2021, https://www.conecomm.com/research-blog/2016-millennial-employee-engagement-study.

30. Brandon Rigoni and Bailey Nelson, "For Millennials, Is Job-Hopping Inevitable?" Gallup, November 8, 2016, https://news.gallup.com/businessjournal/197234/millennials-job-hopping-inevitable.aspx.

31. "Engage Your Employees to See High Performance and Innovation," Gallup, accessed March 14, 2021, https://www.gallup.com/workplace/229424/employee-engagement.aspx.

32. "Open Letter to Jeff Bezos and the Amazon Board of Directors," Amazon Employees for Climate Justice, Medium, April 10, 2019, https://amazonemployees4climatejustice.medium.com/public-letter-to-jeff-bezos-and-the-amazon-board-of-directors-82a8405f5e38.

33. Jay Greene, "More than 350 Amazon Employees Violate Communications Policy Directed at Climate Activists," *Washington Post*, January 27, 2020, https://www.washingtonpost.com/technology/2020/01/26/amazon-employees-plan-mass-defiance-company-communications-policy-support-colleagues/.

34. "Goldman Sachs to Offer Employees Clean Home Energy," Smart Energy Decisions, February 8, 2021, https://www.smartenergydecisions.com/renewable-energy/2021/02/08/goldman-sachs-to-offer-employees-clean-home-energy.

35. "Members," Time to Vote, accessed March 14, 2021, https://www.maketimetovote.org/pages/members; Jazmin Goodwin, "Old Navy to Pay Store Employees to Work Election Polls in November," CNN Business, September 1, 2020, https://www.cnn.com/2020/09/01/business/old-navy-employee-pay-election-poll-workers/index.html.

36. "Employers Boosting Efforts to Create Respect and Dignity at Work," Yahoo! Finance, February 5, 2020, https://finance.yahoo.com/news/employers-boosting-efforts-create-respect-155356022.html.

37. Claudine Gartenberg, Andrea Prat, and Georgios Serafeim, "Corporate Purpose and Financial Performance," HBS working paper 17-023 (Boston: Harvard Business School, March 23, 2017), https://dash.harvard.edu/handle/1/30903237.

第 4 章

1. David Causey, "When We Fear the Unknown," Warrior's Journey, accessed March 14, 2021, https://thewarriorsjourney.org/challenges/when-we-fear-the-unknown/.

2. Christiana Figueres, Tom Rivett-Carnac, and Paul Dickinson, "86: The Scientific Case for the Race to Zero with Johan Rockstrom," January 28, 2021, in Outrage + Optimism, podcast, https://outrageandoptimism.libsyn.com/86-the-scientific-case-for-the-race-to-zero-with-johan-rockstrm.

3. Gavin Neath (Unilever), written correspondence with authors, April 10, 2020.

4. "Decarbonising Our Business," Unilever global company website, accessed March 14, 2021, https://www.unilever.com/planet-and-society/climate-action/decarbonising-our-business/.

5. "Unilever Opens $272m Manufacturing Plant in Dubai," Sustainable Brands, December 27, 2016, https://sustainablebrands.com/read/press-release/unilever-opens-272m-manufacturing-plant-in-dubai.

6. "2019 Sustainability in a Generation Plan," Mars, Incorporated, accessed March 14, 2021, https://www.mars.com/sustainability-plan.

7. "Top 25 Quotes by Azim Premji," A–Z Quotes, accessed March 14, 2021, https://www.azquotes.com/author/11855-Azim_Premji.

8. In situations like optimizing a building's performance, it may be much cheaper than trying to make each component (windows, HVAC, and so on) efficient. The whole thing can be cheaper than the parts. See Paul Hawken, Amory B. Lovins, and L. Hunter Lovins, "Chapter 6: Tunneling Through the Cost Barrier," in Natural Capitalism: Creating the Next Industrial Revolution, 1st ed. (Boston: Little, Brown and Co., 1999).

9. Tim Cook (Apple), in keynote speech at Ceres 30th Anniversary event, New York, October 21, 2019.

10. Jemima McEvoy, "Sephora First to Accept '15% Pledge,' Dedicating Shelf-Space to Black-Owned Businesses," Forbes, June 10, 2020, https://www.forbes.com/sites/jemimamcevoy/2020/06/10/sephora-first-to-accept-15-pledge-dedicating-shelf-space-to-black-owned-businesses/.

11. Dana Givens, "Sephora Relaunches Business Incubator to Help BIPOC Beauty Entrepreneurs," Black Enterprise, February 10, 2021, https://www.blackenterprise.com/sephora-relaunches-business-incubator-to-help-bipoc-beauty-entrepreneurs/.

12. "Unilever Commits to Help Build a More Inclusive Society," Unilever global company website, January 21, 2021, https://www.unilever.com/news/press-releases/2021/unilever-commits-to-help-build-a-more-inclusive-society.html.

13. "Companies Taking Action," Science Based Targets, accessed March 14, 2021, https://sciencebasedtargets.org/companies-taking-action.

14. "330+ Target-Setting Firms Reduce Emissions by a Quarter in Five Years since Paris Agreement," Science Based Targets, January 26, 2021, https://sciencebasedtargets.org/news/330-target-setting-firms-reduce-emissions-by-a-quarter-in-five-years-since-paris-agreement.

15. "Response Required: How the Fortune Global 500 Is Delivering Climate Action and the Urgent Need for More of It," Natural Capital Partners, October 6, 2020, https://www.naturalcapitalpartners.com/news-resources/response-required.

16. Brad Smith, "Microsoft Will Be Carbon Negative by 2030," The Official Microsoft Blog (blog), January 16, 2020, https://blogs.microsoft.com/blog/2020/01/16/microsoft-will-be-carbon-negative-by-2030/.

17. Brad Smith, "One Year Later: The Path to Carbon Negative—A Progress Report on Our Climate 'Moonshot,'" The Official Microsoft Blog (blog), January 28, 2021; Chuck Abbott, "Land O'Lakes, Microsoft in Carbon Credit Program," Successful Farming, February 5, 2021, https://www.agriculture.com/news/business/land-o-lakes-microsoft-in-carbon-credit-program.

18. Alan Jope, email with authors, March 23, 2021.

19. Sundar Pichai, "Our Third Decade of Climate Action: Realizing a Carbon-Free Future," Google—The Keyword (blog), September 14, 2020, https://blog.google/outreach-initiatives/sustainability/our-third-decade-climate-action-realizing-carbon-free-future/.

20. Justine Calma, "IBM Sets New Climate Goal for 2030," The Verge, February 16, 2021, https://www.theverge.com/2021/2/16/22285669/ibm-climate-change-commitment-cut-greenhouse-gas-emissions; IBM is also looking to 2030 for 90 to 100 percent renewables, without offsets or sequestration.

21. Brian Moynihan, Feike Sijbesma, and Klaus Schwab, "World Economic Forum Asks All Davos Participants to Set a Net-Zero Climate Target," World Economic Forum, January 17, 2020, https://www.weforum.org/agenda/2020/01/davos-ceos-to-set-net-zero-target-2050-climate/.

22. "Ingka Group Produces More Renewable Energy than It Consumes—2020 Report," Energy Capital Media (blog), January 28, 2021, https://energycapitalmedia.com/2021/01/28/ingka-group-ikea/.

23. Doug McMillon, "Walmart's Regenerative Approach: Going Beyond Sustainability," Walmart Inc., September 21, 2020, https://corporate.walmart.com/newsroom/2020/09/21/walmarts-regenerative-approach-going-beyond-sustainability.

24. Arjun Kharpal, "Apple pledges to make products like the iPhone from only recycled material and end mining," CNBC, April 20, 2017, https://www.cnbc.com/2017/04/20/apple-mining-end-recycled-material-products.html.

25. "Morgan Stanley Announces Commitment to Reach Net-Zero Financed Emissions by 2050," Morgan

Stanley, September 21, 2020, https://www.morganstanley.com/press-releases/morgan-stanley-announces-commitment-to-reach-net-zero-financed-e. ; "Bank of America Announces Actions to Achieve Net Zero Greenhouse Gas Emissions before 2050," Bank of America Newsroom, February 11, 2021, https://newsroom.bankofamerica.com/content/newsroom/press-releases/2021/02/bank-of-america-announces-actions-to-achieve-net-zero-greenhouse.html; "New Citi CEO Jane Fraser Unveils Net-Zero Targets on First Day at the Helm, " Financial News, accessed March 11, 2021, https://www.fnlondon.com/articles/new-citi-ceo-jane-fraser-unveils-net-zero-targets-in-first-day-at-the-helm-20210301.

26. Graham Readfearn, "Insurance Giant Suncorp to End Coverage and Finance for Oil and Gas Industry," *Guardian*, August 21, 2020, http://www.theguardian.com/environment/2020/aug/21/insurance-giant-suncorp-to-end-coverage-and-finance-for-oil-and-gas-industry.

27. "2019 CDP Climate Response," Target Corporation, 2019, https://corporate.target.com/_media/TargetCorp/csr/pdf/2019-CDP-Climate-Response.pdf.

28. "Tesco Set to Become First UK Retailer to Offer Sustainability-Linked Supply Chain Finance," Tesco PLC, accessed May 13, 2021, www.tescoplc.com/news/2021/tesco-set-to-become-first-uk-retailer-to-offer-sustainability-linked-supply-chain-finance/.

29. "Salesforce Suppliers Must Maintain Sustainability Scorecard," *Environment + Energy Leader* (blog), April 30, 2021, https://www.environmentalleader.com/2021/04/salesforce-suppliers-must-maintain-sustainability-scorecard-or-pay-climate-remediation-fee/.

30. "Unilever to Eliminate Fossil Fuels in Cleaning Products by 2030," Unilever global company website, accessed March 15, 2021, https://www.unilever.com/news/press-releases/2020/unilever-to-invest-1-billion-to-eliminate-fossil-fuels-in-cleaning-products-by-2030.html.

31. "Tackling Climate Change," Starbucks Coffee Company, accessed March 14, 2021, https://www.starbucks.com/responsibility/environment/climate-change.

32. Lauren Wicks, "Panera Bread Commits to Making Half of Its Menu Plant-Based," EatingWell, January 10, 2020, https://www.eatingwell.com/article/7561530/panera-bread-plant-based-menu/.

33. "Zero Hunger, Zero Waste," Kroger Co., accessed March 14, 2021, https://www.thekrogerco.com/sustainability/zero-hunger-zero-waste/.

34. Hannah Tan-Gillies, *"The Biggest Challenge Facing Our Generation"—Kering Commits to Net Positive Impact on Biodiversity by 2025*, Moodie Davitt Report, August 4, 2020, https://www.moodiedavittreport.com/the-biggest-challenge-facing-our-generation-kering-commits-to-net-positive-impact-on-biodiversity-by-2025/.

35. Mandy Oaklander, "Suicide Is Preventable. Hospitals and Doctors Are Finally Catching Up," *Time*, October 24, 2019, https://time.com/5709368/how-to-solve-suicide/.

36. Jane Fraser, "The Incoming CEO of Citigroup, on How to Smash the Glass Ceiling," interview by Eben Shapiro, *Time*, October 21, 2020, https://time.com/collection-post/5900752/jane-fraser-citibank/.

37. "Mastercard Commits to Connect 1 Billion People to the Digital Economy by 2025," Mastercard Center for Inclusive Growth, April 28, 2020, http://www.mastercardcenter.org/content/mc-cig/en/homepage/press-releases/mastercard-commits-to-connect-1billion-by-2025.html.

38. "Orsted (Company)," *Wikipedia*, accessed March 2, 2021, https://en.wikipedia.org/w/index.php?title=%C3%98rsted_(company)&oldid=1009848863.

39. "Climate Change Action Plan," Orsted, accessed March 14, 2021, https://orsted.com/en/sustainability/climate-action-plan.

40. *BP Annual Report and Form 20-F 2019, 152; Orsted Annual Report 2020*, 98. (Note: Orsted reports in DKK (Danish Kroner); the figure is converted from the exchange rate on March 13, 2021.)

41. "Neste Reports Slump in Oil Sales but Growth in Renewables," Yle Uutiset, May 2, 2021, https://yle.fi/uutiset/osasto/news/neste_reports_slump_in_oil_sales_but_growth_in_renewables/11775415.

42. Stephen Jewkes, "Enel to Boost Spending on Clean Energy in Climate Goal Drive," Reuters, November 26, 2019, https://www.reuters.com/article/uk-enel-plan-idUKKBN1Y00RL?edition-redirect=uk; "Commitment to the fight against climate change," Enel Group, accessed March 14, 2021, https://www.enel.com/investors/

sustainability/sustainability-topics-and-performances/greenhouse-gas-emission.

43. Megan Graham, "Unilever Pauses Facebook and Twitter Advertising for Rest of 2020 Due to 'Polarized Atmosphere' in U.S.," CNBC, June 26, 2020, https://www.cnbc.com/2020/06/26/unilever-pauses-facebook-and-twitter-advertising-for-rest-of-2020-due-to-polarized-atmosphere-in-us.html.

第5章

1. Geoffrey Mohan and Ben Welsh, "Q&A: How Much Pollution Did VW's Emissions Cheating Create?" *Los Angeles Times*, October 9, 2015, https://www.latimes.com/business/la-fi-vw-pollution-footprint-20151007-htmlstory.html.

2. Alexander C. Kaufman, "Fossil Fuel Air Pollution Linked to 1 In 5 Deaths Worldwide, New Harvard Study Finds," HuffPost, February 9, 2021, https://www.huffpost.com/entry/fossil-fuel-air-pollution_ n_6022a51dc5b6c56a89a49185.

3. Jack Ewing, "Volkswagen Says 11 Million Cars Worldwide Are Affected in Diesel Deception," *New York Times*, September 22, 2015, https://www.nytimes.com/2015/09/23/business/international/volkswagen-diesel-car-scandal.html.

4. Naomi Kresge and Richard Weiss, "Volkswagen Drops 23% After Admitting Diesel Emissions Cheat," Bloomberg Business, September 21, 2015, https://www.bloomberg.com/news/articles/2015-09-21/volkswagen-drops-15-after-admitting-u-s-diesel-emissions-cheat.

5. Associated Press, "Volkswagen Offers 830 Mln-Euro Diesel Settlement in Germany," *US News and World Report*, February 14, 2020, https://www.usnews.com/news/business/articles/2020-02-14/volkswagen-offers-830-mln-euro-diesel-settlement-in-germany.

6. Jessica Long, Chris Roark, and Bill Theofilou, "The Bottom Line on Trust," Accenture Strategy, 2018, https://www.accenture.com/_acnmedia/Thought-Leadership-Assets/PDF/Accenture-Competitive-Agility-Index.pdf.

7. *2021 Edelman Trust Barometer*, Edelman, 2021, 19, https://www.edelman.com/sites/g/files/aatuss191/files/2021-01/2021-edelman-trust-barometer.pdf.

8. Paul J. Zak, "The Neuroscience of Trust," *Harvard Business Review*, January–February 2017, 84-90, https://hbr.org/2017/01/the-neuroscience-of-trust.

9. *2020 Edelman Trust Barometer*, Edelman, 2020, 2, https://www.edelman.com/trust/2020-trust-barometer.

10. Romesh Ratnesar, "How Microsoft's Brad Smith Is Trying to Restore Your Trust in Big Tech," *Time*, September 9, 2019, https://time.com/5669537/brad-smith-microsoft-big-tech/.

11. Peter Tchir, "What If Buffett Is the One Swimming Naked?" *Forbes*, accessed March 14, 2021, https://www.forbes.com/sites/petertchir/2020/05/04/what-if-buffett-is-the-one-swimming-naked/.

12. "ESG Trends in the 2019 Proxy Season," *FrameworkESG* (blog), July 18, 2019, http://staging.frameworkesg.com/esg-for-cxos-2019-proxy-season-trends/.

13. "S&P Global Makes over 9,000 ESG Scores Publicly Available to Help Increase Transparency of Corporate Sustainability Performance," S&P Global, February 16, 2021, http://press.spglobal.com/2021-02-16-S-P-Global-makes-over-9-000-ESG-Scores-publicly-available-to-help-increase-transparency-of-corporate-sustainability-performance.

14. BlackRock, "Climate Risk and the Transition to a Low-Carbon Economy," Investment Stewardship Commentary. February 2021, https://www.blackrock.com/corporate/literature/publication/blk-commentary-climate-risk-and-energy-transition.pdf.

15. "Intangible Asset Market Value Study," Ocean Tomo, accessed March 15, 2021, https://www.oceantomo.com/intangible-asset-market-value-study/.

16. Jan Kees Vis (Unilever), interview by authors, May 20, 2020.

17. "Larry Fink CEO Letter," BlackRock, accessed March 9, 2021, https://www.blackrock.com/corporate/investor-relations/larry-fink-ceo-letter.

18. "Unilever Completes Landmark Fragrance Disclosure in Industry-Leading Move," Unilever USA, January

22, 2019, https://www.unileverusa.com/news/press-releases/2019/Unilever-completes-landmark-fragrance-disclosure.html.

19. "Unilever Has Raised the Bar for Fragrance Transparency," Environmental Working Group, January 22, 2019, https://www.ewg.org/release/ewg-unilever-has-raised-bar-fragrance-transparency.

20. "The No No List," Panera Bread, April 16, 2018, https://www-beta.panerabread.com/content/dam/panerabread/documents/panera-no-no-list-05-2015.pdf; "Panera Bread's Food Policy Statement," Panera Bread, June 3, 2014, https://www.panerabread.com/content/dam/panerabread/documents/nutrition/panera-bread-food-policy.pdf.

21. "Unilever Sets out New Actions to Fight Climate Change, and Protect and Regenerate Nature, to Preserve Resources for Future Generations," Unilever global company website, June 15, 2020, https://www.unilever.com/news/press-releases/2020/unilever-sets-out-new-actions-to-fight-climate-change-and-protect-and-regenerate-nature-to-preserve-resources-for-future-generations.html.

22. "Unilever: How AI Can Help Save Forests—Journal Report," MarketScreener, accessed March 11, 2021, https://www.marketscreener.com/quote/stock/UNILEVER-PLC-9590186/news/Unilever-nbsp-How-AI-Can-Help-Save-Forests-Journal-Report-31682505/.

23. Doina Cocoveanu (Unilever), interview by authors, May 21, 2020.

24. Tim Kleinebenne (Unilever), interview by authors, September 9, 2020.

25. "Unilever Commits to Help Build a More Inclusive Society," Unilever global company website, January 21, 2021, https://www.unilever.com/news/press-releases/2021/unilever-commits-to-help-build-a-more-inclusive society.html.

26. Sharan Burrow (International Trade Union Confederation), interview by authors, May 18, 2020.

27. James Davey, "UK Food Retailers Hand Back $2.4 Billion in Property Tax Relief," Reuters, December 3, 2020, https://www.reuters.com/article/us-sainsbury-s-business-rates/uk-food-retailers-hand-back-2-4-billion-in-property-tax-relief-idUSKBN28D1DC.

28. Joshua Franklin and Lawrence Delevingne, "Exclusive: U.S. Companies Got Emergency Government Loans despite Having Months of Cash," Reuters, May 7, 2020, https://www.reuters.com/article/us-health-coronavirus-companies-ppp-excl/exclusive-u-s-companies-got-emergency-government-loans-despite-having-months-of-cash-idUSKBN22J2WO.

29. "Ikea Planning to Repay Furlough Payments," BBC News, June 15, 2020, https://www.bbc.com/news/business-53047895.

30. Darrell Etherington, "Medtronic is sharing its portable ventilator design specifications and code for free to all," TechCrunch, March 30, 2020, https://techcrunch.com/2020/03/30/medtronic-is-sharing-its-portable-ventilator-design-specifications-and-code-for-free-to-all/.

31. Lauren Hirsch, "IBM Gets Out of Facial Recognition Business, Calls on Congress to Advance Policies Tackling Racial Injustice," CNBC, June 8, 2020, https://www.cnbc.com/2020/06/08/ibm-gets-out-of-facial-recognition-business-calls-on-congress-to-advance-policies-tackling-racial-injustice.html.

32. They were right. In the end, 150 of the 169 SDG targets needed business to succeed.

33. Geoffrey Jones, "Managing Governments: Unilever in India and Turkey, 1950–1980," HBS, working paper 06-061 (Boston: Harvard Business School, 2006), https://www.hbs.edu/ris/Publication%20Files/06-061.pdf.

34. Shaun Walker, "30 Greenpeace Activists Charged with Piracy in Russia," *Guardian*, October 3, 2013, http://www.theguardian.com/environment/2013/oct/03/greenpeace-activists-charged-piracy-russia.

35. Kumi Naidoo, interview by authors, October 6, 2020.

第 6 章

1. Tony Dunnage (Unilever), interview by authors, June 10, 2020.

2. "Sustainable Business Could Unlock US$12 Trillion, Creating 380 Million Jobs," Unilever global company website, accessed March 9, 2021, https://www.unilever.com/news/news-and-features/Feature-article/2017/Sustainable-business-could-unlock-12-trillion-dollars-and-380-million-jobs.html.

3. Jonathan Hughes and Jeff Weiss, "Simple Rules for Making Alliances Work," *Harvard Business Review*, November 1, 2007, https://hbr.org/2007/11/simple-rules-for-making-alliances-work.

4. Steve Miles (Unilever), interview by authors, October 7, 2020.

5. Mark Engel (Unilever), interview by author, May 14, 2020.

6. Mark Engel (Unilever), interview by author, July 17, 2020.

7. Marc Benioff, *Trailblazer* (New York: Currency, 2019).

8. Maria Gallucci, "Apple's Low-Carbon Aluminum Is a Climate Game Changer," *Grist* (blog), July 31, 2020, https://grist.org/energy/apples-low-carbon-aluminum-is-an-climate-game-changer/.

9. "What Is ELYSIS?" ELYSIS, January 31, 2019, https://elysis.com/en/what-is-elysis.

10. Stephen Nellis, "Apple Buys First-Ever Carbon-Free Aluminum from Alcoa-Rio Tinto Venture," Reuters, December 5, 2019, https://www.reuters.com/article/us-apple-aluminum/apple-buys-first-ever-carbon-free-aluminum-from-alcoa-rio-tinto-venture-idUSKBN1Y91RQ.

11. Felicia Jackson, "Low Carbon Aluminum Boosted By Audi's Use in Automotive First," *Forbes*, accessed March 26, 2021, https://www.forbes.com/sites/feliciajackson/2021/03/24/low-carbon-aluminum-boosted-by-audis-use-in-automotive-first/.

12. "From Our CEO: We Will Fight This Pandemic Together," Unilever global company website, accessed March 4, 2021, https://www.unilever.com/news/news-and-features/Feature-article/2020/from-our-ceo-we-will-fight-this-pandemic-together.html.

13. Christopher Rowland and Laurie McGinley, "Merck to Help Make Johnson & Johnson Coronavirus Vaccine," *Washington Post*, March 2, 2021, https://www.washingtonpost.com/health/2021/03/02/merck-johnson-and-johnson-covid-vaccine-partnership/.

14. "LCA Study Finds Corrugated Cardboard Pallets as the Most 'Nature-Friendly' Standardized Loading Platform," KraftPal Technologies, August 6, 2020, https://kraftpal.com/news/lca-study-corrugated-cardboard-pallet/.

15. *Leveraging Modular Boxes in a Global Secondary Packaging System of FMCG Supply Chains*, Consumer Goods Forum, 2017, 7.

16. "Agricultural Land (% of Land Area)," World Bank Group, DataBank, accessed March 10, 2021, https://data.worldbank.org/indicator/AG.LND.AGRI.ZS; Tariq Khokhar, "Chart: Globally, 70% of Freshwater Is Used for Agriculture," World Bank Blogs (blog), March 22, 2017, https://blogs.worldbank.org/opendata/chart-globally-70-freshwater-used-agriculture; Natasha Gilbert, "One-Third of Our Greenhouse Gas Emissions Come from Agriculture," *Nature News*, October 31, 2012, https://doi.org/10.1038/nature.2012.11708.

17. "The Consumer Goods Forum Launches Food Waste Coalition of Action," Consumer Goods Forum, August 17, 2020, https://www.theconsumergoodsforum.com/news_updates/the-consumer-goods-forum-launches-food-waste-coalition-of-action/.

18. *A New Textiles Economy: Redesigning Fashion's Future*, Ellen MacArthur Foundation, 2017, figure 6.

19. "About the RBA," Responsible Business Alliance, accessed March 10, 2021, http://www.responsiblebusiness.org/about/rba/.

20. "ICT Industry Agrees Landmark Science-Based Pathway to Reach Net Zero Emissions," GSMA Association, February 27, 2020, https://www.gsma.com/newsroom/press-release/ict-industry-agrees-landmark-science-based-pathway-to-reach-net-zero-emissions/.

21. *Global Warming Potential (GWP) of Refrigerants: Why Are Particular Values Used?* United Nations Environment Programme; Rob Garner, "NASA Study Shows That Common Coolants Contribute to Ozone Depletion," NASA, October 21, 2015, http://www.nasa.gov/press-release/goddard/nasa-study-shows-that-common-coolants-contribute-to-ozone-depletion.

22. Amy Larkin and Kert Davies, *Natural Refrigerants: The Solutions*, Greenpeace, 2009, https://www.greenpeace.org/usa/wp-content/uploads/legacy/Global/usa/planet3/PDFs/hfc-solutions-fact-sheet.pdf.

23. "Coca-Cola Installs 1 Millionth HFC-Free Cooler," Coca-Cola Company, January 22, 2014, https://www.coca-colacompany.com/press-releases/coca-cola-installs-1-millionth-hfc-free-cooler; "Mission

Accomplished," Refrigerants, Naturally!, June 25, 2018, https://www.refrigerantsnaturally.com/2018/06/25/mission-accomplished/.

24. Amy Larkin, email communication with authors, October 12, 2020.

25. Lillianna Byington, "Diageo and PepsiCo Will Debut Paper Bottles in 2021," Food Dive, July 14, 2020, https://www.fooddive.com/news/diageo-and-pepsico-will-debut-paper-bottles-in-2021/581512/.

26. Hannah Baker, "Asda, Costa and Morrisons among retailers to sign up to scheme to cut single-use plastic," Business Live, November 12, 2019, https://www.business-live.co.uk/retail-consumer/asda-single-use-plastic-refill-17241796.

27. "Indonesia In-Store Refill Station Launches with 11 Unilever Brands," Unilever global company website, June 3, 2020, https://www.unilever.com/news/news-and-features/Feature-article/2020/indonesia-in-store-refill-station-launches-with-11-unilever-brands.html.

28. Rebecca Marmot, interview by author, June 22, 2020.

29. Charlie Beevor, interview by author, October 6, 2020. Beevor says that 2.3 billion people live without access to a safe toilet, and 4.5 billion live in places where human waste is not safely managed.

30. Marmot, interview.

31. Sanjiv Mehta, interview by author, October 21, 2020.

32. Global Market Report: Tea, International Institute for Sustainable Development, 2019, 1.

33. "The World's Top Tea-Producing Countries," WorldAtlas, September 17, 2020, https://www.worldatlas.com/articles/the-worlds-top-10-tea-producing-nations.html; "Rwandan Tea Sector," Gatsby, accessed March 10, 2021, https://www.gatsby.org.uk/africa/programmes/rwandan-tea-sector.

34. "Unilever Tea Rwanda Project Inaugurated in Nyaruguru District," MINAGRI Government of the Republic of Rwanda, accessed March 10, 2021, https://minagri.prod.risa.rw/updates/news-details/unilever-tea-rwanda-project-inagurated-in-nyaruguru-district-1.

35. Cheryl Hicks (TBC), email communication with authors, April 1, 2021.

36. Doug Baker (Ecolab), interview by authors, May 12, 2020.

第 7 章

1. Barry Newell and Christopher Doll, "Systems Thinking and the Cobra Effect," United Nations University, Our World (blog), September 16, 2015, https://ourworld.unu.edu/en/systems-thinking-and-the-cobra-effect.

2. Adam Mann, "What's Up With That: Building Bigger Roads Actually Makes Traffic Worse," Wired, June 17, 2014, https://www.wired.com/2014/06/wuwt-traffic-induced-demand/.

3. Karl Evers-Hillstrom, "Lobbying Spending Reaches $3.4 Billion in 2018, Highest in 8 Years," OpenSecrets, Center for Responsive Politics, January 25, 2019, https://www.opensecrets.org/news/2019/01/lobbying-spending-reaches-3-4-billion-in-18/.

4. Lynn Grayson, "CERES Confirms Business Supports Climate Change Action," Jenner & Block, Corporate Environmental Lawyer (blog), December 2, 2015, https://environblog.jenner.com/corporate_environmental_l/2015/12/ceres-confirms-business-supports-climate-change-action.html.

5. World Bank, "State and Trends of Carbon Pricing 2020" (Washington, DC: World Bank, May 2020), https://openknowledge.worldbank.org/bitstream/handle/10986/33809/9781464815867.pdf?sequence=4.

6. Anne Kelly (Ceres), interview by authors, May 28, 2020.

7. Sharan Burrow (International Trade Union Confederation), interview by authors, May 18, 2020.

8. Gabriela Baczynska and Kate Abnett, "European Politicians, CEOs, Lawmakers Urge Green Coronavirus Recovery," Reuters, April 14, 2020, https://www.reuters.com/article/us-health-coronavirus-climatechange-reco-idUKKCN21W0F2. (These calls for actions could draw on some existing efforts to rethink policy and investment, such as the Club of Rome's "Planetary Emergency Plan" to invest in smart green growth.)

9. "Business for Nature," Business for Nature, https://www.businessfornature.org.

10. "A New Mandate to Lead in An Age of Anxiety," Edelman, accessed May 15, 2021, https://www.edelman.

com/trust/2021-trust-barometer/insights/age-of-anxiety.

11. Fiona Harvey, "Industry alliance sets out $1bn to tackle oceans' plastic waste," *Guardian*, January 16, 2019, http://www.theguardian.com/environment/2019/jan/16/industry-alliance-sets-out-1bn-to-tackle-oceans-plastic-waste.

12. Sarah Parsons, "Unilever's Cruelty-Free Beauty Portfolio Now Includes Suave," Cosmetics Business, February 12, 2020, https://cosmeticsbusiness.com/news/article_page/Unilevers_cruelty-free_beauty_portfolio_now_includes_Suave/162313.

13. Tim Kleinebenne, interview by authors, September 9, 2020.

14. Duncan Clark, "Which Nations Are Most Responsible for Climate Change?" *Guardian*, April 21, 2011, http://www.theguardian.com/environment/2011/apr/21/countries-responsible-climate-change.

15. "Deforestation: Solved via Carbon Markets?" Environmental Defense Fund, accessed March 10, 2021, https://www.edf.org/climate/deforestation-solved-carbon-markets.

16. Data calculated from "Oilseeds: World Markets and Trade," Global Market Analysis, Foreign Agricultural Service/USDA, March 2021, https://apps.fas.usda.gov/psdonline/circulars/oilseeds.pdf, table 11.

17. Eoin Bannon, "Cars and Trucks Burn Almost Half of All Palm Oil Used in Europe," Transport & Environment, accessed March 26, 2021, https://www.transportenvironment.org/press/cars-and-trucks-burn-almost-half-all-palm-oil-used-europe.

18. Bhimanto Suwastoyo, "Activists Welcome New Indonesia Oil Palm Plantation Data but Want Follow-Ups," Palm Scribe, January 21, 2020, https://thepalmscribe.id/activists-welcome-new-indonesia-oil-palm-plantation-data-but-want-follow-ups/.

19. Gavin Neath (Unilever), interview by authors, April 10, 2020.

20. Rebecca Henderson, Hann-Shuin Yew, and Monica Baraldi, "Gotong Royong: Toward Sustainable Palm Oil," HBS Case 316-124 (Boston: Harvard Business School, 2016).

21. Henderson, Yew, and Baraldi, "Gotong Royong."

22. John Sauven (Greenpeace), interview by authors, April 27, 2020.

23. David Gilbert, "Unilever, World's Largest Palm Oil Buyer, Shows Leadership. Will Cargill?" Rainforest Action Network, *The Understory* (blog), December 11, 2009, https://www.ran.org/the-understory/unilever_world_s_largest_palm_oil_buyer_shows_leadership_will_cargill/.

24. Sauven, interview.

25. Impacts and Evaluation Division, *RSPO Impact Report 2016*, Kuala Lumpur: Roundtable on Sustainable Palm Oil, 2016, https://rspo.org/library/lib_files/preview/257.

26. Dominic Waughray (World Economic Forum), interview by authors, September 25, 2020.

27. Sauven, interview.

28. A. Muh and Ibnu Aquil, "Indonesia Reduces Deforestation Rate as Researchers Urge Caution," *Jakarta Post*, June 9, 2020, https://www.thejakartapost.com/news/2020/06/08/indonesia-reduces-deforestation-rate-as-researchers-urge-caution.html.

29. Eillie Anzilotti, "This Rwandan Factory Is Revolutionizing How Humanitarian Aid Is Done," *Fast Company*, June 8, 2017, https://www.fastcompany.com/40427006/this-rwandan-factory-is-revolutionizing-how-humanitarian-aid-is-done.

30. Central Institute of Economic Management, Ministry of Planning and Investment, *Exploring the Links Between International Business and Socio-Economic Development of Vietnam: A Case Study of Unilever Vietnam*, Vietnam, 2009.

第 8 章

1. Mindy Lubber (Ceres), interview by author, April 16, 2020.

2. Rupert Neate, "New Study Deems Amazon Worst for 'Aggressive' Tax Avoidance," *Guardian*, December 2, 2019, https://www.theguardian.com/business/2019/dec/02/new-study-deems-amazon-worst-for-aggressive-

tax-avoidance.

3. Lorne Cook and Mike Corder, "Starbucks Court Ruling Deals Blow to EU Tax Break Fight," *San Diego Union-Tribune*, September 24, 2019, https://www.sandiegouniontribune.com/business/nation/story/2019-09-24/starbucks-court-ruling-deals-blow-to-eu-tax-break-fight.

4. Tabby Kinder, "Why the UK Tax Authority Is Accusing General Electric of a $1bn Fraud," *Financial Times*, August 4, 2020, https://www.ft.com/content/02a6fa1b-8b62-4e1e-9100-fe620c8ec96c.

5. Jesse Pound, "These 91 Companies Paid No Federal Taxes in 2018," CNBC, December 16, 2019, https://www.cnbc.com/2019/12/16/these-91-fortune-500-companies-didnt-pay-federal-taxes-in-2018.html.

6. Alan Murray and David Meyer, "The Unfinished Business of Stakeholder Capitalism," *Fortune*, January 12, 2021, https://fortune.com/2021/01/12/unfinished-business-of-stakeholder-capitalism-executive-ay-contract-workers-taxes-ceo-daily/.

7. OECD Centre for Tax Policy and Administration, "Revenue Statistics 2020—The United States," https://www.oecd.org/tax/revenue-statistics-united-states.pdf.

8. OECD Centre for Tax Policy and Administration, "Revenue Statistics 2020—Sweden," https://www.oecd.org/ctp/tax-policy/revenue-statistics-sweden.pdf.

9. "Countries Urged to Strengthen Tax Systems to Promote Inclusive Economic Growth," United Nations Department of Economic and Social Affairs, February 14, 2018, https://www.un.org/development/desa/en/news/financing/tax4dev.html.

10. *FACTI Panel Interim Report*, United Nations, September 2020, https://www.factipanel.org/documents/facti-panel-interim-report.

11. Bob Eccles (Said Business School at Oxford), email correspondence with author, August 31, 2020.

12. Janine Juggins (Unilever), conversation with author, September 20, 2020.

13. "A Responsible Taxpayer," Unilever, accessed March 8, 2021, https://www.unilever.com/planet-and-society/responsible-business/responsible-taxpayer/.

14. *The Business Role in Creating a 21st-Century Social Contract*, Business for Social Responsibility, 2020, 28.

15. Janine Juggins (Unilever), conversation with author, September 20, 2020.

16. Sean Fleming, "Corruption Costs Developing Countries $1.26 Trillion Every Year—Yet Half of EMEA Think It's Acceptable," World Economic Forum, December 9, 2019, https://www.weforum.org/agenda/2019/12/corruption-global-problem-statistics-cost/.

17. *Ending Anonymous Companies: Tackling Corruption and Promoting Stability through Beneficial Ownership Transparency*, The B Team, 2015.

18. "Partnering Against Corruption Initiative," World Economic Forum, accessed March 14, 2021, https://www.weforum.org/communities/partnering-against-corruption-initiative/.

19. *Ending Anonymous Companies*, 4.

20. David McCabe, "TikTok Bid Highlights Oracle's Public Embrace of Trump," *New York Times*, September 4, 2020, https://www.nytimes.com/2020/09/04/technology/oracle-tiktok-trump.htm; Kelly Makena, "Oracle Founder Donated $250,000 to Graham PAC in Final Days of TikTok Deal," The Verge, October 17, 2020, https://www.theverge.com/2020/10/17/21520356/oracle-tiktok-larry-ellison-lindsey-graham-super-pac-donation-jaime-harrison.

21. David Montero, "How Managers Should Respond When Bribes Are Business as Usual," *Harvard Business Review*, November 16, 2018, https://hbr.org/2018/11/how-managers-should-respond-when-bribes-are-business-as-usual.

22. "Nigeria's Ngozi Okonjo-Iweala's Mother Freed by Kidnappers," BBC, December 14, 2012, https://www.bbc.com/news/world-africa-20725677.

23. "CEO Pay Increased 14% in 2019, and Now Make 320 Times Their Typical Workers," Economic Policy Institute, August 18, 2020, https://www.epi.org/press/ceo-pay-increased-14-in-2019-and-now-make-320-times-their-typical-workers/.

24. Drew Desilver, "For Most Americans, Real Wages Have Barely Budged for Decades," August 7, 2018,

https://www.pewresearch.org/fact-tank/2018/08/07/for-most-us-workers-real-wages-have-barely-budged-for-decades/.

25. Theo Francis and Kristin Broughton, "CEO Pay Surged in a Year of Upheaval and Leadership Challenges," *Wall Street Journal*, April 11, 2021, sec. Business, https://www.wsj.com/articles/covid-19-brought-the-economy-to-its-knees-but-ceo-pay-surged-11618142400.

26. "Pay Gap between CEOs and Average Workers, by Country 2018," Statista, November 26, 2020, https://www.statista.com/statistics/424159/pay-gap-between-ceos-and-average-workers-in-world-by-country/.

27. David Gelles, "The Mogul in Search of a Kinder, Gentler Capitalism," *New York Times*, May 15, 2021, sec. Business, https://www.nytimes.com/2021/05/15/business/lynn-forester-de-rothschild-corner-office.html.

28. Roger Lowenstein, "The (Expensive) Lesson GE Never Learns," *Washington Post*, October 12, 2018, https://www.washingtonpost.com/business/the-expensive-lesson-ge-never-learns/2018/10/12/6fb6aafa-ce30-11e8-a360-85875bac0b1f_story.html.

29. Andrew Edgecliffe-Johnson, "GE's Larry Culp Cites Pandemic Sacrifice to Defend $47m Bonus," *Financial Times*, January 26, 2021, https://www.ft.com/content/2cce969c-80a7-4831-aadf-02c1394ac7ab.

30. Thomas Gryta, Theo Francis, and Drew FitzGerald, "General Electric, AT&T Investors Reject CEO Pay Plans," *Wall Street Journal*, May 4, 2021, sec. Business, https://www.wsj.com/articles/general-electric-at-t-investors-reject-ceo-pay-plans-11620147204.

31. *The Business Role in Creating a 21st-Century Social Contract*, 29.

32. Adele Peters, "Gravity Payments Expands Its $70,000 Minimum Wage to Idaho Office," *Fast Company*, April 28, 2020, https://www.fastcompany.com/90477926/gravity-payments-is-expanding-its-70000-minimum-wage-from-seattle-to-idaho.

33. William Lazonick et al., "Financialization of the U.S. Pharmaceutical Industry," *Institute for New Economic Thinking* (blog), December 2, 2019, https://www.ineteconomics.org/perspectives/blog/financialization-us-pharma-industry.

34. John R. Graham, Campbell R. Harvey, and Shiva Rajgopal, "The Economic Implications of Corporate Financial Reporting," *Journal of Accounting and Economics* 40 (December 2005): 3–73.

35. William Lazonick, Mustafa Erdem Sakinc, and Matt Hopkins, "Why Stock Buybacks Are Dangerous for the Economy," *Harvard Business Review*, January 7, 2020, https://hbr.org/2020/01/why-stock-buybacks-are-dangerous-for-the-economy.

36. Jonathon Ford, "Boeing and the Siren Call of Share Buybacks," *Financial Times*, August 4, 2019, https://www.ft.com/content/f3e640ee-b537-11e9-8cb2-799a3a8cf37b; "Boeing—Research (R&D) Spending 2006–2018," AeroWeb, http://www.fi-aeroweb.com/firms/Research/Research-Boeing.html.

37. Rashaan Ayesh, "New Boeing CEO David Calhoun Criticizes Predecessor, Looks to Future," Axios, May 6, 2020, https://www.axios.com/new-boeing-ceo-criticizes-predecessor-looks-future-648df2a3-5973-492e-bb59-5f1cd35f9dc8.html.

38. "Predicting Long-Term Success for Corporations and Investors Worldwide," FCLTGlobal, September 29, 2019, https://www.fcltglobal.org/resource/predicting-long-term-success-for-corporations-and-investors-worldwide/.

39. "S&P 500 Buyback Index," S&P Dow Jones Indices, https://www.spglobal.com/spdji/en/indices/strategy/sp-500-buyback-index/#overview.

40. Saikat Chatterjee and Adinarayan Thyagaraju, "Buy, Sell, Repeat! No Room for 'Hold' in Whipsawing Markets," Reuters, August 3, 2020, https://www.reuters.com/article/us-health-coronavirus-short-termism-anal-idUSKBN24Z0XZ.

41. "Stewardship Code—Sustainable Investing," Robeco, November 16, 2020, https://www.robeco.com/en/key-strengths/sustainable-investing/glossary/stewardship-code.html.

42. Shaimaa Khalil, "Rio Tinto Chief Jean-Sebastien Jacques to Quit over Aboriginal Cave Destruction," BBC News, September 11, 2020, https://www.bbc.com/news/world-australia-54112991.

43. Ben Butler and Calla Wahlquist, "Rio Tinto Investors Welcome Chair's Decision to Step Down after Juukan

Gorge Scandal," *Guardian*, March 3, 2021, http://www.theguardian.com/business/2021/mar/03/rio-tinto-investors-welcome-chairs-decision-to-step-down-after-juukan-gorge-scandal.

44. Tensie Whelan, "U.S. Corporate Boards Suffer from Inadequate Expertise in Financially Material ESG Matters," NYU Stern Center for Sustainable Business, January 1, 2021, https://ssrn.com/abstract=3758584.

45. Tim Quinson, "Corporate Boards Don't Get the Climate Crisis: Green Insight," Bloomberg Green, January 13, 2021, https://www.bloomberg.com/news/articles/2021-01-13/corporate-boards-don-t-get-the-climate-crisis-green-insight.

46. Ceres, *Running the Risk: How Corporate Boards Can Oversee Environmental, Social and Governance (ESG) Issues*, November 2019, 6.

47. J. Yo-Jud Cheng, Boris Groysberg, and Paul Healy, "Your CEO Succession Plan Can't Wait," *Harvard Business Review*, May 4, 2020, https://hbr.org/2020/05/your-ceo-succession-plan-cant-wait; Karlsson Per-Ola, Martha Turner, and Peter Gassman, "Succeeding the Long-Serving Legend in the Corner Office," *Strategy+Business*, Summer 2019, https://www.strategy-business.com/article/Succeeding-the-long-serving-legend-in-the-corner-office?gko=90171.

48. Deb DeHaas, Linda Akutagawa, and Skip Spriggs, "Missing Pieces Report: The 2018 Board Diversity Census of Women and Minorities on Fortune 500 Boards," *The Harvard Law School Forum on Corporate Governance* (blog), February 5, 2019, https://corpgov.law.harvard.edu/2019/02/05/missing-pieces-report-the-2018-board-diversity-census-of-women-and-minorities-on-fortune-500-boards/.

49. Richard Samans and Jane Nelson, "Integrated Corporate Governance: Six Leadership Priorities for Boards beyond the Crisis," *Forbes*, June 18, 2020, https://www.forbes.com/sites/worldeconomicforum/2020/06/18/integrated-corporate-governance-six-leadership-priorities-for-boards-beyond-the-crisis/.

50. "40 Million in Modern Slavery and 152 Million in Child Labour around the World," International Labour Organization, September 19, 2017, http://www.ilo.org/global/about-the-ilo/newsroom/news/WCMS_574717/lang--en/index.htm.

51. *Global Estimates of Modern Slavery: Forced Labour and Forced Marriage*, International Labour Office, 2017, 25.

52. "Nearly Half of Global Workforce at Risk as Job Losses Increase Due to COVID-19: UN Labour Agency," UN News, April 29, 2020, https://news.un.org/en/story/2020/04/1062792.

53. Rosey Hurst (Impactt), interview by authors, October 1, 2020.

54. *Corporate Human Rights Benchmark, 2019 Key Findings*, World Benchmarking Alliance, 2019, 4.

55. *Corporate Human Rights Benchmark, 2020 Key Findings*, World Benchmarking Alliance, 2020.

56. "Investors BlackRock, NBIM and CalSTRS vote against Top Glove directors after quarter of workforce reportedly contract COVID-19," Business & Human Rights Resource Centre, January 7, 2021, https://www.business-humanrights.org/fr/derni%C3%A8res-actualit%C3%A9s/investors-blackrock-nbim-vote-against-top-glove-directors-after-a-quarter-of-its-workforce-reportedly-contracted-covid-19/.

57. Sharan Burrow (International Trade Union Confederation), interview by authors, May 18, 2020.

58. Jane Moyo, "Gap Inc. Publishes Its Supplier List to Boost Supply Chain Transparency," *Ethical Trading Initiative* (blog), December 2, 2016, https://www.ethicaltrade.org/blog/gap-inc-publishes-its-supplier-list-to-boost-supply-chain-transparency.

59. "Billionaires Got 54% Richer during Pandemic, Sparking Calls for 'Wealth Tax,'" CBS News, accessed May 27, 2021, https://www.cbsnews.com/news/billionaire-wealth-covid-pandemic-12-trillion-jeff-bezos-wealth-tax/.

60. Nichola Groom, "Big Oil Outspends Billionaires in Washington State Carbon Tax Fight," Reuters, October 31, 2018, https://www.reuters.com/article/us-usa-election-carbon/big-oil-outspends-billionaires-in-washington-state-carbon-tax-fight-idUSKCN1N51H7.

61. Center for Responsive Politics, "US Chamber of Commerce Profile," OpenSecrets, https://www.opensecrets.org/orgs/us-chamber-of-commerce/summary?id=D000019798. OpenSecrets tracks 5,500 organizations and their lobbying spending. The Chamber topped them all.

62. Amy Meyer, Kevin Moss, and Eliot Metzger, "Despite Shared Membership, US Chamber of Commerce and Business Roundtable at Odds over Climate Policy," *World Resources Institute* (blog), October 19, 2020, https://www.wri.org/blog/2020/10/us-chamber-commerce-business-roundtable-odds-over-climate-policy.

63. David Roberts, "These Senators Are Going After the Biggest Climate Villains in Washington," Vox, November 18, 2019, https://www.vox.com/energy-and-environment/2019/6/7/18654957/climate-change-lobbying-chamber-of-commerce.

64. "CVS Health Leaves U.S. Chamber of Commerce," *Washington Post*, July 7, 2015, https://www.washingtonpost.com/news/wonk/wp/2015/07/07/cvs-health-leaves-u-s-chamber-of-commerce/.

65. Hal Bernton and Evan Bush, "Energy Politics: Why Oil Giant BP Wants Washington Lawmakers to Put a Price on Carbon Pollution," *Seattle Times*, January 21, 2020, https://www.seattletimes.com/seattle-news/politics/new-bp-ad-campaign-calls-on-washington-legislature-to-put-a-price-on-carbon-pollution-from-fossil-fuels/.

66. Steven Mufson, "French Oil Giant Total Quits American Petroleum Institute," *Washington Post*, January 15, 2021, https://www.washingtonpost.com/climate-environment/2021/01/15/french-oil-giant-total-quits-american-petroleum-institute/.

67. Andrew Berger, "Brandeis and the History of Transparency," *Sunlight Foundation* (blog), May 26, 2009, https://sunlightfoundation.com/2009/05/26/brandeis-and-the-history-of-transparency/.

68. "Financing Democracy: Funding of Political Parties and Election Campaigns and the Risk of Policy Capture" (Paris: Organisation for Economic Co-operation and Development, 2016), https://www.oecd-ilibrary.org/governance/financing-democracy_9789264249455-en, Table 2.6.

69. Alex Blumberg, "Forget Stocks or Bonds, Invest in a Lobbyist," *Morning Edition*, January 6, 2012, https://www.npr.org/sections/money/2012/01/06/144737864/forget-stocks-or-bonds-invest-in-a-lobbyist.

70. Alan Zibel, "Nearly Two Thirds of Former Members of 115th Congress Working Outside Politics and Government Have Picked Up Lobbying or Strategic Consulting Jobs," Public Citizen, May 30, 2019, https://www.citizen.org/article/revolving-congress/.

71. "Corporate Carbon Policy Footprint—the 50 Most Influential," InfluenceMap, October 2019, https://influencemap.org/report/Corporate-Climate-Policy-Footpint-2019-the-50-Most-Influential-7d09a06d9c4e60 2a3d2f5c1ae13301b8.

72. Andrew Ross Sorkin, "IBM Doesn't Donate to Politicians. Other Firms Should Take Note," *New York Times*, January 12, 2021, https://www.nytimes.com/2021/01/12/business/dealbook/political-donations-ibm.html.

73. *Diversity Wins: How Inclusion Matters*," McKinsey & Company, May 2020, 4, https://www.mckinsey.com/~/media/mckinsey/featured%20insights/diversity%20and%20inclusion/diversity%20wins%20how%20inclusion%20matters/diversity-wins-how-inclusion-matters-vf.pdf.

74. Vijay Eswaran, "The Business Case for Diversity in the Workplace Is Now Overwhelming," World Economic Forum, April 29, 2019, https://www.weforum.org/agenda/2019/04/business-case-for-diversity-in-the-workplace/.

75. Sarah Coury et al., "Women in the Workplace," McKinsey & Company, September 30, 2020, https://www.mckinsey.com/featured-insights/diversity-and-inclusion/women-in-the-workplace#.

76. "The Top Jobs Where Women Are Outnumbered by Men Named John," *New York Times, The Upshot* (blog), April 24, 2018, https://www.nytimes.com/interactive/2018/04/24/upshot/women-and-men-named-john.html?mtrref=undefined&gwh=02D75850C7633B545BCB33CF0AD30264&gwt=regi&assetType=REGIWALL.

77. Ellen McGirt and Aric Jenkins, "Where Are the Black CEOs?" *Fortune*, February 4, 2021, https://fortune.com/2021/02/04/black-ceos-fortune-500/.

78. Lesley Slaton Brown, "HP Unveils Bold Goals to Advance Racial Equality and Social Justice," HP Development Company, L.P., *HP Press Blogs* (blog), January 15, 2021, https://press.hp.com/us/en/blogs/2021/HP-unveils-bold-goals-to-advance-racial-equality.html.

79. Caroline Casey, "Do Your D&I Efforts Include People with Disabilities?" *Harvard Business Review*, March 19, 2020, https://hbr.org/2020/03/do-your-di-efforts-include-people-with-disabilities.

80. "Work and Employment," *World Report on Disability*, World Health Organization, 2011, 242.

81. *Getting to Equal: The Disability Inclusion Advantage*, Accenture, 2018, 4.

82. Silvia Bonaccio et al., "The Participation of People with Disabilities in the Workplace across the Employment Cycle: Employer Concerns and Research Evidence," *Journal of Business and Psychology* 35, no. 2 (2020): 135–158, https://doi.org/10.1007/s10869-018-9602-5; Valentini Kalargyrou, "People with Disabilities: A New Model of Productive Labor," Proceedings of the 2012 Advances in Hospitality and Tourism Marketing and Management Conference, Corfu, Greece, 2012, https://scholars.unh.edu/cgi/viewcontent.cgi?article=1017&context=hospman_facpub.

83. "Disability Inclusion Overview," World Bank, October 1, 2020, https://www.worldbank.org/en/topic/disability; *Design Delight from Disability—Report Summary: The Global Economics of Disability*, Rod-Group, September 1, 2020, 3; calculated from statistic that 52 percent of GDP in the EU is household spending, and GDP is twenty-one trillion: "Household Consumption by Purpose," Eurostat, November 2020, https://ec.europa.eu/eurostat/statistics-explained/index.php/Household_consumption_by_purpose.

84. Tim Cook (Apple), in keynote speech at Ceres 30th Anniversary event, New York, October 21, 2019.

85. "Goldman's Playbook for More Diverse Corporate Boards," *New York Times*, January 24, 2020, https://www.nytimes.com/2020/01/24/business/dealbook/goldman-diversity-boardroom.html.

86. Sarah Coury et al., "Women in the Workplace."

87. "Unilever achieves gender balance across management globally," Unilever global company website, accessed March 14, 2021, https://www.unilever.com/news/press-releases/2020/unilever-achieves-gender-balance-across-management-globally.html.

88. David Bell, Dawn Belt, and Jennifer Hitchcock, "New Law Requires Diversity on Boards of California-Based Companies," *The Harvard Law School Forum on Corporate Governance* (blog), October 10, 2020, https://corpgov.law.harvard.edu/2020/10/10/new-law-requires-diversity-on-boards-of-california-based-companies/.

89. "OneTen," accessed March 9, 2021, https://www.oneten.org/.

第 9 章

1. Alan Jope (Unilever), interview by authors, July 8, 2020.

2. Natalie Kitroeff, "Boeing Employees Mocked F.A.A. and 'Clowns' Who Designed 737 Max," *New York Times*, January 10, 2020, https://www.nytimes.com/2020/01/09/business/boeing-737-messages.html.

3. Jim Harter and Kristi Rubenstein, "The 38 Most Engaged Workplaces in the World Put People First," Gallup, accessed March 5, 2021, https://www.gallup.com/workplace/290573/engaged-workplaces-world-put-people-first.aspx.

4. Jeff Hollender (Seventh Generation), interview by authors, August 11, 2020.

5. Jope, interview.

6. Emily Graffeo, "Companies with More Women in Management Have Outperformed Their More Male-Led Peers, According to Goldman Sachs," Markets, Business Insider, November 11, 2020, https://markets.businessinsider.com/news/stocks/companies-women-management-leadership-stock-market-outpeformance-goldman-sachs-female-2020-11-1029793278.

7. "Bloomberg's 2021 Gender-Equality Index Reveals Increased Disclosure as Companies Reinforce Commitment to Inclusive Workplaces," Bloomberg L.P., press announcement, accessed March 23, 2021, https://www.bloomberg.com/company/press/bloombergs-2021-gender-equality-index-reveals-increased-disclosure-as-companies-reinforce-commitment-to-inclusive-workplaces/; "Bloomberg Opens Data Submission Period for 2021 Gender-Equality Index," Bloomberg L.P., press announcement, June 1, 2020, https://www.bloomberg.com/company/press/bloomberg-opens-data-submission-period-for-2021-gender-equality-index/.

8. James Ledbetter, "The Saga of Sundial: How Richelieu Dennis Escaped War, Hustled in Harlem, and Created a Top Skin Care Brand," *Inc.*, September 2019, https://www.inc.com/magazine/201909/james-

ledbetter/richelieu-dennis-sundial-shea-butter-black-skin-care-liberia-refugee.html.

9. Elaine Watson, "Sir Kensington's Joins Unilever: 'This Allows Us to Expand Distribution While Holding True to Our Values,'" *Food Navigator*, April 20, 2017, https://www.foodnavigator-usa.com/Article/2017/04/21/Sir-Kensington-s-joins-Unilever-in-bid-to-scale-more-rapidly.

10. Hollender, interview.

11. John Replogle (Seventh Generation), interview by authors, July 28, 2020.

12. Kees Kruythoff (Unilever), interview by authors, October 5, 2020.

13. "Unilever's Purpose-Led Brands Outperform," Unilever global company website, accessed March 6, 2021, https://www.unilever.com/news/press-releases/2019/unilevers-purpose-led-brands-outperform.html.

14. *Lifebuoy Way of Life Social Mission Report 2019*, Unilever, 2019. All of the statistics in this section are from this report.

15. "UK Aid and Unilever to Target a Billion People in Global Handwashing Campaign," UK Government - Department for International Development, March 26, 2020, https://www.gov.uk/government/news/uk-aid-and-unilever-to-target-a-billion-people-in-global-handwashing-campaign.

16. Shawn Paustian, "Insights from the New Brand Builders, Part 2," *Numerator* (blog), June 4, 2019, https://www.numerator.com/resources/blog/insights-new-brand-builders-part-2.

17. Sanjiv Mehta (Unilever), interview by authors, October 21, 2020.

18. Keith Weed (Unilever), interview by authors, November 10, 2020. Weed provided all data on the findings of the Unstereotype Alliance.

19. "Launch of Unstereotype Alliance Set to Eradicate Outdated Stereotypes in Advertising," Unilever global company website, June 20, 2017, https://www.unilever.com/news/press-releases/2017/launch-of-unstereotype-alliance-set-to-eradicate-outdated-stereotypes-in-advertising.html.

20. Weed, interview.

21. Brett Molina, "Unilever Drops 'Normal' from Beauty Products to Support Inclusivity," accessed March 14, 2021, https://www.usatoday.com/story/money/2021/03/09/unilever-drops-normal-beauty-products-support-inclusivity/4641160001/.

22. "Ending the Gun Violence Epidemic in America," Levi Strauss & Co, September 4, 2018, https://www.levistrauss.com/2018/09/04/ending-gun-violence/.

23. Walt Bogdanich and Michael Forsythe. "How McKinsey Has Helped Raise the Stature of Authoritarian Governments." *New York Times*, December 15, 2018, https://www.nytimes.com/2018/12/15/world/asia/mckinsey-china-russia.html.

24. Andrew Edgecliffe-Johnson, "McKinsey to Pay Almost $574m to Settle Opioid Claims by US States," *Financial Times*, February 4, 2021, https://www.ft.com/content/85e84e12-6dda-4c91-bde4-8198e29a6767.

25. Tom Peters, "McKinsey's Work on Opioid Sales Represents a New Low," *Financial Times*, February 15, 2021, https://www.ft.com/content/82e98478-f099-44ac-b014-3f9b15fe6bc6.

第 10 章

1. "Rate of Deforestation," TheWorldCounts, accessed March 7, 2021, https://www.theworldcounts.com/challenges/planet-earth/forests-and-deserts/rate-of-deforestation/story.

2. "Top 20 Largest California Wildfires," State of California Department of Forestry and Fire Protection, accessed March 10, 2021, https://www.fire.ca.gov/media/4jandlhh/top20_acres.pdf.

3. "Al Gore's Generation Raises $1 Billion for Latest Private Equity Fund," Reuters, May 21, 2019, https://www.reuters.com/article/uk-generation-investment-fund-idUKKCN1SR1LY.

4. "Half of Millennial Employees Have Spoken Out about Employer Actions on Hot-Button Issues," Cision PR Newswire, accessed March 6, 2021, https://www.prnewswire.com/news-releases/half-of-millennial-employees-have-spoken-out-about-employer-actions-on-hot-button-issues-300857881.html.

5. Siobhan Riding, "ESG Funds Forecast to Outnumber Conventional Funds by 2025," *Financial Times*,

October 17, 2020, https://www.ft.com/content/5cd6e923-81e0-4557-8cff-a02fb5e01d42.

6. Moody's Investors Service, "Sustainable Bond Issuance to Hit a Record $650 Billion in 2021," February 4, 2021, https://www.moodys.com/research/Moodys-Sustainable-bond-issuance-to-hit-a-record-650-billion--PBC_1263479.

7. Donella Meadows, "Leverage Points: Places to Intervene in a System," *The Academy for Systems Change* (blog), accessed March 26, 2021, http://donellameadows.org/archives/leverage-points-places-to-intervene-in-a-system/.

8. Roc Sandford and Rupert Read, "Breakingviews—Guest View: Let's Gauge Firms' Real CO2 Footprints," Reuters, August 14, 2020, https://www.reuters.com/article/us-global-economy-climatechange-breaking-idUKKCN25A1AO.

9. Solitaire Townsend, "We Urgently Need 'Scope X' Business Leadership for Climate," *Forbes*, June 29, 2020, https://www.forbes.com/sites/solitairetownsend/2020/06/29/we-urgently-need-scope-x-business-leadership-for-climate/.

10. Microsoft News Center, "Microsoft Commits $500 Million to Tackle Affordable Housing Crisis in Puget Sound Region," January 17, 2019, https://news.microsoft.com/2019/01/16/microsoft-commits-500-million-to-tackle-affordable-housing-crisis-in-puget-sound-region/.

11. Isaac Stone Fish, "Opinion: Why Disney's New 'Mulan' Is a Scandal," *Washington Post*, September 7, 2020, https://www.washingtonpost.com/opinions/2020/09/07/why-disneys-new-mulan-is-scandal/.

12. G. Calvo et al., "Decreasing Ore Grades in Global Metallic Mining: A Theoretical Issue or a Global Reality?" 2016, https://doi.org/10.3390/resources504003.

13. "Goal 12: Ensure Sustainable Consumption and Production Patterns," *United Nations Sustainable Development Goals*, accessed March 6, 2021, https://www.un.org/sustainabledevelopment/sustainable-consumption-production/.

14. Hunter Lovins, interview by authors, February 25, 2021.

15. "CGR 2021," accessed March 14, 2021, https://www.circularity-gap.world/2021; Scott Johnson, "Just 20 Percent of E-Waste Is Being Recycled," Ars Technica, December 13, 2017, https://arstechnica.com/science/2017/12/just-20-percent-of-e-waste-is-being-recycled/; Dana Gunders, "Wasted: How America Is Losing Up to 40 Percent of Its Food from Farm to Fork to Landfill," NRDC, August 16, 2017, https://www.nrdc.org/resources/wasted-how-america-losing-40-percent-its-food-farm-fork-landfill.

16. Adele Peters, "How Eileen Fisher Thinks about Sustainable Consumption," *Fast Company*, October 31, 2019, https://www.fastcompany.com/90423555/how-eileen-fisher-thinks-about-sustainable-consumption.

17. Antonia Wilson, "Dutch Airline KLM Calls for People to Fly Less," *Guardian*, July 11, 2019, http://www.theguardian.com/travel/2019/jul/11/dutch-airline-klm-calls-for-people-to-fly-less-carbon-offsetting-scheme.

18. Derrick Bryson Taylor, "Ikea Will Buy Back Some Used Furniture," *New York Times*, October 14, 2020, https://www.nytimes.com/2020/10/14/business/ikea-buy-back-furniture.html.

19. Solitaire Townsend, "Near 80% of People Would Personally Do as Much for Climate as They Have for Coronavirus," *Forbes*, June 1, 2020, https://www.forbes.com/sites/solitairetownsend/2020/06/01/near-80-of-people-would-personally-do-as-much-for-climate-as-they-have-for-coronavirus/.

20. Juliet Schor, "Less Work, More Living," Daily Good, January 12, 2012, https://www.dailygood.org/story/130/less-work-more-living-juliet-schor/.

21. "'Live Simply So Others May Simply Live,' Gandhi," *Natural Living School* (blog), April 23, 2012, https://naturallivingschool.com/2012/04/22/live-simply-so-others-may-simply-live-gandhi/.

22. Simon Rogers, "Bobby Kennedy on GDP: 'Measures Everything except That Which Is Worthwhile,'" *Guardian*, May 24, 2012, http://www.theguardian.com/news/datablog/2012/may/24/robert-kennedy-gdp.

23. L. Hunter Lovins et al., *A Finer Future: Creating an Economy in Service to Life* (Gabriola Island, BC, Canada: New Society Publishers, 2018), 3.

24. Romina Boarini et al., "What Makes for a Better Life? The Determinants of Subjective Well-Being in OECD Countries—Evidence from the Gallup World Poll," working paper, OECD, May 21, 2012, https://doi.

org/10.1787/5k9b9ltjm937-en.

25. Belinda Luscombe, "Do We Need $75,000 a Year to Be Happy?" *Time*, September 6, 2010, http://content.time.com/time/magazine/article/0,9171,2019628,00.html.

26. Sigal Samuel, "Forget GDP—New Zealand Is Prioritizing Gross National Well-Being," Vox, June 8, 2019, https://www.vox.com/future-perfect/2019/6/8/18656710/new-zealand-wellbeing-budget-bhutan-happiness.

27. David Roberts, "None of the World's Top Industries Would Be Profitable If They Paid for the Natural Capital They Use," *Grist* (blog), April 17, 2013, https://grist.org/business-technology/none-of-the-worlds-top-industries-would-be-profitable-if-they-paid-for-the-natural-capital-they-use/.

28. "Credit Agricole," Wikipedia, accessed March 1, 2021.

29. "The Business Role in Creating a 21st-Century Social Contract," BSR, June 24, 2020, https://www.bsr.org/en/our-insights/report-view/business-role-creating-a-21st-century-social-contract.

30. "Finance for a Regenerative World," Capital Institute, accessed March 7, 2021, https://capitalinstitute.org/finance-for-a-regenerative-world/.

31. "Coronavirus May Push 150 Million People into Extreme Poverty: World Bank," Reuters, October 7, 2020, https://www.reuters.com/article/us-imf-worldbank-poverty-idUSKBN26S2RV.

32. Sapana Agrawal et al., "To Emerge Stronger from the COVID-19 Crisis, Companies Should Start Reskilling Their Workforces Now," McKinsey & Company, May 7, 2020, https://www.mckinsey.com/business-functions/organization/our-insights/to-emerge-stronger-from-the-covid-19-crisis-companies-should-start-reskilling-their-workforces-now#.

33. International Labour Organization, *Global Employment Trends for Youth 2020: Technology and the Future of Jobs* (Geneva: International Labour Office, 2020), https://www.ilo.org/wcmsp5/groups/public/---dgreports/---dcomm/---publ/documents/publication/wcms_737648.pdf

34. Ronald McQuaid, "Youth Unemployment Produces Multiple Scarring Effects," *London School of Economics* (blog), February 18, 2017, https://blogs.lse.ac.uk/europpblog/2017/02/18/youth-unemployment-scarring-effects/.

35. Sunny Verghese (Olam), interview by authors, June 3, 2020.

36. Melanie Kaplan, "At Greyston Bakery, Open Hiring Changes Lives," *US News and World Report*, June 5, 2019, https://www.usnews.com/news/healthiest-communities/articles/2019-06-05/at-greyston-bakery-open-hiring-changes-lives.

37. United Nations High Commissioner for Refugees, "UNHCR—Refugee Statistics," accessed March 7, 2021, https://www.unhcr.org/refugee-statistics/.

38. Luke Baker, "More Than 1 Billion People Face Displacement by 2050—Report," Reuters, September 9, 2020, https://www.reuters.com/article/ecology-global-risks-idUSKBN2600K4.

39. Ezra Fieser, "Yogurt Billionaire's Solution to World Refugee Crisis: Hire Them," Bloomberg Business, August 28, 2019, https://www.bloomberg.com/news/articles/2019-08-28/yogurt-billionaire-s-solution-to-world-refugee-crisis-hire-them.

40. "Unilever Commits to Help Build a More Inclusive Society," Unilever global company website, January 21, 2021, https://www.unilever.com/news/press-releases/2021/unilever-commits-to-help-build-a-more-inclusive-society.html.

41. Eben Shapiro, "Walmart CEO Doug McMillon: We Need to Reinvent Capitalism," *Time*, October 22, 2020, https://time.com/collection/great-reset/5900765/walmart-ceo-reinventing-capitalism/.

42. "10 Bold Statements on Advancing Stakeholder Capitalism in 2020," *JUST Capital* (blog), accessed March 7, 2021, https://justcapital.com/news/bold-statements-on-advancing-stakeholder-capitalism/.

43. *2020 Edelman Trust Barometer,* Edelman, January 2020, https://www.edelman.com/trust/2020-trust-barometer.

44. "Annual Survey Shows Rise in Support for Socialism, Communism," Victims of Communism Memorial Foundation, October 21, 2020, https://victimsofcommunism.org/annual-survey-shows-rise-in-support-for-socialism-communism/.

45. There's no way to capture all the people doing great work on rethinking capitalism. You could honestly go back to Marx. But in modern times, you can look for work by Gar Alperowitz, Bob Costanza, Michael Dorsey, John Elkington, John Fullerton, Stu Hart, Rebecca Henderson, Jeffrey Hollender, Hunter Lovins, Colin Mayer, Mariana Mazzucato, Njeri Mwagiru, Jonathon Porritt, Kate Raworth, Bob Reich, and Tony Seba, Raj Sisodia, and Pavan Sukhdev. The field is growing fast, so this list is only a sample.

46. "LVMH Carbon Fund Reaches 2018 Objective Two Years after Its Creation with 112 Projects Funded," LVMH, accessed March 12, 2021, https://www.lvmh.com/news-documents/press-releases/lvmh-carbon-fund-reaches-2018-objective-two-years-after-its-creation-with-112-projects-funded/.

47. "Sustainability Information 2020," Munich: Siemens, 2020, https://assets.new .siemens.com/siemens/assets/api/uuid:13f56263-0d96-421c-a6a4-9c10bb9b9d28/sustainability2020-en.pdf.

48. Brad Smith, "One Year Later: The Path to Carbon Negative—a Progress Report on Our Climate 'Moonshot,'" *The Official Microsoft Blog* (blog), January 28, 2021, https://blogs.microsoft.com/blog/2021/01/28/one-year-later-the-path-to-carbon-negative-a-progress-report-on-our-climate-moonshot/.

49. Eric Roston and Will Wade, "Top Economists Warn U.S. Against Underestimating Climate Damage," Bloomberg Quint, February 15, 2021, https://www.bloombergquint.com/onweb/top-economists-warn-u-s-against-underestimating-climate-damage.

50. Sean Fleming, "How Much Is Nature Worth? $125 Trillion, According to This Report," World Economic Forum, October 30, 2018, https://www.weforum.org/agenda/2018/10/this-is-why-putting-a-price-on-the-value-of-nature-could-help-the-environment/.

51. "Natural Capital Protocol," Capitals Coalition, accessed March 7, 2021, https://capitalscoalition.org/capitals-approach/natural-capital-protocol/.

52. "Finance for a Regenerative World," *Capital Institute* (blog), accessed March 7, 2021, https://capitalinstitute.org/finance-for-a-regenerative-world/.

53. Kathleen Madigan, "Like the Phoenix, U.S. Finance Profits Soar," *Wall Street Journal*, March 25, 2011, https://www.wsj.com/articles/BL-REB-13616.

54. Tim Youmans and Robert Eccles, "Why Boards Must Look Beyond Shareholders," *MIT Sloan Management Review*, Leading Sustainable Organizations, September 3, 2015, https://sloanreview.mit.edu/article/why-boards-must-look-beyond-shareholders/.

55. Fiduciary Duty. *Fiduciary Duty in the 21st Century—from a Legal Case to Regulatory Clarification around ESG*, 2019, YouTube, uploaded by PRI, November 22, 2019, https://www.youtube.com/watch?v=t_EK1pPPLBo.

56. Andrew Liveris (FCLTGlobal), interview by authors, August 27, 2020.

57. Hiro Mizuno, interview by authors, April 27, 2020.

58. "The B Team: The Business Case for Protecting Civic Rights," The B Team, accessed May 30, 2021, https://bteam.org/our-thinking/reports/the-business-case-for-protecting-civic-rights.

59. "Country Rating Changes—Civicus Monitor 2020," accessed July 15, 2021, https://findings2020.monitor.civicus.org/rating-changes.html.

60. Henry Foy, "McKinsey's Call for Political Neutrality Only Serves Vladimir Putin," January 27, 2021, *Financial Times*, https://www.ft.com/content/6110fe11-98e4-42ec-9522-f86d0a458ea2.

61. "How Facebook's Rise Fueled Chaos and Confusion in Myanmar," *Wired*, Accessed March 14, 2021, https://www.wired.com/story/how-facebooks-rise-fueled-chaos-and-confusion-in-myanmar/.

62. Daniel Arkin, "U.N. Says Facebook Has 'Turned into a Beast' in Violence-Plagued Myanmar," NBC News, accessed March 14, 2021, https://www.nbcnews.com/news/world/u-n-investigators-blame-facebook-spreading-hate-against-rohingya-myanmar-n856191.

63. Ash Turner, "How Many People Have Smartphones Worldwide," bankmycell (blog), July 10, 2018, accessed March 2021, https://www.bankmycell.com/blog/how-many-phones-are-in-the-world.

64. "The Nobel Peace Prize 2004," NobelPrize.org, accessed March 12, 2021, https://www.nobelprize.org/prizes/peace/2004/maathai/26050-wangari-maathai-nobel-lecture-2004/.

國家圖書館出版品預行編目（CIP）資料

正效益模式：從內啟動 ESG 轉型的全方位行動路徑，擁抱
更多元的夥伴關係，培養永續成長的韌性 / 保羅·波曼（Paul
Polman）、安德魯·溫斯頓（Andrew Winston）著，吳慕書譯. --
第一版 . -- 臺北市：天下雜誌 , 2023.04
400 面 ; 14.8×21 公分 . --（天下財經 ; BCCF0493P）
譯自：Net Positive: How Courageous Companies Thrive by Giving
　　　 More Than They Take
ISBN　978-986-398-887-8（平裝）
1. CST: 企業管理　　2.CST: 商業倫理　　3.CST: 永續發展
494　　　　　　　　　　　　　　　　　　　112005265

天下財經 493

正效益模式

從內啟動 ESG 轉型的全方位行動路徑，擁抱更多元的夥伴關係，培養永續成長的韌性
NET POSITIVE: How Courageous Companies Thrive by Giving More Than They Take

作　　者／保羅‧波曼（Paul Polman）、安德魯‧溫斯頓（Andrew Winston）
譯　　者／吳慕書
封面設計／ FE 設計
內頁排版／林婕瀅
責任編輯／吳瑞淑

天下雜誌群創辦人／殷允芃
天下雜誌董事長／吳迎春
出版部總編輯／吳韻儀
出 版 者／天下雜誌股份有限公司
地　　址／台北市 104 南京東路二段 139 號 11 樓
讀者服務／（02）2662-0332　傳真／（02）2662-6048
天下雜誌 GROUP 網址／ http://www.cw.com.tw
劃撥帳號／ 01895001 天下雜誌股份有限公司
法律顧問／台英國際商務法律事務所‧羅明通律師
製版印刷／中原造像股份有限公司
總 經 銷／大和圖書有限公司　電話／（02）8990-2588
出版日期／ 2023 年 4 月 27 日第一版第一次印行
　　　　　 2024 年 4 月 12 日第一版第三次印行
定　　價／ 600 元

書號：BCCF0493P
ISBN：978-986-398-887-8（平裝）

直營門市書香花園　台北市建國北路二段 6 巷 11 號　　（02）25061635
天下網路書店 shop.cwbook.com.tw
天下雜誌出版部落格──我讀網 books.cw.com.tw/
天下讀者俱樂部 Facebook www.facebook.com/cwbookclub

本書如有缺頁、破損、裝訂錯誤，請寄回本公司調換